U0240558

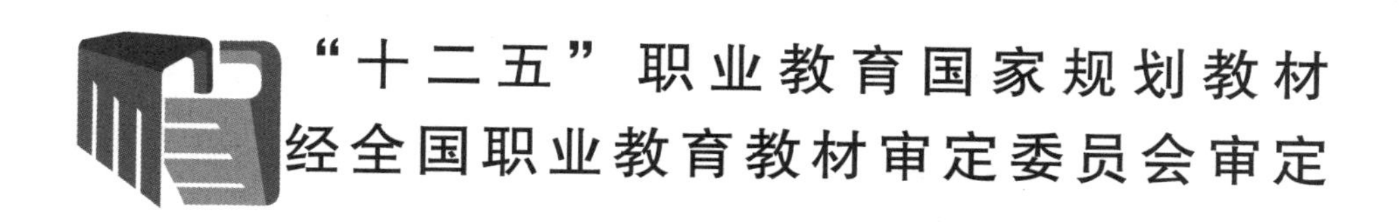


# 建设工程监理概论

## 第3版

主　编　王　军　董世成
副主编　杨惠予　银　花
参　编　韩秀彬　齐伟军　张　爽

机械工业出版社

本书为“十二五”职业教育国家规划教材，经全国职业教育教材审定委员会审定。全书以《建设工程监理规范》(GB/T 50319—2013)为基础，系统地介绍了建设工程监理的相关知识，主要讲述建设工程监理的基本概念，监理工程师的素质、执业资格考试及注册，监理企业的资质管理及经营，建设工程监理组织，建设工程目标控制、合同管理、风险管理、信息管理，建设工程监理规划，建设法规，国外工程项目管理等内容。为便于学习和技能培养，每章前都提出了学习目标，每章后均附有本章小结及综合实训。

本书既可作为高职高专及应用型本科土木工程类专业的教材，也可供相关专业的技术人员参考。

为方便教学，本书配有课程标准、电子课件、模拟试卷及参考答案、章后综合实训参考答案，凡使用本书作为教材的教师可登录机械工业出版社教育服务网 www.cmpedu.com 注册下载。咨询电话：010-88379375。

**图书在版编目（CIP）数据**

建设工程监理概论/王军，董世成主编．—3版．—北京：机械工业出版社，2015.4（2023.1 重印）
“十二五”职业教育国家规划教材
ISBN 978-7-111-50020-9

Ⅰ.①建…　Ⅱ.①王…　②董…　Ⅲ.①建筑工程—监理工作—高等职业教育—教材　Ⅳ.①TU712

中国版本图书馆CIP数据核字（2015）第081649号

机械工业出版社（北京市百万庄大街22号　邮政编码100037）
策划编辑：覃密道　责任编辑：覃密道　宋　燕
责任校对：朱继文　封面设计：路恩中
责任印制：常天培
北京机工印刷厂有限公司印刷
2023年1月第3版第15次印刷
184mm×260mm・17.5印张・427千字
标准书号：ISBN 978-7-111-50020-9
定价：45.00元

电话服务　　　　　　　　网络服务
客服电话：010-88361066　机　工　官　网：www.cmpbook.com
　　　　　010-88379833　机　工　官　博：weibo.com/cmp1952
　　　　　010-68326294　金　　书　　网：www.golden-book.com
　机工教育服务网：www.cmpedu.com

# 第3版前言

《建设工程监理概论》第1版、第2版发行后，累计印刷20多次，发行10万册，第2版还获评为“普通高等教育‘十一五’国家级规划教材”，深受广大读者特别是高等院校师生的欢迎。但随着我国社会主义市场经济体制逐步完善和建设工程管理体制改革的进一步深化，新的法律、法规、规范和标准不断出台与修订，致使原教材已不能适应当前的学习需求，内容也亟待更新。故此，我们根据最新的行业发展状况，对本书内容作了重新修订，以确保教材的适用性和实用性。

本次修订是在《建设工程监理概论》第2版的基础上，按照新的课程标准编写的。与原书相比，主要在以下几个方面作了较大修改：

1. 全面更新与法律、法规相关的内容：根据《建设工程监理规范》（GB/T 50319—2013）、《建设工程施工合同（示范文本）》（GF—2013—0201）、《建设工程监理合同（示范文本）》（GF—2012—0202）、《工程监理企业资质管理规定》（建设部第158号令）及有关法律、法规，对原来各章节内容进行了全面的修改和更新。

2. 及时增加新内容，教材内容更全面：新增了“建设工程信息管理”一章，重点对建设工程信息管理的基本知识、管理的手段以及文档资料的管理进行了介绍；使本书的内容更加全面，有利于教师在课程教学时，根据专业需要对各章节进行取舍。

3. 进一步强化相关的技能训练：对教学案例进行了更新和补充，以便通过工程案例的分析在教学中做到理论与实践相结合；同时，每章后均新增了综合实训，强化学生对知识的理解和监理技能的培养。

全书共分十一章，由王军（黑龙江工业学院）负责编写第二章、第十章；董世成（黑龙江工业学院）负责编写第四章，第五章第三、四节，附录A，附录B；银花（内蒙古建筑职业技术学院）负责编写第一章，第五章第一、二节；杨惠予（黑龙江工业学院）负责编写第八章，第九章第三节，第一至十一章综合实训；韩秀彬（黑龙江工业学院）负责编写第七章、第十一章；齐伟军（黑龙江科技大学）负责编写第六章，第九章第一、二节；张爽（黑龙江工程学院）负责编写第三章。全书由王军负责统稿，董世成负责全书图表的绘制。

本书在修订过程中参考了大量国内外工程监理相关书籍和资料，同时，还得到了鸡西汇成建设监理有限公司和天津市泰德福尔工程咨询有限公司的大力支持，在此一并深表诚挚的感谢。

由于时间仓促、作者水平有限，书中难免出现一些不妥之处，恳请读者斧正赐教。

编　者

# 目 录
CONTENTS

# 第一章

# 绪　论

**学习目标：**

了解建设工程监理的性质、任务和作用以及工程项目建设的基本程序和国家现行建设管理的基本体制；熟悉建设工程监理的基本内容和监理范围。

## 第一节　概　述

我国工程建设的历史已有几千年，但现代意义上的工程建设监理制度的建立则是从1988年开始的。

在改革开放以前，我国工程建设项目的投资由国家拨付，施工任务由行政部门向施工企业直接下达。当时，建设工程的管理基本上采用两种形式：一是对于一般建设工程，由建设单位自己组成筹建机构，自行管理；二是对于重大建设工程，则从与该工程相关的单位抽调人员组成工程建设指挥部，由指挥部进行管理。由于这两种形式都是针对一个特定的建设工程临时组建的管理机构，相当一部分人员不具有建设工程管理的知识和经验，因此，他们只能在工作实践中摸索。而一旦工程建成投入使用，原有的工程管理机构和人员就解散，当有新的建设工程时再重新组建。这样，建设工程管理的经验不能承袭升华，用来指导今后的工程建设，而教训却不断地重复发生，使我国建设工程管理水平长期在低水平徘徊，难以提高。

我国进入改革开放时期以后，工程建设活动也逐步市场化。为了适应这一形势的需要，从1983年开始，我国开始实行了政府对工程质量的监督制度，全国各地及国务院各部门都成立了专门的质量监督部门和各级质量检测机构，代表政府对工程建设质量进行监督和检测。从此，我国的工程建设监督由原来的单向监督向政府专业质量监督转变，由仅靠企业自检自评向第三方认证和企业内部保证相结合转变。这种转变使我国工程建设监督向前迈进了一大步。随着我国改革的逐步深入和开放的不断扩大，“三资”工程建设项目在我国逐步增多，加之国际金融机构向我国贷款的工程建设项目都要求实行招标投标制、承发包合同制和建设监理制，使得国外专业化、社会化的监理公司、咨询公司、管理公司的专家们开始出现在我国“三资”工程和国际贷款工程项目建设的管理中。他们按照国际惯例，以受建设单位委托与授权的方式，对工程建设进行管理，显示出高速度、高效率、高质量的管理优势。

1988年7月，建设部发布了《关于开展建设监理工作的通知》，我国在建设领域开始进行建设工程监理制度试点工作，5年后逐步推开。1997年《中华人民共和国建筑法》（以下简称《建筑法》）以法律制度的形式作出规定，国家推行建设工程监理制度，从而使建设工程监理在全国范围内进入全面推行阶段。

建设工程监理制度的制定和实施是我国工程建设管理体制的重大改革，对我国建设工程的管理产生了深远的影响。

## 一、建设工程监理的概念

建设工程监理是指具有相应资质的工程监理企业接受建设单位的委托，依据国家批准的工程项目文件，有关工程建设的法律、法规和工程监理合同及其他工程建设合同对工程建设实施的监督管理。

建设单位，又称业主、项目法人，是委托监理的一方。建设单位在工程建设中拥有确定建设工程规模、标准、功能以及选择勘察、设计、施工、监理企业等工程建设中重大问题的决定权。

工程监理企业（也称工程监理单位）是指取得企业法人营业执照，具有监理资质证书的依法从事建设工程监理活动的经济组织。

建设工程监理的概念包括以下几个要点：

1. 建设工程监理是针对工程项目建设所实施的监督管理活动

建设工程监理的对象是工程建设项目，包括新建、改建和扩建的各种工程项目。建设工程监理是围绕着工程建设项目来开展的，离开了工程建设项目，就谈不上建设工程监理活动。工程建设项目也是界定建设工程监理范围的重要依据。

建设工程监理是直接为建设项目提供管理服务的行业，工程监理企业是建设项目管理服务主体，而非建设项目管理主体。

2. 建设工程监理的行为主体是工程监理企业

任何监理活动必须有明确的监理“执行者”，也就是必须有行为主体。建设工程监理的行为主体是工程监理企业。只有工程监理企业才能按照独立、自主的原则，以“公正的第三方”的身份开展建设工程监理活动。非工程监理企业所进行的监督管理活动一律不能称为建设工程监理。业主的建设项目管理、承包商的施工（设计）项目管理、政府有关部门所实施的工程项目监督管理活动均不属于建设工程监理的范畴。

建设工程监理与建设行政主管部门的监督管理有本质的不同，后者的行为主体是政府部门，其对工程建设所进行的监督管理是一种强制行为。

3. 建设工程监理实施的前提是业主的委托和授权

《建筑法》明确规定，实行监理的建设工程，由建设单位委托具有相应资质条件的工程监理企业实施监理，建设单位与工程监理企业签订委托监理合同。也就是说，工程监理企业只有在取得建设单位的委托与授权后，才能在监理合同规定的范围内开展管理活动。

业主委托这种方式，决定了业主与监理企业的关系是委托与被委托的关系，授权与被授权关系，是合同关系。这种委托和授权方式说明，在实施建设工程监理的过程中，监理工程师的权力主要是由业主的授权而转移过来的。

4. 建设工程监理是有明确依据的工程建设管理行为

建设工程监理的实施过程本身就是合同履行的过程。所以建设工程监理必须严格依据有关法律、法规、合同规定和相关的建设文件来实施。建设工程监理的依据主要包括三个方面：

（1）相关法律、法规及标准、规范　它主要包括：《建筑法》《中华人民共和国招标投标法》《中华人民共和国合同法》等法律；《建设工程质量管理条例》《建设工程安全生产管理条例》《建设工程勘察设计管理条例》等行政法规；《工程建设标准强制性条文》《建设工程监理规范》等工程技术标准、规范以及许多地方法规。

（2）建设工程合同　它主要有建设单位与监理单位签订的委托监理合同和建设单位与承建单位签订的建设工程施工合同等。

（3）建设文件　它包括批准的可行性研究报告、建设项目选址意见书、建设用地规划许可证、建设工程规划许可证、设计文件、施工许可证等。

5. 建设工程监理是微观监督管理活动

建设工程监理是针对具体工程项目开展的，不同于政府进行的行政监督管理。在社会主义市场经济体制下，政府对工程项目进行宏观管理，它的主要功能是通过强制性的立法、执法来规范建筑市场。而建设工程监理，更注重具体工程项目的实际效益，紧紧围绕着工程项目的投资活动和生产活动进行微观监督管理。

## 二、建设工程监理的范围

《建设工程监理范围和规模标准规定》对实行强制性监理的工程范围作了具体规定，要求下列工程必须实行工程监理。

（1）国家重点建设工程　它是指依据《国家重点建设项目管理办法》所确定的对国民经济和社会发展有重大影响的骨干项目。

（2）项目总投资额在 3 000 万元以上的大中型公用事业工程　这类工程主要包括：供水、供电、供气、供热等市政工程项目；科技、教育、文化等项目；体育、旅游、商业等项目；卫生、社会福利等项目；其他公用事业项目。

（3）成片开发建设的住宅小区工程　它是指建筑面积在 5 万 $m^2$ 以上的住宅建设工程。

（4）利用外国政府或者国际组织贷款、援助资金的工程　这类工程主要包括：使用世界银行、亚洲开发银行等国际组织贷款资金的项目；使用国外政府及其机构贷款资金的项目；使用国际组织或者国外政府援助资金的项目。

（5）国家规定必须实行监理的其他项目　它是指项目总投资额在 3 000 万元以上关系社会公共利益、公众安全的交通运输、水利建设、城市基础设施、生态环境保护、信息产业、能源等基础设施项目，以及学校、影剧院、体育场馆项目。

目前，我国的建设工程监理活动主要在工程项目建设的设计、招投标、施工以及竣工验收和保修等阶段进行。这主要是因为建设工程监理是“第三方”的监督管理活动，建筑市场的三方主体之间的关系和地位主要体现在项目的实施阶段。当然，在项目的决策阶段委托监理也是很有必要的。

## 三、建设工程监理的性质

1. 服务性

服务性是建设工程监理的根本属性。建设工程监理，本质上是为业主提供工程项目管理服务。监理企业在工程项目建设过程中，利用自己在工程建设方面的知识、技能和丰富的经验以及必要的试验、检测手段为业主提供专业技术服务，满足业主在项目管理方面（投资、进度、质量）的要求。监理企业作为管理服务主体，既不向业主承包工程造价，也不参与承包单位的盈利分成，既不直接进行设计，也不直接进行施工，不需要雄厚的资金，监理活动进行中也不需要太多的设备、材料和劳动力，而关键是要拥有经验较丰富的专业化管理人才。

工程监理企业不能完全取代业主的管理活动，它不具有工程建设重大问题的决策权，它只能在授权范围内代表建设单位进行管理。

2. 公正性

公正性是建设工程监理活动应当遵循的重要准则，是监理企业和监理工程师的基本职业道德准则。工程监理企业和监理工程师在监理过程中，必须维护业主和承建商双方的合法权益。在开展建设工程监理的过程中，一方面监理企业和监理工程师应严格履行监理合同的各项义务，竭诚地为业主服务；另一方面，监理企业和监理工程师应排除各种干扰，以客观、公正的态度对待委托方和被监理方，特别是当业主和承建商之间发生利益冲突或矛盾时，应以事实为依据，法律为准绳，独立、公正地解决和处理问题。

监理活动的成败关键在监理企业和被监理企业、监理企业和业主之间的各种关系能否协调好，在工程实施过程中各方能否良好合作、相互支持、互相配合。如果监理工程师在监理活动中，无原则地偏袒业主或承建商，必定引起各种纠纷，影响监理活动的正常开展。

监理企业和承建商之间虽然没有合同关系，但承建商必须接受监理企业的监督与管理。监理企业的服务对象是业主，为业主提供满意的服务是监理企业的义务，但这不得基于对承建商不公，更不能损害承建商的利益，承建商需要监理企业公正地开展建设工程监理活动。

3. 独立性

工程监理企业是依法成立的经济实体，监理企业与项目业主、承建商之间的关系是平等的。在监理活动中，项目业主和监理企业之间并不存在隶属关系，项目业主在业务上不能领导或指挥监理企业。监理企业必须有自己独立的意志，主要依靠自己掌握的方法和手段，根据自己的判断，结合实际，独立地开展工作。工程监理企业如果没有独立性，就根本谈不上公正性，工程监理的独立性是公正性的前提和基础。

为了保证建设工程监理行业的独立性，监理工程师职业道德守则明确规定，监理工程师不得在政府部门和施工、材料设备的生产供应等单位兼职。工程监理企业和监理工程师必须与某些行业或单位断绝人事上的依附关系以及经济上的隶属关系。

4. 科学性

工程监理必须以科学的管理方法和手段为基础，这是由建设工程监理的任务所决定的。建设工程监理的任务是力求在预定的投资、进度、质量目标内完成工程项目。而当今工程规模日趋庞大，功能、标准要求越来越高，新材料、新工艺、新技术不断涌现，参加组织和

建设的单位也越来越多，市场竞争日益激烈，风险日渐增加。所以，只有不断地采用新的更加科学的思想、理论、方法、手段才能完成好监理任务。同时，承担设计、施工、材料设备供应的都是社会化、专业化的单位，这些单位在技术和管理方面已经达到了一定的水平，如果监理工程师没有更高的专业素质和管理水平，对被监理企业是无法进行监督与管理的。

## 四、建设工程监理的任务及内容

### （一）建设工程监理的任务

任何建设项目必须有明确的目标，有相应的约束条件。工程建设项目的目标系统主要包括三大目标，即投资、进度、质量。这三大目标是相互关联、互相制约的目标系统。建设工程监理的中心任务就是控制工程项目目标，也就是控制经过科学的规划所确定的工程项目的投资、进度和质量。这也是项目业主委托工程监理企业对工程项目进行监督管理的根本出发点。

在约定的目标内实现建设项目是参与项目建设各方的共同任务，项目目标能否实现，不是监理方单方的责任。在监理过程中，监理企业承担服务的相应责任，不承担设计、施工、物资采购等方面的直接责任。

### （二）建设工程监理的内容

建设工程监理的主要内容概括为“三控、两管、一协调”，即控制工程建设的投资、建设工期和工程质量；进行工程建设合同管理和信息管理；协调有关单位之间的关系。同时，还要依据《建设工程安全生产管理条例》等法规、政策，履行建设工程安全生产管理的法定职责。

1. 投资、进度、质量控制

控制是管理的重要职能之一。由于工程在不同空间开展，控制就要针对不同的空间来实施；工程在不同的阶段进行，控制就要在不同阶段展开；工程建设项目受到外部和内部因素的干扰，控制就要采取不同的对策；计划目标伴随着工程的变化而调整，控制就要不断地适应调整的计划。因此，投资、进度、质量控制是动态的，且贯穿于工程项目的整个监理过程中。

所谓动态控制，就是在完成工程项目的过程中，对过程、目标和活动的跟踪，全面、及时、准确地掌握工程建设信息，将实际目标值和工程建设状况与计划目标和状况进行对比，如果偏离了计划和标准的要求，就采取措施加以纠正，达到计划总目标的实现。

2. 工程建设合同管理

监理企业在建设工程监理过程中的合同管理主要是根据监理合同的要求对工程承包合同的签订、履行、变更和解除进行监督、检查，对合同双方争议进行调解和处理，以保证合同的依法签订和全面履行。

监理工程师在合同管理中应当做好以下几个方面的工作。

（1）合同分析　它是对合同各类条款进行认真研究和解释，并找出合同的缺陷和弱点，以发现和提出需要解决的问题。同时，更为重要的是，对引起合同变化的事件进行分析和研究，以便采取相应措施。合同分析对于促进合同各方履行义务和正确行使合同赋予的权利，对于监督工程的实施，对于解决合同争议，对于预防索赔和处理索赔等项工作都是十分必要的。

（2）建立合同目录、编码和档案 合同目录和编码是采用图表方式进行合同管理的很好的工具，它为合同管理自动化提供了方便条件。合同档案的建立可以把合同条款分门别类地加以存放，对于查询、检索合同条款，也为分解和综合合同条款提供了方便。

（3）合同履行的监督检查 因为合同在动态环境中履行，影响合同正常履行的干扰因素有很多，所以为了更好地了解合同履行情况，提高合同的履约率，监理工程师必须加强合同履行期间的监督与检查。合同监督需要经常检查合同双方往来的文件、信函、记录、业主指示等，以确认它们是否符合合同的要求和对合同的影响，以便采取相应的对策。监理工程师可以对根据合同监督、检查所获得的信息进行统计分析，以发现费用金额、履约率、违约原因、纠纷数量、变更情况等问题，向有关部门提供情况，为目标控制和信息管理服务。

（4）索赔 索赔是合同管理的重要工作，又是关系合同双方切身利益的问题。监理工程师根据自身的经验，依据法律、法规和各项合同，协助业主制订并采取预防索赔事件发生的措施，以便最大限度地减少无理索赔的数量和降低索赔影响。在合同履行期间发生索赔事件，监理工程师应作出正确的分析和评估，以公正的态度做好处理工作。

3. 工程建设信息管理

信息管理是指在实施监理的过程中，对所需的信息进行收集、整理、处理、存储、传递、应用等一系列工作的总称。在工程建设过程中，监理工程师开展监理活动的中心任务是目标控制，而进行目标控制的基础是信息。只有大量的、来自各领域的、准确的、及时的信息，监理工程师才能够充满信心，以便作出科学的决策，高效能地完成监理工作。

项目监理组织的各部门为完成各项监理任务需要的信息，完全取决于这些部门实际工作的需要。不同的项目，由于情况不同，所需要的信息也有所不同。例如，当采用不同承发包模式或不同的合同方式时，监理需要的信息种类和信息数量也就会发生变化。对于总价合同，或许关于进度款和变更通知是主要的；对于成本加酬金合同，则必须有有关与人力、设备、材料 、管理费和变更通知等多方面的信息；而对于单价合同，完成工程量方面的信息更为重要。

信息管理的要求主要有及时性、准确性、全面性。信息的及时性需要有关人员对信息管理持积极主动的态度，保证信息的时效性；信息的准确性要求信息管理人员认真负责，做到内容准确、表述准确；信息的全面性要求信息的收集要完整，能反映事件或事故从发生到平息或处理的全过程。

## 五、建设工程监理的作用

建设工程监理的作用主要体现在以下几个方面：

1. 提高建设工程投资决策科学化水平，满足业主的需要

建设单位委托和授权工程监理企业在项目可行性研究和项目投资决策阶段进行监理，工程监理企业一方面可以协助建设单位选择适当的工程咨询机构，管理评估工作；另一方面，也可以直接从事工程咨询工作，为建设单位提供决策建议。建设工程监理制度有利于提高项目投资决策的科学化水平，避免项目投资决策失误，也为实现建设工程投资综合效益最大化打下了良好的基础。

2. 实现政府在工程建设中的职能转变，规范工程建设参与各方的建设行为

《中共中央关于经济体制改革的决定》中明确提出，政府在经济领域的职能要转移到“规划、协调、监督、服务”上来。实行工程建设监理制度，将工程建设领域的微观监督管理工作由建设工程监理企业来完成，这有利于政府在工程建设中的职能转变。

在建设工程实施过程中，工程监理企业依据委托监理合同和有关的建设工程合同对承建单位的建设行为进行监督管理。工程监理企业采用主动控制与被动控制相结合的方式，合理、有效地规范各承建单位的建设行为，最大限度地避免不当建设行为的发生。即使出现不当建设行为，也可以及时加以控制，最大限度地降低其不良后果的影响。同时，工程监理企业还可以向建设单位提出合理建议，从而避免由于建设单位不了解建设工程有关的法律、法规、规章、管理程序和市场行为准则而可能发生的不当建设行为。

3. 有助于培育、发展和完善我国建筑市场

按照我国有关规定，工程建设中应当实施项目法人责任制、工程招投标制、建设工程监理制、合同管理制等主要管理制度。由于建设监理制的实施，我国工程建设管理体制开始形成以项目业主、监理企业和承建商直接参加的，在政府有关部门监督管理之下的新型管理体制，我国建筑市场的格局也开始发生了结构性变化。建设监理制能够连接项目法人责任制、工程招投标制和加强政府宏观管理，从而形成一个有机整体，有利于发挥市场机制作用。

4. 有利于促使承建单位保证建设工程质量和使用安全

建筑产品具有价值大、使用寿命长的特点，并且关系到人民的生命财产安全和健康生活环境。工程监理企业接受建设单位的委托，从产品需求者的角度对建设工程生产过程进行监督管理，采用事前、事中、事后的管理方式对材料、设备、构配件质量，分项、分部工程质量严格进行监督检查，确保工程质量和使用安全。

## 第二节 工程项目建设程序

### 一、我国工程项目建设程序

建设程序是指建设项目从设想、选择、评估、决策、设计、施工到竣工验收、投入生产整个建设过程中，各项工作必须遵循的先后次序的法则。这个法则是在人们认识客观规律的基础上制定出来的，是建设项目科学决策和顺利进行的重要保证。按照建设项目内在联系和发展过程，建设程序分成若干阶段，这些发展阶段有严格的先后次序，不能任意颠倒。工程项目虽然千差万别，但它们都应遵循科学的建设程序，每一位建设工作者必须严格遵守工程项目建设的内在规律和组织制度。

在我国，按现行规定，工程项目建设程序如下：

1. 项目建议书阶段

项目建议书是要求建设某一具体项目的建议性文件，是投资决策前对拟建项目的轮廓设想。项目建议书的主要作用是为推荐拟建项目作出说明，论述它建设的必要性、条件的可行

性和获利的可能性，供基本建设管理部门选择并确定是否进行下一步工作。

项目建议书的内容视项目的不同而有繁有简，但一般应包括以下几个方面：

1）建设项目提出的必要性和依据。

2）产品方案、拟建规模和建设地点的初步设想。

3）资源情况、建设条件、协作关系等的初步分析。

4）投资估算和资金筹措设想。

5）经济效益和社会效益的估计。

6）项目进度安排。

7）环境影响的初步评价。

2. 可行性研究阶段

项目建议书一经批准，即可着手进行可行性研究，对项目在投资上是否必要、技术上是否可行和经济上是否合理进行科学的分析和论证。可行性研究报告是确定建设项目、编制设计文件的重要依据，因而编制可行性研究报告必须保证有相当的深度和准确性。

可行性研究一般按照建设内容分类，各类投资项目可行性研究的内容及侧重点因行业特点而差异很大，但一般应包括：投资必要性、技术可行性、财务可行性、组织可行性、经济可行性、社会可行性、风险因素及对策等内容。

可行性研究报告经批准后，组建项目管理班子，并着手项目实施阶段的工作。

3. 项目设计阶段

设计工作开始前，项目业主按建设监理制的要求委托建设工程监理企业，在监理企业的协助下，根据可行性研究报告，做好勘察和调查研究工作，落实外部建设条件，进行设计招标，确定设计方案和设计单位。

对于一般建设项目，设计过程一般分为两个阶段进行，即初步设计和施工图设计阶段，重大项目和技术复杂项目，可根据不同行业的特点和需要，在初步设计之后增加技术设计（扩大初步设计）阶段。

4. 建设准备阶段

项目在开工建设之前要切实做好各项准备工作，其主要内容包括：

1）征地、拆迁和场地平整。

2）完成施工用水、电、路等工程。

3）组织设备、材料订货。

4）准备必要的施工图纸。

5）组织施工招标投标，择优选定施工单位。

5. 施工阶段

建设项目经批准新开工建设，项目即进入了施工阶段，按设计要求施工安装，建成工程实体。项目新开工时间是指建设项目设计文件中规定的任何一项永久性工程第一次正式破土开槽开始施工的日期。铁路、公路、水库等需要进行大量土石方的工程，以开始进行土石方工程作为正式开工。工程地质勘察、平整工地、旧有建筑物的拆除、临时建筑、施工用临时道路和水电等施工不算正式开工。

6. 交付使用前准备

项目业主在监理企业的协助下，根据建设项目或主要单项工程生产的技术特点，及

时组成专门班子或机构，有计划地抓好交付使用前准备工作，保证项目建成后能及时投产或投入使用。交付使用前准备工作，主要包括人员培训、组织准备、技术准备、物资准备等。

7. 竣工验收阶段

竣工验收是工程建设过程的最后一环，是全面考核基本建设成果、检验设计和工程质量的重要步骤，也是基本建设转入生产使用的标志。

申请验收需要做好整理技术资料、绘制项目竣工图纸、编制项目决算等准备工作。

对大中型项目应当经过初验，然后再进行最终的竣工验收。简单、小型项目可以一次性进行全部项目的竣工验收。竣工验收合格后，方可交付使用；同时按规定实施保修，保修期限在《建设工程质量管理条例》中有详细规定。

8. 项目后评价阶段

建设项目后评价是工程项目竣工投产、生产运营一段时间后，再对项目的立项决策、设计施工 、竣工投产、生产运营等全过程进行系统评价的一种经济活动，是固定资产投资管理的一项重要的内容，也是固定资产投资管理的最后一个环节。通过建设项目后评价以达到肯定成绩、总结经验、研究问题、吸取教训、提出建议、改进工作、不断提高项目决策水平和投资效果的目的。

建设程序为工程建设行为提出了规范化的要求，监理工程师必须严格按照建设程序开展监理活动，并熟悉建设过程各阶段的工作内容。

## 二、工程项目建设管理体制

建设监理制实施以后，我国新型工程建设管理体制是在政府有关部门的监督管理之下，由项目业主、承建商、监理企业直接参加的“三方”管理体制。新型工程项目建设管理体制如图 1-1 所示。

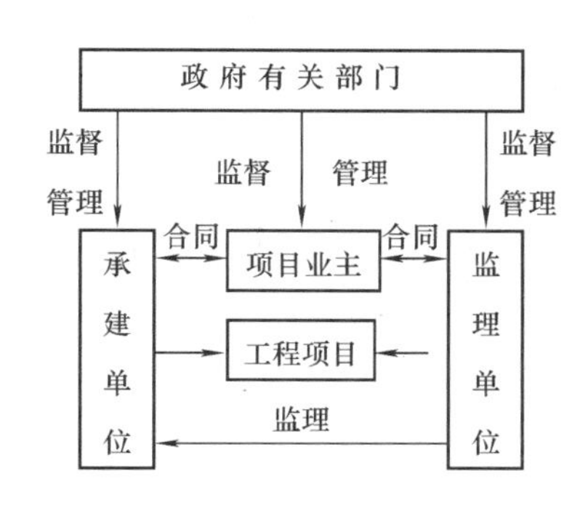


图1-1 新型工程项目建设管理体制

新型工程项目建设管理体制通过项目业主与监理企业之间的委托合同关系，项目业主和承建商之间的承发包关系，监理企业与承建商之间的监理与被监理的关系，将参与建设的三方紧密地联系起来，形成一个完整的项目组织系统。这个项目组织系统在政府有关部门的监督管理之下规范地、有序地运行，必然会产生较好的组织效应，为顺利完成工程项目建设发挥不可估量的作用。

按照新型的工程建设管理体制进行工程建设，既有利于加强工程项目建设的宏观监督管理，又有利于加强工程项目建设的微观监督管理。一是加强了政府对工程建设的宏观监督管理，改变过去政府既要抓工程建设的宏观监督，又要抓工程建设的微观管理的不切合实际的做法，而将微观管理的工作转移给社会化、专业化的监理企业；二是加强了对工程建设项目的微观监督管理，使得工程建设的全过程在监理企业的参与下得到科学有效的监督管理，为提高工程建设整体水平和投资效益奠定了基础。

## 本章小结

建设工程监理制度是为适应社会主义市场经济体制而产生和发展的现代化工程建设管理体制，是建设工程项目在建设程序当中的一项重要内容。建设工程监理的中心任务就是控制工程项目目标，也就是控制经过科学的规划所确定的工程项目的投资、进度和质量。服务性、公正性、独立性、科学性是建设工程监理的主要性质。建设工程监理有利于实现建设投资决策的科学性、有利于规范工程建设行为、有利于提高工程质量和使用安全、有利于实现项目投资效益的最大化，因此，建设工程监理制度在我国工程建设管理体制当中具有极其重要的意义和作用。

## 综合实训

### 一、单项选择题

1.（　　）是委托监理的一方。

A. 建设单位　B. 设计单位　C. 承建单位　D. 政府

2. 建设工程监理的行为主体是（　　）。

A. 建设单位　B. 承建单位　C. 监理企业　D. 政府

3. 建设工程监理是“第三方”的监督管理活动，建筑市场的三方主体之间关系和地位主要体现在项目的（　　）。

A. 决策阶段　B. 设计阶段　C. 招投标阶段　D. 实施阶段

4. 监理单位与建设单位、承建单位的关系都是（　　）关系。

A. 建筑市场平等主体　B. 合同

C. 监理与被监理　D. 委托服务

5. 在建设工程监理的性质中，（　　）是由建设工程监理的任务决定的。

A. 服务性　B. 公正性　C. 独立性　D. 科学性

6. 在工程建设活动中，监理工程师开展监理活动的中心任务是（　　），而进行目标控制的基础是（　　）。

A. 目标设置　信息　B. 目标设置　方法

C. 目标控制　信息　D. 目标控制　方法

7. 项目设计的三阶段包括（　　）。

A. 材料设计阶段、设备设计阶段、工程设计阶段

B. 初步设计阶段、技术设计阶段、施工图设计阶段

C. 初始设计阶段、中间设计阶段、最终设计阶段

D. 粗略设计阶段、深化设计阶段、最终设计阶段

### 二、多项选择题

1. 建设工程监理的依据主要包括（　　）。

A. 法律、法规　B. 合同　C. 建设文件　D. 招标文件

E. 监理企业规章制度

2.《建设工程监理范围和规模标准规定》对实行强制性监理的工程范围作了具体规定，要求（ ）工程必须实行工程监理。

A. 国家重点建设工程

B. 项目总投资额在 3 000 万元以上的大中型公用事业工程

C. 成片开发建设的住宅小区工程

D. 利用外国政府或者国际组织贷款、援助资金的工程

E. 国家规定必须实行监理的其他项目

3. 监理工程师在合同管理中应当着重（ ）几个方面的工作。

A. 合同分析　　B. 建立合同目录

C. 合同履行的监督检查　　D. 索赔

E. 合同的时效

三、简答题

1. 什么是建设工程监理？

2. 建设工程监理的性质和作用有哪些？

3. 我国工程项目建设程序包括哪些阶段？

# 第二章

# 监理工程师

**学习目标：**

了解我国监理工程师执业资格考试及注册制度和继续教育规定；熟悉监理工程师的法律地位、法律责任；掌握监理工程师应具备的素质与职业道德。

## 第一节　概　述

### 一、监理工程师的概念

监理工程师是指通过全国监理工程师执业资格考试取得监理工程师资格证书，并经建设行政主管部门注册，取得国务院建设主管部门颁发的“中华人民共和国注册监理工程师注册执业证书”和执业印章，从事建设工程监理及相关服务等活动的专业人员。它包含三层含义：①监理工程师是从事工程建设监理工作的人员；②已经取得国家确认的监理工程师资格证书；③经省、自治区、直辖市住建委（住建厅）或由国务院工业、交通等部门的建设主管单位核准、注册，取得注册监理工程师执业资格。

监理工程师是一种岗位职务。监理工程师经政府确认注册就意味着他具有相应岗位责任的签字权，他与那些从事工程建设监理工作但未取得监理工程师岗位证书的监理员的区别就在于此。

### 二、监理工程师的法律地位

监理工程师的主要业务是受聘于工程监理企业从事监理工作，代表工程监理企业完成委托监理合同约定的委托事项，因此，监理工程师的法律地位主要表现为受托人的权利和义务。

注册监理工程师享有下列权利：

1）使用注册监理工程师称谓。
2）在规定范围内从事执业活动。
3）依据本人能力从事相应的执业活动。
4）保管和使用本人的注册证书和执业印章。
5）对本人执业活动进行解释和辩护。
6）接受继续教育。
7）获得相应的劳动报酬。
8）对侵犯本人权利的行为进行申诉。
注册监理工程师应当履行下列义务：
1）遵守法律、法规和有关管理规定。
2）履行管理职责，执行技术标准、规范和规程。
3）保证执业活动成果的质量，并承担相应责任。
4）接受继续教育，努力提高执业水准。
5）在本人执业活动所形成的工程监理文件上签字、加盖执业印章。
6）保守在执业中知悉的国家秘密和他人的商业、技术秘密。
7）不得涂改、倒卖、出租、出借或者以其他形式非法转让注册证书或者执业印章。
8）不得同时在两个或者两个以上单位受聘或者执业。
9）在规定的执业范围和聘用单位业务范围内从事执业活动。
10）协助注册管理机构完成相关工作。

## 三、监理工程师的法律责任

我国《注册监理工程师管理规定》第六章明确规定了监理工程师在注册和执业过程中应承担的法律责任。监理工程师的法律责任主要表现为违背法律、法规或执行委托监理合同中的违约行为两个方面。

1. 违法行为

《建筑法》第35条规定“工程监理单位不按照委托监理合同的约定履行监理义务，对应当监督检查的项目不检查或者不按照规定检查，给建设单位造成损失的，应当承担相应的赔偿责任”。

《建设工程质量管理条例》第36条规定“工程监理单位应当依照法律、法规及有关技术标准，设计文件和建设工程承包合同，代表建设单位对施工质量实施监理并对施工质量承担监理责任。”

《建设工程安全生产管理条例》第14条规定“工程监理单位和监理工程师应当按照法律、法规和工程建设强制性标准实施监理，并对建设工程安全生产承担监理责任。”

《中华人民共和国刑法》第137条规定“建设单位、设计单位、施工单位、工程监理单位违反国家规定，降低工程质量标准，造成重大安全事故的，对直接责任人员，处五年以下有期徒刑或者拘役，并处罚金；后果特别严重的，处五年以上十年以下有期徒刑，并处罚金。”

这些规定为有效地规范、约束监理工程师执业行为，引导监理工程师公正守法地开展监理业务提供了法律基础。

2. 违约行为

工程监理企业在履行委托监理合同时，是由具体的监理工程师来实现的，因此，如果监理工程师出现工作过错，其行为将被视为监理企业违约，应承担相应的违约责任。工程监理企业在承担违约赔偿责任后，有权在企业内部向有过错行为的监理工程师追偿损失。所以，由监理工程师个人过失引发的合同违约行为，监理工程师必然要与监理企业承担一定的连带责任。

如果监理工程师有下列行为之一，则要承担一定的监理责任：

1）未对施工组织设计中的安全技术措施或者专项施工方案进行审查。

2）发现安全事故隐患未及时要求施工单位整改或者暂时停止施工。

3）施工单位拒不整改或者不停止施工，未及时向有关主管部门报告。

4）未依照法律、法规和工程建设强制性标准实施监理。

如果监理工程师有下列行为之一，则应当与质量、安全事故责任主体承担连带责任：

1）违章指挥或者发出错误指令，引起安全事故的。

2）将不合格的建设工程、建筑材料、建筑构配件和设备按照合格签字，造成工程质量事故，由此引发安全事故的。

3）与建设单位或施工企业串通，弄虚作假、降低工程质量，从而引发安全事故的。

## 第二节　监理工程师的素质与职业道德

监理工程师在项目建设中处于核心地位，因此具体从事监理工作的监理人员既要具有一定的工程技术或工程经济方面的专业知识，还要有一定的组织和协调能力，能够对工程建设进行监督管理，提出指导性的意见。所以说监理人员，尤其是监理工程师应是一种复合型人才，需要具有较高的素质。

### 一、监理工程师的素质

#### （一）良好的思想素质

监理工程师的良好思想素质主要体现在以下几个方面：

1）热爱本职工作。

2）具有科学认真、实事求是的工作态度。

3）具有廉洁奉公、为人正直、办事公道的高尚情操。

4）能听取不同的意见，善于冷静分析问题，而且有良好的包容性。

5）具有良好的职业道德。

#### （二）良好的业务素质

1. 具有较高的学历和多学科复合型的知识结构

现代工程建设，工艺越来越先进，材料、设备越来越新颖，而且规模大、应用科技门类多，需要组织多专业、多工种人员，形成分工协作、共同工作的群体。工程建设涉及的学科

很多，其中主要学科就有几十种。作为监理工程师，不可能学习和掌握这么多的专业理论知识；但是，起码应学习、掌握一种专业理论知识。没有深厚专业理论知识的人员绝不可能胜任监理工程师工作。因此，要成为一名监理工程师，至少应具有工程类大专以上学历，并了解或掌握一定的工程建设经济、法律和组织管理等方面的理论知识；同时应不断学习和了解技术、设备、材料、工艺和法规等方面的新知识，从而达到一专多能，成为工程建设中的复合型人才，使监理企业真正成为智力密集型的知识群体。

2. 要有丰富的工程建设实践经验

工程建设实践经验就是理论知识在工程建设中成功地应用。监理工程师的业务主要表现为工程技术理论与工程管理理论在工程建设中的具体应用，因此实践经验是监理工程师的重要素质之一。据有关资料统计分析表明，工程建设中出现的失误，多数原因与经验不足有关，少数原因是责任心不强。所以，世界各国都很重视工程建设实践经验。在考核某个单位或某一个人的能力大小时，都把经验作为重要的衡量尺度。一般来说，一个人在工程建设领域工作时间越长，经验就越丰富。反之，经验则不足。英国咨询工程师协会规定，入会的会员年龄必须在38岁以上；新加坡有关机构规定，注册工程师，必须具有8年以上的工程结构设计实践经验。我国在监理工程师注册制度中规定，取得中级技术职称后还要有3年的工作时间，方可参加监理工程师的资格考试。当然，若不从实际出发，单凭以往的经验，也难以取得预期的成效。

3. 要有较好的工作方法和组织协调能力

较好的工作方法和善于组织协调是体现监理工程师工作能力高低的重要因素。监理工程师要能够准确地综合运用专业知识和科学手段，做到事前有计划、事中有记录、事后有总结，建立较为完善的工作程序、工作制度，既要有原则性，又要有灵活性；同时要能够抓好参与工程建设各方的组织协调，发挥系统的整体功能，善于通过别人的工作把事情做好，实现投资、进度、质量目标的协调统一。

### （三）良好的身心素质

尽管工程建设监理工作是以脑力劳动为主，但是，监理工程师也必须拥有健康的身体和充沛的精力，才能胜任繁忙、严谨的监理工作。工程建设施工阶段，由于露天作业，工作条件艰苦，工作往往紧迫、业务繁忙，更需要监理工程师拥有健康的身体，否则，难以胜任工作。我国对年满65周岁的监理工程师就不再进行注册，主要就是考虑监理从业人员身体健康状况的适应能力而设定的条件。

## 二、监理工程师的职业道德

工程建设监理是一项高尚的工作，监理工程师在执业过程中不能损害工程建设任何一方的利益。为了确保建设监理事业的健康发展，对监理工程师的职业道德和工作纪律都有严格的要求，在有关法规中也作了具体的规定，具体如下：

1）维护国家的荣誉和利益，按照“守法、诚信、公正、科学”的准则执业。

2）执行有关工程建设的法律、法规、规范、标准和制度，履行监理合同规定的义务和职责。

3）努力学习专业技术和建设监理知识，不断提高业务能力和监理水平。

4）不以个人名义承揽监理业务。

5）不同时在两个或两个以上工程监理企业注册和从事监理活动，不在政府部门和施工、材料设备的生产供应等单位兼职。

6）不为所监理项目指定承建商，建筑构配件、设备、材料生产厂家和施工方法。

7）不收受被监理单位的任何礼金。

8）不泄露所监理工程各方认为需要保密的事项。

9）坚持独立自主地开展工作

## 三、FIDIC 道德准则

FIDIC 是国际咨询工程师联合会 (Fédération lnternationale Des lngénieurs Conseils）的法文缩写。FIDIC 的本义是指国际咨询工程师联合会这一独立的国际组织。习惯上有时也指 FIDIC 条款或 FIDIC 方法。FIDIC 是国际上最有权威的被世界银行认可的咨询工程师组织，目前有 50 多个成员，分属于四个地区性组织。国际咨询工程师联合会（FIDIC）于 1991 年在慕尼黑讨论批准了 FIDIC 通用道德准则，此后又进行了修订，该准则分别对社会和职业的责任、能力、廉洁、公正、对他人公正、反腐败等六个问题共计 16 个方面规定了监理工程师的道德行为准则。目前，国际咨询工程师协会的会员都认真地执行这一准则。

FIDIC 认识到监理工程师的工作对于取得社会和环境的可持续发展是至关重要的。为使监理工程师的工作充分有效，不仅要求监理工程师不断提高自身的学识和技能，而且要求社会必须尊重他们的公正性，信任他们做出的判断并给予合理的报酬。

根据国际咨询工程师联合会 FIDIC 职业道德准则（2010 年翻译修订稿），所有 FIDIC 成员协会都同意并认为，如要取得社会对咨询工程师的必要信任，以下准则对其会员的行为是极其重要的：

1. 对社会和工程咨询业的责任

1）承担工程咨询业对社会所负的责任。

2）寻求符合可持续发展原则的解决方案。

3）始终维护工程咨询业的尊严、地位和荣誉。

2. 能力

1）保持其知识和技能水平与技术、法律和管理的发展一致，在为客户提供服务时运用应有的技能，谨慎、勤勉地工作。

2）只承担能够胜任的任务。

3. 廉洁

始终维护客户的合法利益，并廉洁、忠实地提供服务。

4. 公正

1）公正地提供专业建议、判断或决定。

2）告知客户在为其提供服务中可能产生的一切潜在的利益冲突。

3）不接受任何可能影响其独立判断的酬劳。

5. 对他人公正

1）推动“根据质量选择咨询服务”的理念。

2）不得无意或故意损害他人的名誉或业务。

3）不得直接或间接地试图取代已委托给其他咨询工程师的业务。

4）在客户未通知其他咨询工程师前，并在未接到客户终止其原先委托工作的书面指令前，不得接管该工程师的工作。

5）如被邀请评审其他咨询工程师的工作，应以恰当的行为和善意的态度进行。

6. 反腐败

1）既不提供也不收受任何形式的酬劳，这种酬劳试图或实际：①寻求影响对咨询工程师的选聘或对其补偿，和（或）影响其客户；②寻求影响咨询工程师的公正判断。

2）对于任何合法组成的调查团体来对任何服务合同或建设合同的管理进行调查，要充分予以合作。

## 第三节　监理工程师执业资格考试及注册

执业资格是政府对某些社会通用性强、责任较大、关系公共利益的专业技术工作实行的市场准入控制，是专业技术人员依法独立开业或独立从事某种专业技术工作所必备的学识、技术和能力标准。执业资格一般要通过考试取得。

### 一、监理工程师执业资格考试

监理工程师执业资格考试是一种水平考试，是对考生掌握监理理论和监理实务技能的检验。

1. 实行监理工程师执业资格考试制度的重要意义

实行监理工程师执业资格考试制度的重要意义在于：

1）有助于促进监理人员和其他愿意掌握建设监理基本知识的人员努力钻研监理业务，提高业务水平。

2）有利于统一监理工程师的基本水准，保证全国各地方、各部门监理队伍的素质。

3）有利于公正地确定监理人员是否具备监理工程师的资格。

4）有助于建立建设监理人才库，把监理企业以外，已经掌握监理知识的人员的监理资格确认下来，形成蕴含于社会的监理人才库。

5）通过考试确认相关资格的做法，是国际上通行的方式。这样做，既符合国际惯例，又有助于开拓国际工程建设监理市场，同国际接轨。

2. 报考监理工程师的条件

根据建设工程监理工作对监理人员素质和能力的要求，我国对参加监理工程师执业资格考试的报名条件从教育背景和工程建设实践经验两方面作出了限制。

凡是中华人民共和国公民，遵纪守法，具有工程技术或工程经济专业大专以上（含大专）学历，并符合下列条件之一者，可申请参加监理工程师执业资格考试：

1）具有按照国家有关规定评聘的工程技术或工程经济专业中级职称，并任职满三年。

2）具有按照国家有关规定取得工程技术或工程经济专业高级职称。

3. 考试内容

根据监理工程师的业务范围，监理工程师执业资格考试的内容主要是建设工程监理基本理论、工程质量控制、工程进度控制、工程投资控制、建设工程合同管理和建设工程监理的相关法律、法规等方面的理论知识和实务技能。

考试科目为:《建设工程监理基本理论和相关法规》《建设工程合同管理》《工程建设质量、投资、进度控制》《建设工程监理案例分析》。其中《建设工程监理案例分析》主要是考评对建设监理理论知识的理解和在工程实际中运用的综合能力。

4. 考试组织管理

根据我国国情，对监理工程师执业资格考试工作，实行政府统一管理。为了体现公开、公平、公正的原则，考试实行全国统一大纲、统一命题、统一时间组织、闭卷考试、分科计分、统一录取标准的办法，一般每年组织一次。具体管理办法如下：

1）中华人民共和国住房和城乡建设部（以下简称“住建部”）和中华人民共和国人力资源和社会保障部（以下简称“人力资源和社会保障部”）共同负责全国监理工程师执业资格考试制度的政策制定、组织协调、资格考试和监督管理工作。

2）住建部负责组织拟定考试科目、编写考试大纲及培训教材、组织命题工作，统一规划和组织考前培训。

3）人力资源和社会保障部负责审定考试科目、考试大纲及试题，组织实施各项考务工作；会同住建部对考试进行检查、监督、指导和确定考试合格标准。

## 二、监理工程师注册

对监理工程师执业资格实行注册制度，这既是国际上通行的做法，也是政府对监理从业人员实行市场准入控制的有效手段。经注册的监理工程师具有相应的岗位责任和权力。仅取得监理工程师执业资格证书，没有取得监理工程师注册证书的人员，则不具备这些权力也不承担相应的责任。监理工程师的注册，根据注册的内容不同分为三种形式，即初始注册、延续注册和变更注册。对于符合注销规定的，注册资格应予以注销。

1. 初始注册

经监理工程师执业资格考试合格，取得监理工程师执业资格证书后，可以申请监理工程师初始注册。初始注册时应填写“监理工程师注册申请表”并提供有关材料，向聘用单位提出申请，由省、自治区、直辖市人民政府主管部门初审合格后，报国务院建设行政主管部门对初审意见进行审核，对符合条件者准予注册，并颁发由国务院建设行政主管部门统一印制的监理工程师注册证书和执业印章，其有效期为3年。

初始注册条件：

1）经全国注册监理工程师职业资格统一考试合格，取得职业资格证书。

2）受聘于一个相关单位。

3）达到继续教育要求。

初始注册需要提交下列材料：

1）申请人的注册申请表。

2）申请人的资格证书和身份证复印件。

3）申请人与聘用单位签订的聘用劳动合同复印件。

4）所学专业、工作经历、工程业绩、工程类中级及中级以上职称证书等有关证明材料。

5）逾期初始注册的，应当提供达到继续教育要求的证明材料。

对于出现聘用单位破产；聘用单位被吊销营业执照；聘用单位被吊销相应资质证书；已与聘用单位解除劳动关系；注册有效期满而未续期注册；年龄超过 65 周岁；死亡或丧失行为能力情形之一的，其注册证书及执业印章将自动失效。

2. 延续注册

注册期满后需要继续执业的，要办理延续注册。延续注册由申请人向聘用单位提出申请，将有关材料报省、自治区、直辖市人民政府主管部门进行初审，初审合格后，报国务院建设行政主管部门审批。延续注册有效期也为 3 年。延续注册需要提交下列材料：

1）申请人延续注册申请表。

2）申请人与聘用单位签订的聘用劳动合同复印件。

3）申请人注册有效期内达到继续教育要求的证明材料。

3. 变更注册

监理工程师注册后，如果注册内容（如执业单位）有变更，应当向原注册机构办理变更注册。变更注册需要提交下列材料：

1）申请人变更注册申请表。

2）申请人与新聘用单位签订的聘用劳动合同复印件。

3）申请人的工作调动证明（与原聘用单位解除聘用劳动合同或者聘用劳动合同到期的证明文件、退休人员的退休证明）。

申请人有下列情形之一的，不予初始注册、延续注册或者变更注册：

1）不具有完全民事行为能力的。

2）刑事处罚尚未执行完毕或者因从事工程监理或相关业务受到刑事处罚，自刑事处罚执行完毕之日起至申请注册之日止不满 2 年的。

3）未达到监理工程师继续教育要求的。

4）在两个或者两个以上单位申请注册的。

5）以虚假的职称证书参加考试并取得资格证书的。

6）年龄超过 65 周岁的。

4. 注销注册

对出现不具有完全民事行为能力；申请注销注册；注册证书和执业印章已失效；依法被撤销注册；依法被吊销注册证书；受到刑事处罚情形之一的，应注销注册，并交回注册证书和执业印章。

## 三、监理工程师的违规处罚

监理工程师执业过程中担负着重要的涉及生命、财产安全的监理责任，执业过程中必须严格遵纪守法。建设行政主管部门应加强对监理工程师的资质管理，对于监理工程师在从业过程中的违规行为，政府建设行政主管部门有权追究其责任，并根据情节不同给予必要的行政处罚。一般包括：

1）对于未取得监理工程师职业资格证书、监理工程师注册证书和执业印章，以监理工程师名义执业的人员，政府建设行政主管部门将予以取缔，并处以罚款；有违法所得的，予以没收。

2）对于以欺骗手段取得监理工程师职业资格证书、监理工程师注册证书和执业印章的人员，政府建设行政主管部门将吊销其证书、收回执业印章，并处以罚款；情节严重的，3年以内不允许考试及注册。

3）如果监理工程师出借监理工程师职业资格证书、监理工程师注册证书和执业印章，情节严重的，将被吊销证书、收回执业印章，3年内不允许考试和注册。

4）监理工程师注册内容发生变更，未按照规定办理变更手续的，将被责令改正，并可能受到罚款的处罚。

5）同时受聘于两个及以上的单位执业的，将被注销其监理工程师注册证书，收回执业印章，并将受到罚款处理；有违法所得的，将被没收。

6）对于监理工程师在执业中出现的行为过失，产生不良后果的，《建设工程质量管理条例》明确规定：监理工程师因过错造成质量事故的，责令停止执业1年；造成重大质量事故的，吊销职业资格证书，5年内不予注册；情节特别恶劣的，终身不予注册。《建设工程安全生产管理条例》明确规定：未执行法律、法规和工程建设强制性标准的，责令停止执业3个月以上1年以下；情节严重的，吊销职业资格证书，5年内不予注册；造成重大安全事故的，终身不予注册；构成犯罪的，依照刑法有关规定追究刑事责任。

## 第四节　注册监理工程师的继续教育

现代社会发展日新月异，新理论、新技术、新材料层出不穷，注册后的监理工程师不能一劳永逸地停留在原有知识水平上，而要与时俱进。因此，注册监理工程师需要通过继续教育不断更新知识、扩大其知识面，及时掌握与工程监理有关的政策、法律、法规和标准规范，熟悉工程监理与工程项目管理的新理论、新方法，了解工程建设新技术、新材料、新设备及新工艺，适时更新业务知识，不断提高自身业务素质和执业水平，以适应开展工程监理业务和工程监理事业发展的需要。

注册监理工程师在每一注册有效期内应当达到国务院建设主管部门规定的继续教育要求。继续教育作为注册监理工程师逾期初始注册、延续注册和重新申请注册的条件之一。

### 一、继续教育方式和内容

集中面授和网络教学是继续教育的两种基本方式。继续教育分为必修课和选修课，其主要内容有：

（1）必修课　它包括：国家近期颁布的与工程监理有关的政策、法律法规和标准规范；工程监理与工程项目管理的新理论、新方法；工程监理案例分析；注册监理工程师职业道德。

（2）选修课　它包括：地方及行业近期颁布的与工程监理有关的政策、法规和标准规范；

工程建设新技术、新材料、新设备及新工艺；专业工程监理案例分析；需要补充的其他与工程监理业务有关的知识。

## 二、继续教育学时

注册监理工程师在每一注册有效期（3年）内，继续教育学时为96学时，其中必修课和选修课各为48学时。必修课每年可安排16学时。选修课按注册专业数量安排学时，只注册1个专业的，每年接受16学时的继续教育；注册2个专业的，每年接受相应2个注册专业各8学时的继续教育。

注册监理工程师申请变更注册专业时，在提出申请之前，应接受申请变更注册专业24学时选修课的继续教育。注册监理工程师申请跨省级行政区域变更执业单位时，在提出申请之前，还应接受新聘用单位所在地8学时选修课的继续教育。

注册监理工程师在公开发行的期刊上发表有关工程监理的学术论文，字数在3 000字以上的，每篇可充抵选修课4学时；从事注册监理工程师继续教育授课工作和考试命题工作，每年每次可充抵选修课8学时。

## 本章小结

监理工程师是指在工程建设监理工作岗位上工作，经全国监理工程师执业资格统一考试合格，并经政府注册的建设工程监理人员。监理工程师与监理员的主要区别是：监理工程师具有相应岗位责任的签字权，而监理人员没有相应岗位责任的签字权。监理工程师除应具备丰富的专业知识和工程建设实践经验之外还应具有良好的思想素质、业务素质、身体与心理素质和职业道德水准才能担负起建设工程监理工作的责任。监理工程师在执行监理业务时必须遵守国家规范、规程和有关政策法规及监理工作纪律。我国具有较为严格的监理工程师执业资格考试与注册制度。注册监理工程师需要通过继续教育更新知识、扩大其知识面，不断提高自身业务素质和执业水平，以适应开展工程监理业务和工程监理事业发展的需要。

## 综合实训

一、单项选择题

1. 已经取得国家确认的监理工程师资格证书，没有注册的监理人员（ ）是监理工程师。

A. 一定　　B. 不一定　　C. 不　　D. 可能

2.（ ）是监理工程师延续注册的条件之一。

A. 注册有效期内达到继续教育要求　　B. 公正、独立、自主

C. 守法、诚信、公正、科学　　D. 严格监理、热情服务

3. 监理工程师初始注册应由（ ）提出申请。

A. 监理工程师本人　　B. 聘用公司

C. 建设厅　　D. 地方建委

4.FIDIC 代表的组织是（　　）。

A. 工料测量师行　　B. 国际监理工程师联合会

C. 国际咨询工程师联合会　　D. 国际造价工程师联合会

二、多项选择题

1. 下列内容中，监理工程师应遵循的职业道德包括有（　　）。

A. 不同时在两个或两个以上工程监理企业注册和从事监理活动

B. 坚持独立自主地开展工作

C. 不出借监理工程师职业资格证书

D. 不泄露所监理工程各方认为需要保密的事项

E. 通知建设单位在监理工作过程中可能发生的任何潜在的利益冲突

2. 符合以下哪些条件可以报考监理工程师（　　）。

A. 本科及以上学历

B. 专科及以上学历

C. 从事监理工作满 3 年

D. 有工程技术或工程经济专业中级职称，并任职满 3 年的

E. 有工程技术或工程经济专业高级职称

3. 监理工程师的注册按照注册形式不同可分为（　　）。

A. 初始注册　　B. 二次注册

C. 续期注册　　D. 变更注册

E. 注销注册

三、简答题

1. 何谓监理工程师?

2. 监理工程师应具备的素质有哪些?

3. 监理工程师应具备的职业道德有哪些?

4. 为何要实行监理工程师资格考试制度?

5. 注册监理工程师继续教育主要规定有哪些?

# 第三章 工程监理企业

学习目标：

了解工程监理企业的分类、资质等级标准及资质管理规定；熟悉工程监理企业与工程建设其他各方的关系及监理业务取得方式；掌握工程监理企业经营活动内容及基本准则。

## 第一节 概述

### 一、工程监理企业的概念

工程监理企业是指依法成立并取得国务院建设主管部门颁发的工程监理企业资质证书，具有法人资格从事建设工程监理活动的服务机构。

工程监理企业是我国推行建设工程监理制度之后才逐渐兴起的新兴行业，是具有独立性、社会化、专业化特点的单位。它是监理工程师的执业机构。

### 二、工程监理企业的分类

工程监理企业类别有多种，一般有以下几种分类：

（一）按组织形式分

按照我国现行法律、法规规定，工程监理企业组织形式可以分为5种，即公司制监理企业、合伙监理企业、个人独资监理企业、中外合资经营监理企业和中外合作经营监理企业。下面简要介绍公司制、中外合资经营和中外合作经营监理企业，其他不做赘述。

1. 公司制监理企业

公司制监理企业是依照《中华人民共和国公司法》设立的、以营利为目的的、自负盈亏、独立承担民事责任的企业法人单位，是采用规范的成本会计和财务会计制度、完整纳税的经济实体。其分为有限责任公司和股份有限公司。

（1）有限责任公司　有限责任公司是指由50个以下的股东共同出资，股东以其出资额对公司承担有限责任，公司以全部资产对公司的债务承担责任的企业法人。

有限责任公司不对外发行股票，股东的出资额由股东协商确定。股东交付股金后，公司出具股权证书，作为股东在公司中拥有的权益凭证，这种凭证不同于股票，不能自由流通，必须在其他股东同意的条件下才能转让，且要优先转让给公司原有股东。公司股东所负责任仅以出资额为限，即把股东投入公司的财产与个人的其他财产脱钩，公司破产或解散时，只以公司所有的资产偿还债务。公司具有法人地位,在公司名称中必须注明有限责任公司字样。公司股东可以作为雇员参与公司经营管理，通常公司管理者也是公司的所有者。公司账目可以不公开，尤其是公司的资产负债表一般不公开。

（2）股份有限公司　股份有限公司是指以其全部资本分为等额股份，并通过发行股票筹集资本，股东以其所持股份为限对公司承担责任，公司则以其全部资产对公司的债务承担责任的企业法人。

设立监理股份有限公司可以采取发起设立和募集设立方式。发起设立是指由发起人认购公司应发行的全部股份而设立公司。募集设立是指由发起人认购公司应发行股份的一部分，其余部分向社会募集而设立公司。公司向社会公开发行股票，股东以其所认购的股份对公司承担有限责任、享受权利和承担义务。公司名称中必须标明“股份有限公司”字样。公司作为独立的法人，有自己独立的财产，对外经营业务时，以其独立的财产承担公司债务。公司账目必须公开，便于股东全面掌握公司情况。股份公司管理实行两权分离，董事会接受股东大会委托，监督公司财产的保值增值，行使公司财产所有者职权;经理由董事会聘任，掌握公司经营权。

2. 中外合资经营监理企业

中外合资经营监理企业是指中国企业或其他经济组织与外国公司、企业、其他经济组织或个人双方在平等互利的基础上，依据《中华人民共和国中外合资经营企业法》，签订合同、制定章程，经我国政府批准在境内共同投资、经营、管理，共同分享利润和承担风险，主要从事工程监理业务的监理企业。注册资本中，外资一般不低于25%。

中外合资经营监理企业的组织形式为有限责任公司，具有法人资格；合营双方共同经营管理，实行单一的董事会领导下的总经理负责制；合营企业一般以货币形式计算各方的投资比例，并按注册资本比例分配利润和分担风险。

3. 中外合作经营监理企业

中外合作经营监理企业是指中国的企业或其他经济组织同国外的企业、其他经济组织或个人按照平等互利的原则和我国法律规定，用合同约定双方的权利与义务，在我国境内共同举办的从事工程监理业务的经济实体。

中外合作经营监理企业可以是法人型企业，也可以是不具有法人资格的合伙企业，法人型企业独立对外承担责任，合伙企业由合作各方对外承担连带责任；合作企业可以采取董事会负责制，也可以采取联合管理制，既可由双方组织联合管理机构管理，也可以由一方管理，还可以委托第三方管理；合作企业是以合同规定投资或者提供合作条件，以非现金投资作为合作条件，可不以货币形式作价，不计算投资比例；合作企业按合同约定分配收益和分

担风险。

（二）按工程类别或业务范围分

目前，我国的工程类别可以分为房屋建筑工程、冶炼工程、矿山工程、化工石油工程、水利水电工程、电力工程、农林工程、铁路工程、公路工程、港口及航道工程、航天航空工程、通信工程、市政公用工程和机械电子工程14个专业的业务服务领域。

上述工程类别的划分只是体现在工程监理企业的业务范围上，并没有完全用来界定工程监理企业的专业性质。

（三）按监理企业资质等级分

按照我国《工程监理企业资质管理规定》，工程监理企业分为综合资质、专业资质和事务所资质三种资质企业。综合资质、事务所资质不分级别。专业资质分为甲级、乙级，并按照工程性质和技术特点划分为若干工程类别；其中，房屋建筑、水利水电、公路和市政公用专业资质可设立丙级。具体划分标准将在本章第二节中详细介绍。

## 第二节　工程监理企业的资质及管理

### 一、工程监理企业资质

工程监理企业资质是指工程监理企业的综合实力，包括企业技术能力、业务及管理水平、经营规模、社会信誉等，它主要体现在监理能力和监理效果上。工程监理企业应当按照所拥有的注册资本、专业技术人员数量和工程监理业绩等资质条件申请资质，经审查合格，取得相应等级的资质证书后，方可在其资质等级许可的范围内从事工程监理活动。工程监理企业所拥有的专业技术人员数量主要体现在注册监理工程师的数量，这反映企业从事监理工作的工程范围和业务能力。工程监理业绩则反映工程监理企业开展监理业务的经历和成效。

对工程监理企业进行资质管理是我国政府实行市场准入控制的有效手段。

### 二、资质等级标准与业务范围

根据2007年6月26日发布的建设部158号令《工程监理企业资质管理规定》中规定：

1. 综合资质标准及业务范围

1）具有独立法人资格且注册资本不少于600万元。

2）企业技术负责人应为注册监理工程师，并具有15年以上从事工程建设工作的经历或者具有工程类高级职称。

3）具有5个以上工程类别的专业甲级工程监理资质。

4）注册监理工程师不少于60人，注册造价工程师不少于5人，一级注册建造师、一级注册建筑师、一级注册结构工程师或者其他勘察设计注册工程师合计不少于15人次。

5）企业具有完善的组织结构和质量管理体系，有健全的技术、档案等管理制度。

6）企业具有必要的工程试验检测设备。

7）申请工程监理资质之日前一年内没有规定禁止的行为。

8）申请工程监理资质之日前一年内没有因本企业监理责任造成重大质量事故。

9）申请工程监理资质之日前一年内没有因本企业监理责任发生三级以上工程建设重大安全事故或者发生两起以上四级工程建设安全事故。

其业务范围是可以承担所有专业工程类别建设工程项目的工程监理业务。

2. 专业资质标准及业务范围

（1）甲级

1）具有独立法人资格且注册资本不少于300万元。

2）企业技术负责人应为注册监理工程师，并具有15年以上从事工程建设工作的经历或者具有工程类高级职称。

3）注册监理工程师、注册造价工程师、一级注册建造师、一级注册建筑师、一级注册结构工程师或者其他勘察设计注册工程师合计不少于25人次；其中，相应专业注册监理工程师不少于专业资质注册监理工程师人数配备表（表3-1）中要求配备的人数，注册造价工程师不少于2人。

4）企业近2年内独立监理过3个以上相应专业的二级工程项目，但是，具有甲级设计资质或一级及以上施工总承包资质的企业申请本专业工程类别甲级资质的除外。

5）企业具有完善的组织结构和质量管理体系，有健全的技术、档案等管理制度。

6）企业具有必要的工程试验检测设备。

7）申请工程监理资质之日前一年内没有规定禁止的行为。

8）申请工程监理资质之日前一年内没有因本企业监理责任造成重大质量事故。

9）申请工程监理资质之日前一年内没有因本企业监理责任发生三级以上工程建设重大安全事故或者发生两起以上四级工程建设安全事故。

其业务范围是可承担相应专业工程类别建设工程项目的工程监理业务。

（2）乙级

1）具有独立法人资格且注册资本不少于100万元。

2）企业技术负责人应为注册监理工程师，并具有10年以上从事工程建设工作的经历。

3）注册监理工程师、注册造价工程师、一级注册建造师、一级注册建筑师、一级注册结构工程师或者其他勘察设计注册工程师合计不少于15人次。其中，相应专业注册监理工程师不少于专业资质注册监理工程师人数配备表（表3-1）中要求配备的人数，注册造价工程师不少于1人。

4）有较完善的组织结构和质量管理体系，有技术、档案等管理制度。

5）有必要的工程试验检测设备。

6）申请工程监理资质之日前一年内没有规定禁止的行为。

7）申请工程监理资质之日前一年内没有因本企业监理责任造成重大质量事故。

8）申请工程监理资质之日前一年内没有因本企业监理责任发生三级以上工程建设重大安全事故或者发生两起以上四级工程建设安全事故。

其业务范围是可承担相应专业工程类别二级以下（含二级）建设工程项目的工程监理业务。

表 3-1　专业资质注册监理工程师人数配备表　（单位：人）

| 序　号 | 工程类别 | 甲　级 | 乙　级 | 丙　级 |
|---|---|---|---|---|
| 1 | 房屋建筑工程 | 15 | 10 | 5 |
| 2 | 冶炼工程 | 15 | 10 | |
| 3 | 矿山工程 | 20 | 12 | |
| 4 | 化工石油工程 | 15 | 10 | |
| 5 | 水利水电工程 | 20 | 12 | 5 |
| 6 | 电力工程 | 15 | 10 | |
| 7 | 农林工程 | 15 | 10 | |
| 8 | 铁路工程 | 23 | 14 | |
| 9 | 公路工程 | 20 | 12 | 5 |
| 10 | 港口与航道工程 | 20 | 12 | |
| 11 | 航天航空工程 | 20 | 12 | |
| 12 | 通信工程 | 20 | 12 | |
| 13 | 市政公用工程 | 15 | 10 | 5 |
| 14 | 机电安装工程 | 15 | 10 | |

注：表中各专业资质注册监理工程师人数配备是指企业取得本专业工程类别注册的注册监理工程师人数。

（3）丙级

1）具有独立法人资格且注册资本不少于 50 万元。

2）企业技术负责人应为注册监理工程师，并具有 8 年以上从事工程建设工作的经历。

3）相应专业的注册监理工程师不少于专业资质注册监理工程师人数配备表（表 3-1）中要求配备的人数。

4）有必要的质量管理体系和规章制度。

5）有必要的工程试验检测设备。

其业务范围是可承担相应专业工程类别三级建设工程项目的工程监理业务。

3. 事务所资质标准及业务范围

1）取得合伙企业营业执照，具有书面合作协议书。

2）合伙人中有 3 名以上注册监理工程师，合伙人均有 5 年以上从事建设工程监理的工作经历。

3）有固定的工作场所。

4）有必要的质量管理体系和规章制度。

5）有必要的工程试验检测设备。

其业务范围是可承担三级建设工程项目的工程监理业务，但是，国家规定必须实行强制监理的工程除外。

此外，各资质等级工程监理企业也可以开展相应类别建设工程的项目管理、技术咨询等业务。

## 三、资质申请

工程监理企业申请资质，要到企业注册所在地的县级以上地方人民政府建设行政主管部门办理有关手续。

新设立的监理企业申请资质，须到工商行政管理部门登记注册并取得企业法人营业执照后，方可到建设行政主管部门办理资质申请手续。申请时应提交下列资料：

1）工程监理企业资质申请表（一式三份）及相应电子文档。

2）企业法人、合伙企业营业执照。

3）企业章程或合伙人协议。

4）企业法定代表人、企业负责人和技术负责人的身份证明、工作简历及任命（聘用）文件。

5）工程监理企业资质申请表中所列注册监理工程师及其他注册执业人员的注册执业证书。

6）有关企业质量管理体系、技术和档案等管理制度的证明材料。

7）有关工程试验检测设备的证明材料。

工程监理企业申请资质升级时，除向建设行政主管部门提供以上所列资料外，还应当提交企业原工程监理企业资质证书正、副本复印件，企业《监理业务手册》及近 2 年已完成代表工程的监理合同、监理规划、工程竣工验收报告及监理工作总结等。

## 四、资质审批

工程监理企业申请综合资质、专业甲级资质的，应当向企业工商注册所在地的省、自治区、直辖市人民政府建设主管部门提出申请。省、自治区、直辖市人民政府建设主管部门应当自受理申请之日起 20 日内初审完毕，并将初审意见和申请材料报国务院建设主管部门。国务院建设主管部门应当自省、自治区、直辖市人民政府建设主管部门受理申请材料之日起 60 日内完成审查，公示审查意见，公示时间为 10 日。其中，涉及铁路、交通、水利、通信、民航等专业工程监理资质的，由国务院建设主管部门送国务院有关部门审核。国务院有关部门应当在 20 日内审核完毕，并将审核意见报国务院建设主管部门。国务院建设主管部门根据初审意见审批。

工程监理企业申请专业乙级、丙级和事务所资质由企业所在地省、自治区、直辖市人民政府建设主管部门审批，并应当自作出决定之日起 10 日内，将准予资质许可的决定报国务院建设主管部门备案。

## 五、资质延续和变更

1. 资质延续

工程监理企业资质有效期为 5 年。资质有效期届满，工程监理企业需要继续从事工程监理活动的，应当在资质证书有效期届满 60 日前，向原资质许可机关申请办理延续手续。对在资质有效期内遵守有关法律、法规、规章、技术标准，信用档案中无不良记录，且专业技术人员满足资质标准要求的企业，经资质许可机关同意，有效期延续 5 年。

2. 资质变更

工程监理企业在资质证书有效期内名称、地址、注册资本、法定代表人等发生变更的，

应当在工商行政管理部门办理变更手续后 30 日内办理资质证书变更手续。涉及综合资质、专业甲级资质证书中企业名称变更的，由国务院建设主管部门负责办理，并自受理申请之日起 3 日内办理变更手续。专业甲级以下资质证书变更手续，由省、自治区、直辖市人民政府建设主管部门负责办理。省、自治区、直辖市人民政府建设主管部门应当自受理申请之日起 3 日内办理变更手续，并在办理资质证书变更手续后 15 日内将变更结果报国务院建设主管部门备案。

申请资质变更，应当提交以下材料：

1）资质变更的申请报告。

2）企业法人营业执照副本原件。

3）工程监理企业资质证书正、副本原件。

工程监理企业改制的，还应当提交企业职工代表大会或股东大会关于企业改制或股权变更的决议、企业上级主管部门关于企业申请改制的批复文件。

## 六、资质管理

为了加强对工程监理企业的资质管理，规范建设工程监理活动，维护建筑市场秩序，保障其依法经营业务，促进工程建设监理事业的健康发展，国家建设行政主管部门根据《中华人民共和国建筑法》《中华人民共和国行政许可法》《建设工程质量管理条例》等法律、法规，制定颁发了关于工程监理企业资质管理的规定。

### （一）资质管理体制

所谓管理体制，其基本含义是管理的组织机构设置及其职能分工，有关部门管理的办法、制度等。根据我国现阶段的体制状况，为了充分发挥各级主管部门的积极性，我国建设工程监理企业资质管理的原则是“分级管理，统分结合”，即分为中央和地方两个基本层次进行管理。

国务院建设行政主管部门负责全国工程监理企业资质的统一管理工作。涉及铁道、交通、水利、信息产业、民航等专业工程监理资质的，国务院铁道、交通、水利、信息产业、民航等有关部门配合国务院建设行政主管部门实施相关资质类别工程监理企业资质的管理工作。

省、自治区、直辖市人民政府建设行政主管部门负责本行政区域内工程监理企业资质的统一管理工作。省、自治区、直辖市人民政府交通、水利、通信等有关部门配合同级建设行政主管部门实施相关资质类别工程监理企业资质的管理工作。

### （二）资质审批公示公告制度

资质初审工作完成后，初审结果先在中国工程建设信息网上公示。经公示后，对于工程监理企业符合资质标准的，予以审批，并将审批结果在中国工程建设信息网上公告。实行这一制度的目的是提高资质审批工作的透明度，便于社会监督，从而增强其公正性。

### （三）违规处理

工程监理企业必须依法开展监理工作、正确履行工程监理合同约定的责任和义务，一旦出现违规现象，建设行政主管部门可根据情节给予警告、责令改正、罚款或撤销、撤回、吊销资质等处罚。构成犯罪的，由司法机关依法追究主要责任者的刑事责任。

违规现象主要指以下几种情况：

1）以欺骗手段取得工程监理企业资质证书。

2）未取得工程监理企业资质证书承揽监理业务。

3）超越本企业资质等级承揽监理业务。

4）转让监理业务。

5）工程监理企业允许其他单位或者个人以本单位名义承揽监理业务。

6）与建设单位或者施工单位串通，弄虚作假、降低工程质量。

7）工程监理企业与被监理工程的施工承包单位以及建筑材料、建筑构配件和设备供应单位有隶属关系或者其他利害关系承担该项建设工程的监理业务。

8）将不合格的建设工程、建筑材料、建筑构配件和设备按照合格签字。

## 第三节 工程监理企业经营管理

加强企业管理，提高科学管理水平，是建立现代企业制度的要求，也是工程监理企业提高市场竞争能力的重要途径。工程监理企业管理应抓好成本管理、资金管理、质量管理，增强法制意识，依法经营管理。

### 一、强化企业管理

加强企业内涵建设，实施科学管理，重点应做好以下几个方面的工作：

（1）把握市场定位 工程监理企业要加强自身发展战略研究，适应市场，根据本企业实际情况，合理确定企业的市场地位，制定和实施明确的发展战略、技术创新战略，并根据市场变化适时调整。

（2）完善服务功能，拓展服务范围，着力开拓咨询服务市场 工程监理企业应注重企业经营结构的调整，不断开拓市场对工程咨询业的相关需求，不断提高和完善监理企业的服务功能，拓展服务范围，形成监理企业服务多样化、多元化的产品结构，化解企业在市场经济中的风险。

（3）培养企业核心竞争力 工程监理企业要广泛采用现代管理技术、方法和手段，推广先进企业的管理经验，借鉴国外企业现代管理方法，以企业核心竞争力和品牌效应取得竞争优势。

（4）建立市场信息系统 工程监理企业要加强现代信息技术的运用，建立灵敏、准确的市场信息系统，掌握市场动态。

（5）开展贯标活动 工程监理企业要积极实行ISO9000质量管理体系贯标认证工作，严格按照质量手册和程序文件的要求开展各项工作，防止贯标认证工作流于形式。贯标的作用：一是能够提高企业市场竞争能力；二是能够提高企业人员素质；三是能够规范企业各项工作；四是能够避免或减少工作失误。

（6）严格贯彻实施《建设工程监理规范》 工程监理企业应结合企业实际情况，制定相应的规范实施细则，组织全员学习，在签订委托监理合同、实施监理工作、检查考核监理业绩，

制定企业规章制度等各个环节，都应当以规范为主要依据。

（7）高度重视人才培养　工程监理企业应建立长期的人才培养规划，针对不同层次的监理人员制订相应的培训计划，系统地组织开展监理人员培训工作，建立和完善多渠道、多层次、多形式、多目标的人才培养体系，实施人才战略发展措施。

（8）加强企业文化建设　工程监理企业要提高企业自身在同行业中的社会影响，注重品牌效应，加强企业文化建设，争创名牌监理企业，从而加强企业的凝聚力、提高企业的市场竞争力、获得社会公信力和强化企业执行力。企业文化是一个企业在发展过程中形成的以企业精神和经营管理理念为核心，凝聚、激励企业各级经营管理者和员工归属感、积极性、创造性的人本管理理论，是企业的灵魂和精神支柱。企业文化建设的主要目的是提高企业的整体素质，树立企业的良好形象，增强企业的凝聚力，提高企业的竞争力。因此，企业文化既要体现行业共性，更要突出企业个性，才能使企业融入市场，发挥其独具特色的市场竞争优势。建设先进的企业文化是企业提高管理水平、增强凝聚力和打造核心竞争力的战略举措。

（9）建立健全各项内部管理规章制度　工程监理企业规章制度一般包括以下几个方面：

1）组织管理制度。它是指工程监理企业应合理设置企业内部机构和各机构职能，建立严格的岗位责任制度，加强考核和督促检查，有效配置企业资源，提高企业工作效率，健全企业内部监督体系，完善制约机制。

2）人事管理制度。它是指工程监理企业应健全工资分配、奖励制度，完善激励机制，加强对员工的业务素质培养和职业道德教育。

3）劳动合同管理制度。它是指工程监理企业应推行职工全员竞争上岗，严格劳动纪律，严明奖惩，充分调动和发挥职工的积极性、创造性。

4）财务管理制度。它是指工程监理企业应加强资产管理、财务计划管理、投资管理、资金管理、财务审计管理等；要及时编制资产负债表、损益表和现金流量表，真实反映企业经营状况，改进和加强经济核算。

5）经营管理制度。它是指工程监理企业应制定企业的经营规划、市场开发计划。

6）项目监理机构管理制度。它是指工程监理企业应制定项目监理机构的运行办法、各项监理工作的标准及检查评定办法等。

7）设备管理制度。它是指工程监理企业应制定设备的购置办法、设备的使用、保养规定等。

8）科技管理制度。它是指工程监理企业应制定科技开发规划、科技成果评审办法、科技成果应用推广办法等。

9）档案文书管理制度。它是指工程监理企业应制定档案的整理和保管制度，文件和资料的使用、归档管理办法等。

有条件的监理企业，还要注重风险管理，实行监理责任保险制度，适当转移责任风险。

## 二、工程监理企业经营活动基本准则

工程监理企业所从事的一切监理活动都必须遵循八字准则，即“守法、诚信、公正、科学”。

### （一）守法

守法是工程监理企业经营活动的最起码的行为准则，守法就是要依法经营。主要表现在以下两个方面：

1. 工程监理企业只能在核定的业务范围内开展经营活动

工程监理企业从事监理活动应当在建设监理资质管理部门审查确认的经营业务范围内开展业务。主要表现在以下三个方面：

（1）监理业务的工程类别　监理业务的工程类别是指可以监理什么专业的工程。例如建筑工程监理企业，只能监理一般工业与民用建筑项目，不能监理高速公路、铁路等工程项目；同样，水利水电专业的工程监理企业只能监理水电专业的工程项目。

（2）监理业务的等级　工程监理企业要按照资质管理部门核定的监理资质等级来承接监理业务。例如乙级企业资质可承担14个专业工程类别二级以下建设工程项目的工程监理业务，而丙级资质企业只能承担房屋建筑工程、水利水电工程、公路工程和市政公用工程三级建设工程项目的监理工作。

（3）其他业务　工程监理企业除了从事监理工作以外，根据工程监理企业的申请和能力，还可以核定其开展某些技术咨询服务，如投资咨询、房地产评估、引进外资过程中的翻译等。核定的技术咨询服务项目应列入经营业务范围。核定的经营范围以外的任何监理业务，工程监理企业不得承接。否则，就是违法经营。

2. 工程监理企业必须诚信守法

1）工程监理企业不得伪造、涂改、出租、出借、转让、出卖资质等级证书。

2）工程建设监理合同一经双方签订，就具有一定的法律约束力，工程监理企业应当按照合同的规定认真履行，不得无故或故意违背自己的承诺。

3）工程监理企业离开原住所承接监理业务，要自觉遵守当地人民政府颁发的监理法规和有关规定，并主动向监理工程所在地的省、自治区、直辖市建设行政主管部门备案登记，接受其指导和监督管理。

4）遵守国家关于企业法人的其他法律、法规的规定，包括行政的、经济的和技术的。

### （二）诚信

诚信就是诚实守信，诚信原则的主要作用在于指导当事人以善意的心态、诚信的态度行使民事权利，承担民事责任，正确地从事民事活动。

工程监理企业出卖的主要是自己的智力，智力又是无形的产品，但最终它的服务质量会由建筑产品体现出来，工程监理企业应当运用自己的专业技术，最大限度地把工程项目的投资、进度和质量控制好，满足工程项目业主的正当要求。如果工程监理企业没有较高的监理能力，却承接与其监理能力不相适应的工程，或者不认真履行监理合同规定的义务和责任，就是不诚信的表现，这将对工程监理企业和监理工程师自己的声誉带来很大影响。信用是企业的一种无形资产，加强信用管理，提高企业信用水平，是工程监理制度和市场经济的共同要求。

工程监理企业应当按照有关规定，向资质许可机关提供真实、准确、完整的工程监理企业的信用档案信息。工程监理企业的信用档案应当包括基本情况、业绩、工程质量和安全、合同违约等情况。被投诉举报和处理、行政处罚等情况应当作为不良行为记入其信用档案。工程监理企业的信用档案信息按照有关规定向社会公示，公众有权查阅。

### （三）公正

公正是指工程监理企业在处理建设单位与施工单位之间的矛盾和纠纷时，应该做到公平，

应该“一碗水端平”，不能因为工程监理企业接受业主的委托就偏袒业主。特别是在发生合同纠纷、合同索赔时工程监理企业应站在公正的立场上，既为业主提供服务，维护业主的利益，同时要维护承建方的正当权益。一般说来，工程监理企业维护业主的合法权益容易做到，而维护承建商的利益比较难。要做到公正地处理问题和事物，工程监理企业必须做到以下几点：

1）要培养良好的职业道德，不为私利而违心地处理问题。

2）要坚持实事求是的原则，不对上级或业主的意见唯命是从。

3）要提高综合分析问题的能力，不为局部问题或表面现象所蒙蔽。

4）要不断提高自身的专业技术能力，尤其是要尽快提高综合理解、熟练运用工程建设有关合同条款的能力，以便以合同条款为依据，恰当地协调、解决问题。

（四）科学

所谓科学，是指工程监理企业的监理活动要依据科学的方案，运用科学的手段，采取科学的方法。工程监理企业是专业技术要求较高的企业，因此，工程监理企业的经营活动要制订科学的计划，工程结束后还要进行科学的总结。只有这样，才能提供高水平、科学的服务，才能符合建设监理制度发展的需要。

1. 科学的方案

监理工作的核心是“预控”，要达到预期的目的，就必须有一个系统的科学方案，这个方案主要指监理规划。它包括：该项目的监理机构的组织计划；该项目的监理工作的程序；各专业、各阶段的监理内容和对策；工程的关键部位或可能出现的重大问题的监理措施。总之，在实施监理前，要尽可能地把各种问题都考虑周全，并制订相应的对策，真正地做到监理的预控作用。

2. 科学的手段

实施工程监理必须借助于先进的科学仪器，提高监理工作的效率及准确性，如计算机、摄像机及各种检测、试验、化验等仪器。

3. 科学的方法

监理工作的科学方法主要体现在掌握大量的、确凿的有关监理对象及其外部环境情况的基础上，适时、妥帖、高效地处理有关问题。解决问题时要以事实为依据，以确切的数据为依据，并且每次解决问题都要有书面记载。

## 三、市场开发

1. 监理业务的取得

工程监理企业承揽监理业务有两种方式：一是通过投标竞争取得；二是由业主直接委托取得。《中华人民共和国招标投标法》规定，关系公共利益安全、政府投资、外资工程等工程监理必须招标。在不宜公开招标的工程和没有投标竞争对手的情况下，或者工程规模比较小，比较单一的监理业务，或者是对原工程监理企业的续用等情况下，业主也可以直接委托工程监理企业。

无论是通过投标承揽，还是直接委托的方式取得监理业务，都要有一个共同的前提，即工程监理企业的资质能力和社会信誉必须得到业主和社会的认可。从这个意义讲，市场经济发展到一定程度，企业的信誉比较稳定的情况下，业主直接委托工程监理企业承担监理业务的做法会有所增加。

国外的一般选择方法有以下三种：

（1）UNIDO 推荐的选择方法　联合国工业发展组织（UNIDO）出版的《发展中国家和咨询人员》一书介绍了以下做法：

1）由业主指派代表根据工程项目情况，以及对有关咨询监理公司的调查、了解的情况，初选有可能胜任此项监理工作的 3~10 个公司。

2）业主代表分别与初选名单上的咨询公司进行洽谈，共同讨论服务要求、工作范围、拟委托的权限、要求达到的目标、开展工作的手段，并在洽谈过程中了解监理公司的资质、专业技能、经验、要求费用、业绩和其他事项。

3）业主代表在会见各个公司后，在了解情况的基础上，将这些公司排出优先顺序。

4）按排序和各家公司洽谈费用与委托合同。

5）若第一家公司达不成协议，再继续与第二家洽谈，以此类推。

（2）采用竞争性的招投标办法　采用这种方法，首先要有广泛的咨询监理公司名单，并了解其资质、人员及业绩，然后进行公开招标，或邀请部分咨询监理公司投标。这些公司要提出监理规划（作为投标文件的主要部分），详述它们针对这一工程将要派出哪些监理人员，组织一个什么样的机构，如何完成控制任务，提供哪些服务，要求业主提供哪些设备，要求多少监理费用等内容，然后通过评标进行选择。

（3）直接委托　如果业主与咨询监理公司双方有良好的合作关系，或比较了解对方情况也可以直接委托。

2. 工程监理企业的投标书

工程监理企业在通过招投标承揽监理业务时，应根据工程建设项目监理招标文件编制投标书。工程监理企业投标书的核心是监理大纲，该大纲中主要的监理对策反映了工程监理企业所能提供的技术服务水平的高低。业主应把监理大纲作为评标的主要依据，而不应把监理费的高低当作选择工程监理企业的主要依据。作为工程监理企业，也不应以降低监理费作为竞争的主要手段。

监理大纲中主要的监理对策一般包括：根据监理招标文件的要求，针对业主委托监理工程项目的特点，初步拟订该项工程项目的监理工作指导思想；主要的管理措施、技术措施，以及拟投入的监理力量和为搞好该项工程建设而向业主提出的原则性的建议，详细阐述通过监理工程师采取必要的方法、手段、技术措施，在保证质量的前提下，怎样能够缩短工期，降低成本，提高效益。

3. 工程监理企业承揽业务时应注意的事项

1）严格遵守国家的法律、法规以及有关规定，遵守监理行业的职业道德。

2）严格按照批准的经营范围承揽监理业务，特殊情况下，承揽范围以外的监理业务时，需向资质管理部门申请批准。

3）承揽监理业务的总量要根据本单位的实情而定，不得与业主签订监理合同后，把监理业务转包给其他工程监理企业。

4）对于风险较大、工期较长的监理项目，或者工程量大、技术难度高的项目，工程监理企业除可向保险公司投保外，还可与其他工程监理企业组成联合体共同承担。

## 四、监理费用

建设工程监理费是指业主依据委托监理合同支付给工程监理企业的酬金。从稳定行业地位、推动行业发展的宏观方面考虑，合理的监理取费至关重要。

### （一）工程监理费的构成

监理费用由工程监理企业在工程项目建设监理活动中所需要的全部成本，包括直接成本和间接成本，再加上向国家缴纳的税金和工程监理企业一定的利润组成。

1. 直接成本

直接成本是指工程监理企业在完成某项具体监理业务中所发生的实际成本。它主要包括：

1）监理人员和监理辅助人员的工资、津贴、补助、附加工资和奖金等。

2）监理人员和辅助人员的其他专项开支，包括工程项目现场监理人员的办公费、通信费、差旅费、书报费、会议费、医疗费等。

3）用于现场监理工作的办公设施、设备等的购置和租赁费。

4）其他服务支出。

2. 间接成本

间接成本又称日常管理费，包括工程监理单位的业务经营性开支，以及非工程项目开支。它主要包括：

1）管理人员、行政人员、后勤服务人员的工资，包括津贴、附加工资、奖金等。

2）经营业务费，包括为招揽监理业务而发生的各种费用，如广告费、宣传费、公证费等。

3）办公费用，包括办公用具、用品的购置费，交通费、报刊费、文印费、会议费等。

4）公用设施使用费，包括水、电、气、环卫、保安等费用。

5）附加费，包括劳动统筹、医疗统筹、福利基金、工会经费、人身保险、住房公积金、特殊补助等。

6）业务培训费，图书、资料购置费等教育经费。

7）其他费用。

3. 税金

税金是指按照国家规定工程监理企业应该缴纳的各种税金总额，如营业税、所得税等。工程监理企业属于科技服务类，可享受一定的优惠政策。

4. 利润

利润是指工程监理企业的监理收入在扣除成本和税金之后的余额。工程监理企业是一种技术服务型企业，其利润一般应高于社会平均利润。

### （二）监理费用的计算方法

按照国家规定，监理费从工程概算中列支。监理费的计算方法，一般由业主与工程监理企业协商确定，常用的有以下几种方法：

1. 按照监理时间计算法

这种方法是根据委托监理合同约定的服务时间（时间单位可以是小时、工作日，也可以是周或月），按照单位时间费用来计算监理费用。单位时间的监理服务费一般是以工程监理企业职员的基本工资为基础，再加上一定的管理费用和利润（税前利润）。采用这种方法时，监理人员的差旅费、交通费、函电费、资料费、试验费及住宿费等，均由工程项目业主另行支付。

这种计算方法主要适用于临时性的、短期的监理业务活动，或者不宜按工程概（预）算的百分比等其他方法计算监理费时使用。由于这种方法在一定程度上限制了工程监理企业潜在效益的增加，因而，单位时间内监理费的标准比工程监理企业内部实际的标准要高得多。

2. 工资加一定比例计算法

这种方法实际上是按照监理时间计算法的变相形式，它是按直接参加监理的工程监理企业工作人员的实际工资加上一个百分比计算。该百分比实际上包括了间接成本、利润和税金。除了监理人员的工资之外，其他各项直接费等均由项目业主另行支付。

3. 建设成本百分比计算法

建设成本百分比计算法是按照工程规模大小和所委托的工作内容，以建设成本的一定比例计算。一般情况下，工程规模越大，建设成本越多，监理费用的百分比越小，采用这种方法确定监理费用时，建设成本是采用估算价，还是采用实际工程费用作为计费基础，应当在合同中加以明确。如果采用实际工程费用计算监理费，那么要注意防止当监理工程师提出合理化建议、修改设计等使工程费用降低，从而导致监理费降低的情况。按照国际惯例，在商签合同时要适当规定明确的奖罚措施，即明确由于监理工程师出色的工作，节约了投资，业主应给予相应的补偿和奖励。如果采用概（预）算为基数计算监理费时，有些费用必须扣除，如业主的管理费、工程所用土地的征用费、所有建（构）筑物的拆迁费等。

4. 监理成本加固定费用计算方法

这里所说的监理成本是指工程监理企业在工程监理项目上花费的直接费用，而固定费用则是监理成本之外的其他费用，包括：间接成本，工程监理企业的利润、税金、风险经营的补偿等。附加的固定费用的数量，是在监理成本项目确定以后由双方洽谈确定。这种方法难以准确地确定监理成本，固定费用的确定也是比较困难的。所以，这种方法用得很少。

5. 固定价格计算方法

这种方法特别适用于小型和中等规模的工程项目。当工程监理企业在承接一项能够明确规定服务内容的业务时，经常用这种方法。这种方法又可分为两种计算形式：一是确定工作内容后，以一笔总价一揽子包死，工作量有所变化，一般也不调整报酬总额；二是按确定的工作内容分别确定不同项目的价格，汇总计算出报酬总额。当工作量有变化时，可分别计算增减项目费用，调整报酬总额。

## 第四节　工程监理企业与工程建设各方的关系

业主、工程监理企业和承包商构成了建筑市场的三个基本支柱。工程监理企业受业主委托，是为业主进行工程管理服务的。作为独立的法人，工程监理企业要成为公正的“第三方”，既要维护业主的合法权益，也要维护承包商的利益。

## 一、工程监理企业与项目业主的关系

工程监理企业是建筑市场的主体之一，工程建设监理为项目业主提供有偿技术服务。工程监理企业与项目业主之间是一种平等的关系，是委托与被委托的合同关系，更是相互依存、相互促进、共兴共荣的紧密关系。

1. 工程监理企业与业主之间是平等的关系

工程监理企业与业主之间的关系是平等的关系，这种平等关系主要体现在以下方面：

（1）工程监理企业和业主都是市场经济中独立的企业法人 不同行业的企业法人，只有经营性质的不同，业务范围的不同，而没有主仆之分。有人把工程监理企业与项目业主的关系理解为雇佣与被雇佣的关系，这是错误的。因为业主委托工程监理企业的工作任务和授予必要的权力，是通过双方平等协商，以合同的形式事先约定。业主必须采用委托合同的方式事先约定工作任务，工程监理企业可以不去完成合同以外的工作任务。如果说业主在委托合同规定的任务外还要委托其他的工作任务，则必须与工程监理企业协商补充或修订委托合同条款，或另外签订委托合同。而雇佣关系从本质上讲是一种剥削关系，被雇佣者要听命于雇佣者。我国的工程监理企业和工程业主之间不存在这种剥削关系。法规要求工程监理企业与业主都要以主人翁的姿态对工程建设负责，对国家、对社会负责。

（2）工程监理企业和业主都是建筑市场的主体 在建筑市场中，工程项目业主是买方，工程监理企业是中介服务方，为了一项工程的建设而走到了一起，业主为了能更好地搞好工程项目建设，而委托工程监理企业替自己负责一些具体的事情。双方都按照约定的条款，尽各自的义务，行使各自的权利，取得相应的利益。

2. 业主与工程监理企业之间是一种授权与被授权的关系

工程监理企业接受业主委托之后，业主将授予工程监理企业一定的权力，而不同的业主对工程监理企业授予的权力是不一样的。业主自己掌握的权力包括：工程建设规模、设计标准和使用功能的决定权；设计、设备供应和施工企业的选定权；设计、设备供应和施工合同的签订权；工程变更的审定权等。

业主除了保留上述工程建设中重大问题的决策和决定权外，一般情况下，把其余的权力授予工程监理企业。工程监理企业的权力一般有以下几项：

1）工程建设重大问题向业主的建议权，包括工程规模、设计标准和使用功能的建议权。

2）工程建设组织协调的主持权。

3）工程材料和施工质量的确认权与否决权。

4）施工进度和工期的确认权与否决权。

5）工程合同内工程款支付与工程结算的确认权与否决权。

需要指出的是，有相当一部分工程项目业主还没有认识到监理的重要性，在委托监理时，并没授予其相应的权力。例如，有的工程项目业主只是委托工程监理企业进行质量控制，而将投资控制权牢牢地抓在自己手里，这对发挥监理的作用是不利的。

有人认为工程监理企业是工程项目业主的“代理人”。这种提法也是错误的。我国《民法通则》对代理人的定义为：“代理人在代理权限内，以被代理人的名义实施民事法律行为。被代理人对代理人的代理行为，承担民事责任。”而工程监理企业是以自己的名义从事监理工作。在监理过程，监理人员如果有明显的失职、指令错误、违反法律，而对工程项目业主造成了损失，按照惯例，工程监理企业要承担一定的经济责任，所以认为工程监理企业是业主的代理人是不确切的。

3. 工程项目业主与工程监理企业之间是市场经济体制下经济合同关系

工程项目业主与工程监理企业之间的委托关系确立后，双方就订立工程建设委托监理合同。合同一经双方签订，这种交易就意味着成立。业主是买方，工程监理企业是卖方，业主购买工程监理企业的智力劳动。既然是合同关系，双方就都有自己经济利益的需求，工程监理企业不会提供无偿的服务，业主也不是对工程监理企业施舍。双方的经济利益责任和义务都体现在签订的监理合同中。

在建筑市场中，业主、承建商、工程监理企业是建筑市场的买方、卖方和中介服务方。工程监理企业的责任是既帮助工程项目业主购买到合适的建筑产品，同时又有责任维护承建商的合法权益，这也是与其他经济合同不同的地方。所以工程监理企业在建筑市场中属于买卖双方之间的中介方，起着为买卖双方公平交易和等价交换制衡作用。

## 二、工程监理企业与承建商的关系

这里所说的承建商，不单是指施工企业，而是包括进行工程项目规划的规划单位，工程勘测的勘察单位，承担设计业务的设计单位，从事工程施工的施工单位，以及工程设备、工程构配件的加工制造单位在内的大概念。也就是说，凡是承接工程建设业务的单位相对业主来说，都是承建商。

工程监理企业与承建商之间关系是市场经济中的平等关系，是监理与被监理的关系。

1. 工程监理企业与承建商之间的平等关系

1）承建商和工程监理企业一样是建筑市场的主体之一，它和工程监理企业一样作为建筑市场的主体是平等的。

2）工程监理企业和承建商具体责任不同，但在性质上都属于“出卖产品”，相对于工程项目业主来说，二者的角色是一样的。

3）工程监理企业和承建商都必须在工程建设的法规、规章、规范、标准的制约下开展工作，两者之间不存在领导与被领导关系。

2. 工程监理企业与承建商之间是监理与被监理的关系

工程监理企业与承建商之间没有签订合同，但工程监理企业对工程建设中的行为具有监督管理权，这是因为：

1）项目业主的授权。工程监理企业根据业主的授权，就有了监督管理承建商履行工程建设承发包合同的权利和义务。

2）施工单位在工程设计和施工承包合同中也事先予以承认。工程委托监理以后，工程项目业主在与承建商签订承包合同时，应在合同内注明，承建商必须接受业主聘请的工程监理企业的监理。

3）建设法规赋予工程监理企业具有监督建设法规、技术法规实施的职责。

实施监理后，在交往程序上对承建商来说，不再是直接与工程项目业主打交道，而主要是与工程监理企业来往。同样，对业主来说，就意味着不再是直接与承建商打交道，而是通过工程监理企业与承建商交往。

## 本章小结

工程监理企业是指依法成立并取得国务院建设主管部门颁发的工程监理企业资质证书，具有法人资格从事建设工程监理活动的服务机构。工程监理企业主要的责任是向项目业主提供科学的技术服务，对工程项目建设的质量、投资和进度进行管理，是一种全过程、全方位、多目标的管理。工程监理企业只能在核定的业务范围内开展经营活动，工程监理企业应本着守法、诚信、公正、科学的原则开展监理工作。工程监理企业可通过投标竞争或业主直接委托的方式获得监理业务。必须加强对工程监理企业的资质等级审批和管理才能促进工程建设的规范化、管理的制度化。加强工程监理企业的管理、促进其自身不断地完善和发展，对于实现我国的建设监理制度与国际接轨、适应国际建筑市场的运作规律，是十分重要的。

## 综合实训

### 一、单项选择题

1. 我国工程监理企业实行资质（ ）制度。

A. 审查 B. 审批 C. 核查 D. 注册

2. 按照我国法律规定，工程监理企业甲级资质的注册资金最低限额为人民币（ ）万元。

A.200 B.300 C.400 D.500

3. 乙级工程监理企业的资质标准规定（ ）。

A. 取得监理工程师注册证书的人员不少于 25 人

B. 取得监理工程师注册证书的人员不少于 20 人

C. 取得监理工程师注册证书的人员不少于 15 人

D. 取得监理工程师注册证书的人员不少于 10 人

4. 在下列关于丙级工程监理企业业务范围的表述中，正确的是（ ）。

A. 可承担相应专业工程类别二级建设工程项目的工程监理业务

B. 可承担相应专业工程类别三级建设工程项目的工程监理业务

C. 可承担相应专业工程类别二、三级建设工程项目的工程监理业务

D. 可承担相应专业工程类别一、二、三级建设工程项目的工程监理业务

5. 新设立的工程监理企业，应当在（ ）后，方可到建设行政主管部门办理资质申请手续。

A. 其主管部门同意 B. 取得企业法人营业执照

C. 达到规定的监理业绩 D. 达到规定的年限

6. 监理单位与承建单位是（ ）关系。

A. 合同方 B. 管理与被管理

C. 监理与被监理 D. 商业性服务

7.（ ）管理全国工程监理企业的资质管理工作。

A. 国家计委 B. 建设行政主管部门

C. 国务院工业、交通等部门　　D. 国务院建设行政主管部门与工业、交通等部门

8. 工程监理企业投标书的核心是（　　）。

A. 监理大纲　　B. 监理规划　　C. 监理费报价　　D. 目标控制措施

## 二、多项选择题

1. 对工程监理企业业务范围的规定，下列说法正确的是（　　）。

A. 甲级资质工程监理企业的经营范围不受国内地域限制，乙、丙级资质工程监理企业的经营范围受国内地域限制

B. 甲级资质工程监理企业可以承担所有专业工程类别建设工程项目

C. 乙级资质工程监理企业可以承担相应经核定的工程类别中二级和三级工程的监理业务

D. 丙级资质工程监理企业只可以监理本省内经核定的三级工程

E. 事务所资质工程监理企业可承担三级建设工程项目的工程监理业务，国家规定必须实行监理的工程除外

2. 工程监理企业经营活动基本准则是（　　）。

A. 守法　　B. 独立　　C. 公正　　D. 科学　　E. 诚信

3. 建设工程监理费用由（　　）构成。

A. 监理直接成本　　B. 监理直接费

C. 监理间接成本　　D. 税金和利润

E. 监理间接费

4. 工程监理企业业务取得的方式有（　　）。

A. 政府下达任务　　B. 业主直接委托

C. 承包人直接委托　　D. 投标竞争

E. 议标

## 三、简答题

1. 什么是工程监理企业？

2. 加强企业内涵建设，实施科学管理，重点应做好哪几个方面的工作？

3. 业主、工程监理企业以及承包人之间的关系是怎样的？

# 第四章 建设工程监理组织

**学习目标：**

了解建设工程监理组织与组织结构、组织设计原则与组织活动基本原理；熟悉工程项目监理机构的组织形式及建设工程项目承发包模式与监理委托模式；掌握建设工程监理工作实施程序、基本原则、监理组织的人员配备与职责和监理组织协调工作的内容、方法。

## 第一节　概　述

组织是建设管理中的一项重要职能。它是建立精干、高效的项目监理机构和实现其正常运行的保证，也是实现建设工程监理目标的前提条件。

组织理论的研究分为两个方面：组织结构学和组织行为学。它们是相互联系的两个分支学科。组织结构学重点进行组织的静态研究，即什么是组织、什么样的组织才具有精干、高效、合理的结构；组织行为学重点进行组织的动态研究，即怎样才能建立良好的组织关系，并使组织发挥最佳的效能。

### 一、组织与组织结构

1. 组织

所谓组织，就是为了使系统达到它的特定目标，使全体参加者经分工与协作以及设置不同层次的权力和责任制度，从而构成的一种人的组合体。组织的概念有三层含义：

1）组织具有目的性。目标是组织存在的前提，即组织必须有目标。

2）组织具有协作性。没有分工与协作就不是组织，组织必须有适当的分工和协作，这是组织效能的保证。

3）组织具有制度性。没有不同层次的权力和责任制度就不能实现组织活动和组织目标，组织必须建立权力责任制度。

2. 组织结构

组织内部的各构成部分及其相互间所确立的较为稳定的相互关系和联系方式，即组织中各部门或各层次之间所建立的相互关系，称为组织结构。以下几方面反映了其基本内涵：

1）确定正式关系与职责的形式。

2）向组织各部门或个人分派任务和各种活动的方式。

3）协调各个分离活动和任务的方式。

4）组织中权力、地位和等级关系。

3. 组织结构与职责和职权的关系

（1）组织结构与职权的关系　组织结构与职权之间存在着一种直接的相互关系。因为组织结构与职位以及职位间关系的确立密切相关，因而组织结构为职权关系提供了一定的格局。组织中的职权指的就是组织中成员之间的关系，职权关系的格局就是组织结构。

（2）组织结构与职责的关系　组织结构与组织中各部门及各成员的职责和责任的分派直接有关。有了职位也就有了职权，从而也就有了职责。组织结构为职责的分配和确定奠定了基础，依靠组织结构可以确定机构和人员职责的分派，从而可以有效地开展各项管理活动。

4. 组织结构表示方法

目前，组织结构图是描述组织结构的较为直观有效的办法，它是通过绘制能表明组织的正式职权和联系网络的图来表示组织结构的。组织结构图是组织结构简化了的抽象模型。尽管它还不能准确地、完整地表达组织结构，如它不能确切说明一个上级对下级所具有的职权的程度，以及同一级别的不同职位之间相互作用的横向关系，但它仍不失为一种常用而又有效的组织结构表示方法。

## 二、组织设计

1. 组织设计的概念

组织设计就是对组织活动及组织结构的设计过程。优秀的组织设计对于提高组织活动的效能具有重大的作用。

组织设计要注意以下几个方面：第一，组织设计是管理者在系统中建立一种高效相互关系的合理化的、有意识的过程，这个过程既要考虑系统的内部因素，又要考虑系统的外部因素；第二，形成组织结构是组织设计的最终结果。

只有进行有效的组织设计，健全组织系统，才能提高组织活动的效能，才能使其发挥重大的管理作用。

2. 组织构成因素

组织构成一般主要有管理层次、管理跨度、管理部门、管理职能四大因素。各因素是密切相关、相互制约的。在组织结构确定过程中，必须综合考虑各因素及相互间的平衡与衔接。

（1）管理层次　管理层次是指从最高管理者到基层实际工作人员的分级管理的层次数量。

通常，管理层次分为决策层、协调层、执行层和操作层四个层次。决策层的任务是确定管理组织的根本目标和主要方针计划，要求决策层的人员配置必须具有精干、高效的

特点；协调层的职能主要是参谋、咨询，其人员要求具有较高的业务工作能力；执行层主要是直接调动和组织各种具体活动内容的，执行层人员应具有实干精神并能坚决贯彻各项管理指令；操作层是从事具体操作和完成基层的具体工作任务的，其人员应有熟练的作业技能。

这四个管理层次的职能和要求不同，应具有不同的职责和权限，同时也可反映出组织系统中的人数变化规律。它类似于金字塔的结构，从上至下权责递减，人数递增。管理层次的设置不宜过多，否则不但会造成人力资源上的浪费，还会使信息传递慢、指令走样、协调困难。

（2）管理跨度　管理跨度又称管理幅度，是指某上级管理人员所直接管理的下级人员的数量。

在组织中，某级管理人员的管理跨度的大小取决于需要该级管理人员进行协调的工作量的多少。管理跨度越大，领导者需要协调的工作量也就越大，管理的难度也就相应越大。因此，必须合理确定各级管理者的管理跨度，才能使组织高效地运作。

管理跨度的大小受诸多因素的影响。它与管理人员的品德、才能、个人精力、授权程度以及被管理者的素质关系很大。另外，它还与职能的难易程度、工作地点远近、工作的相似程度、工作制度和程序等客观因素有关。管理跨度过大或过小都不利于工作的开展，过大会造成领导管理的顾此失彼，过小则不利于充分发挥管理能力，因此应适当选择。确定适当的管理跨度，需积累经验并在实践中进行必要的调整。

（3）管理部门　管理部门是组织机构内部专门从事某个方面业务工作的单位。管理部门的划分要根据组织目标与工作内容、业务工作性质按分工合理的原则来确定，使之形成既有互相分工又有相互配合的组织系统。组织中各管理部门的合理划分对于能否有效地发挥组织作用来讲十分关键。如果部门划分不合理，则会造成人浮于事，浪费人力、物力、财力。因此，在划分管理部门时应做到：适应需要，有明确的业务范围和工作量；功能专一，利于实行专业化的管理；权责分明，便于协作。

（4）管理职能　组织设计中要确定各管理部门的职能，使各管理部门有职有责、分工明确。在具体工作中应使纵向便于领导、检查、指挥，达到指令传递快，信息反馈及时准确；应使横向各部门间便于联系、协调一致，尽职尽责。

3. 组织设计原则

建设工程监理组织的设计，关系到监理工作的成败，在监理组织设计中一般应遵循以下几项基本原则：

（1）集权与分权统一的原则　建设工程监理实行总监理工程师负责制，故项目的监理集权于总监理工程师手中。总监理工程师可根据需要将部分权力交给各子项目或专业监理工程师掌握。在监理组织中实际上不存在绝对的集权与绝对的分权。在监理机构的设置中，应根据工程的规模和特点、地理位置，总监理工程师的能力、精力，以及下属监理工程师的工作经验、能力和工作性质综合考虑确定。例如，工程规模小、建设地点较集中、工程难度大，则可采取相对集权的形势；工作地点较分散、工程规模较大、工程难度较小或下属工作经验和工作能力较强，则可采取适当的分权形式。

（2）分工协作的原则　专业分工的目的是提高监理专业化程度和工作效率。协作是在分工的基础上实现各部门、各专业的协调配合，使组织机构形成有机统一的整体。

在分工中应注意：组织机构应尽可能按照专业化设置；工作分工上要严密，每个人要熟悉所承担的任务以提高工作效率。

在协作中应注意：注重主动协调，使各项关系逐步走上规范化、程序化，应运用具体可行的协调配合办法。

（3）管理跨度与管理层次统一的原则　在组织机构的设计过程中，管理跨度与管理层次成反比例关系。这就是说，当组织机构中的人数一定时，如果管理跨度加大，管理层次就可以适当减少；反之，如果管理跨度缩小，管理层次肯定就会增多。一般来说，项目监理机构的设计过程中，应该在通盘考虑影响管理跨度的各种因素后，在实际运用中根据具体情况确定管理层次。

（4）责权一致的原则　责权一致就是要在建设监理组织中明确划分职责与权力范围，什么样的岗位和职务就应赋予什么样的权力，不同的岗位要行使不同的职权、履行不同的责任，做到责任和权力相一致。只有这样才能使组织系统得以正常运行。权责不一致对组织的效能损害是极大的。权大于责就容易产生瞎指挥、滥用权力的官僚主义；责大于权就影响管理人员的积极性、主动性和创造性，使组织缺乏应有的活力。

（5）才职相称的原则　要完成某个岗位上的某项工作必须有相应的知识和技能。组织管理者可通过适当的考察（如面谈、测验等）方式全面了解每个人的知识、经验、才能、兴趣等，并根据工作岗位的需要进行评审、比较和选择；采用科学的方法进行职务的设置和人员的评审，使每个人现有的和可能有的才能与其职务上的要求相适应，做到人尽其才，才有所用。

（6）精干高效的原则　管理跨度与管理层次应相互协调，组织机构应比较精干。这样才能有效地减少工作中不必要的环节，提高工作效率且便于管理。

（7）动态弹性的原则　组织机构既要有相对的稳定性，不能轻易变动，又要随组织内部和外部条件的变化，根据长远目标作出相应的调整与变化，使组织机构具有较强的适应能力。

## 三、组织活动的基本原理

通常情况下，若干个人联合起来共同协作的组织可以完成个人无法办到的事情，但不同的联合、不同的组织机构，其组织活动的效果是不一样的。为保证组织活动所产生的效果，一般应遵循以下几项基本原理：

### 1. 要素有用性原理

任何组织系统中的人力、财力、物力、信息、时间等基本要素都是有作用的，只是有的要素作用大，有的要素作用小；有的要素起主要的作用，有的要素起次要的作用；有的要素暂时不起作用，将来才起作用；有的要素在某种条件下、在某一方面、在某个地方不能发挥作用，但在另一条件下、在另一方面、在另一个地方就能发挥作用。

因此，管理者要运用要素有用性原理，不但应看到人力、财力、物力等因素在组织活动中的有用性，还应看到一切要素的特殊性，根据各要素作用的大小、主次、好坏进行合理的安排、组合和使用，做到人尽其才、财尽其利、物尽其用，以便充分发挥各要素的作用，尽最大可能提高每个要素的有用率。

### 2. 动态相关性原理

组织系统是处在相对稳定的运动状态之中的。系统内部各要素之间既相互联系又相互制约，既相互依存又相互排斥，这种相互作用推动组织活动的进步和发展。充分发挥这种相互

作用，是提高组织管理效应的有效途径。事物在组合过程中可以发生质变，整体效应不等于其局部效应的简单相加，各局部效应之和与整体效应不一定相等，这便是动态相关性原理。如果很好地协调各方面关系则能起到积极的作用，更好地发挥组织的整体效应，使组织机构活动的整体效应大于其局部效应之和。

3. 主观能动性原理

人能够认识世界并在劳动中改造世界，同时也改造自身。这说明人具有主观能动的特点，因而人构成了生产力中最活跃的因素，若能有效地发挥这种能动作用就会取得良好的效果。把组织当中每个人的主观能动性积极地发挥出来就是组织管理者的一项重要任务。

4. 规律效应性原理

客观事物的内部的、本质的、必然的联系就是规律。组织管理者在管理过程中要掌握规律，按规律办事，把注意力放在抓事物内部的、本质的、必然的联系上，以达到预期的目标，取得良好效应。规律与效应的关系非常密切，管理者只有努力揭示规律，才能取得一定的效应，而要取得好的效应，就要主动研究规律，坚决按规律办事。

## 第二节 建设工程组织管理基本方式

建设工程项目落实的基本形式是承发包，建设工程项目的承发包与建设监理制度的实施，使工程建设形成了以业主、承建商和监理企业为三大主体的建设工程组织管理系统。为实现建设工程项目的总目标，这三大主体在这个体系中必须形成一种地位平等、分工不同而又密切协作的关系。这种关系是以承包合同及委托监理合同来确立和维系的。

### 一、承发包方式与监理委托方式

为有效地开展监理工作，保证建设工程项目总目标的顺利实现，一般应根据不同的承发包方式来确定不同的监理委托方式。不同的委托方式又有不同的合同体系和管理特点。下面就工程项目承发包方式与相应的监理委托方式进行介绍。

#### （一）平行承发包及其监理委托方式

1. 平行承发包方式的概念

建设工程项目的平行承发包方式，是业主将建设工程项目的设计、施工以及设备和材料采购的任务按一定的方式进行分解，分别承包给若干个设计单位、施工单位和材料设备供应厂商，并分别与各方签订工程承包合同（或供销合同）。各设计单位之间，各施工单位之间，各材料设备供应商之间的关系均是平行的。建设工程项目的平行承发包模式，如图 4-1 所示。

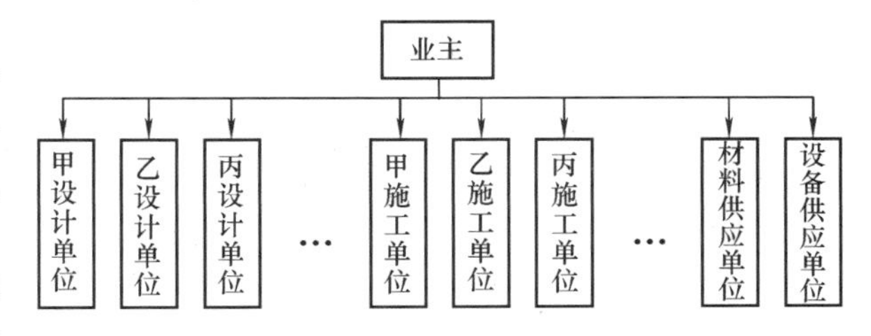


图4-1 建设工程项目的平行承发包模式

采用这种方式的关键是要合理地分解工程项目的建设任务，然后进行分类综合，确定每个合同的发包内容，以便于择优选择承建商。业主在进行任务分解与确定合同数量、内容时应考虑以下因素：

（1）建设项目情况　建设工程项目的性质、规模、结构等是决定合同数量和内容的重要因素。对于建设规模大、范围广、专业多的项目往往比规模小、范围窄、专业单一的项目合同数量要多。建设项目实施时间的长短，计划的安排也对合同的数量有一定影响。譬如，对分期建设的两项单项工程，一般可以考虑分成两个合同分别进行发包。

（2）市场结构状况　由于各类承建商的专业性质、规模大小在不同市场的分布状况不同，因此，建设项目的分解发包应力求与其市场结构相适应，合同任务和内容也要对市场有吸引力。中小合同对中小承建商有吸引力，又不妨碍大承建商参与竞争。此外，业主还应按市场惯例、市场范围和有关规定来决定合同的内容和大小。

（3）贷款协议要求　对两个以上贷款人的情况，在拟定合同结构时应考虑不同贷款人的情况，可能对贷款使用范围有不同的要求，对承包人的贷款资格有不同的要求等。

2. 平行承发包方式的特点

（1）有利于缩短工期目标　由于设计和施工任务经过分解分别发包，设计与施工阶段有可能形成一定的搭接关系，从而缩短整个建设工程的工期。

（2）有利于工程质量控制　整个工程经过分解分别发包给各承建商，合同约束与相互制约使每一部分能够较好地实现质量要求。例如主体与设备安装分别由两个施工单位承包，若主体工程不合格，设备安装单位不会同意在不合格的主体上进行设备的安装，这相当于有了他人控制，具有更强的约束力。

（3）有利于对承建商择优　随着市场经济的发展，建筑市场上专业性强、规模小的承建商已占有较大的比例。这种承发包方式的合同内容比较单一，合同价值与工程风险均比较小，使它们有可能参与竞争。这样不论大承建商还是中小承建商，都有同等的竞争机会。业主可选择范围是很大的，为提高择优性创造了条件。

（4）有利于繁荣建设市场　这种平行承发包方式给各类承建商提供承包机会、生存机会，促进了市场经济的发展和繁荣。

（5）合同多、管理较为困难　合同乙方多，因项目系统内结合部位数量多，使组织协调工作量增加、组织协调难度加大。因此，重点应加强合同管理的力度及部门之间的横向协调工作，沟通各种渠道，使工程建设有条不紊地进行。

（6）投资控制难度大　一是总合同价短期内难于确定，影响项目投资控制实施；二是工程招标任务量大，需控制多项合同价格，增加了投资控制的工作量及难度。

3. 相应的监理委托方式

与平行承发包方式相适应的监理委托方式有以下几种：

（1）委托一家工程监理企业监理　这种监理模式要求工程监理企业具有较强的合同管理和组织协调能力，并应做好全面规划工作。工程监理企业的项目监理组织可以组建多个监理分支机构对各承建商分别实施监理。项目总监应做好总体协调工作，加强横向联系，保证建设监理工作一体化的进行。平行承发包委托一家监理的模式如图 4-2 所示。

（2）委托多家工程监理企业监理　这种监理模式是指业主分别委托几家工程监理企业针对不同的承包商实施监理的方式。由于业主分别与工程监理企业签订监理合同，所以必须由

业主做好各工程监理企业的协调工作。采用这种方式，工程监理企业的监理对象单一，便于管理。但工程项目监理工作被肢解，不利于监理工作的总体规划与协调控制的实现。平行承发包委托多家监理的模式如图 4-3 所示。

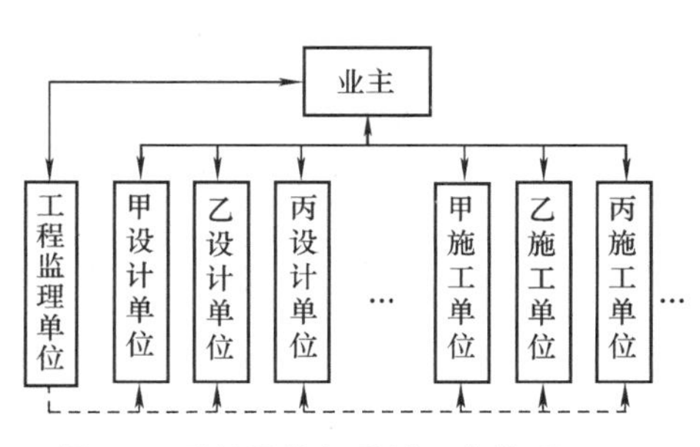


图4-2　平行承发包委托一家监理

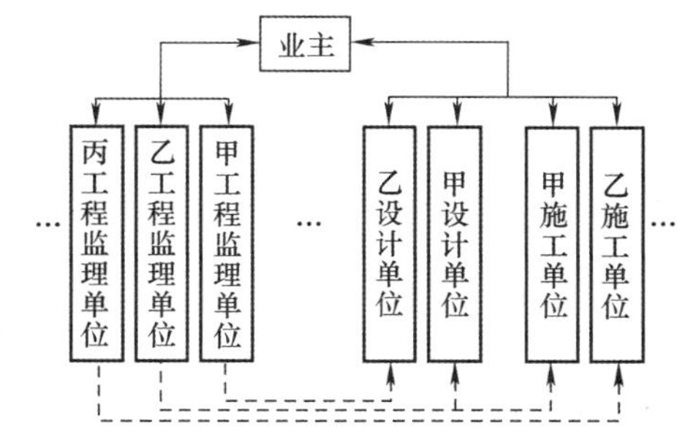


图4-3　平行承发包委托多家监理

### （二）设计、施工总分包及其监理委托方式

#### 1. 设计、施工总分包方式的概念

设计或施工总分包是指业主将所有的设计或施工任务发包给一家设计单位或一家施工单位作为总承包单位，总承包单位可以将其任务的一部分再分包给其他具有相应资质条件的承包单位，总包单位对业主负责、各分包单位对总包单位负责，总包单位和分包单位对工程业主负有连带责任，形成一个设计或施工主合同及若干个分包合同的承包结构方式。建设工程项目的设计、施工总分包模式如图 4-4 所示。

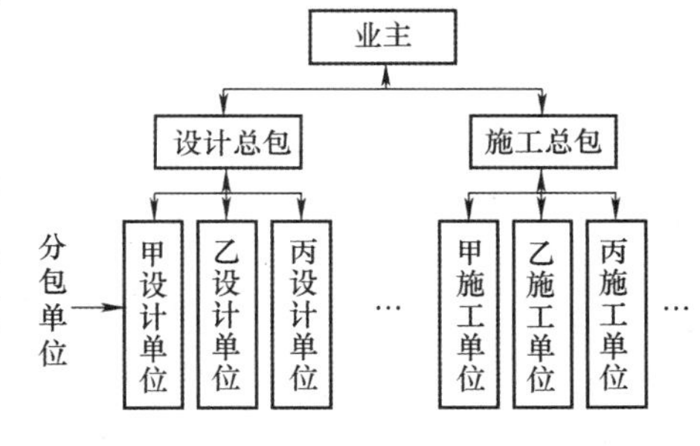


图4-4　设计、施工总分包模式

#### 2. 设计、施工总分包方式的特点

（1）便于项目的组织管理　首先，由于业主只与设计总包单位或施工总包单位签订设计或施工承包合同，合同数量比平行承发包方式要少得多，有利于合同管理；其次，由于合同数量大量减少，也使业主方的协调工作量相应减少，能充分发挥监理与总包单位间多层次协调的积极性。

（2）便于项目的质量控制　由于项目总包方与各分包方之间建立了内部的责、权、利关系，既有各分包方的质量自控又有总包方的监督及监理企业的检查，形成多道质量控制防线，对质量控制有利。监理工程师应注意严格控制总包单位“以包代管”，以免对工程质量控制造成不利影响。

（3）便于项目的投资控制　总包合同价格可以较早确定，有利于工程监理企业掌握和控制项目的总投资额。

（4）便于项目的进度控制　这种形式使总包单位具有控制的积极性，各分包单位之间也有相互制约的作用，对于监理工程师总体进度的协调及控制有利。

（5）建设周期相对较长　在设计和施工均采用总分包模式时，由于设计图纸全部完成后才能进行施工总包的招标，施工招标需要一定的时间，所以不能将设计阶段与施工阶段进行最大限度的搭接。

（6）总包报价一般较高　一方面，由于建设工程的发包规模较大，通常来说只有大型承建单位才具有总包的资格和能力，不利于组织有效的招标竞争；另一方面，对于分包出去的工程内容，总包单位向业主的报价中一般都需要在分包的价格基础上加收管理费用。

3. 相应的监理委托方式

针对设计或施工总分包的承发包方式，业主可以按设计阶段和施工阶段分别委托不同的监理企业进行监理（见图 4-5），也可以委托一家监理企业进行全过程监理（见图 4-6）。一般来讲，委托一家工程监理企业更易于实现设计和施工阶段的统筹兼顾。设计或施工总分包的承发包方式中虽然承包合同中的乙方最终责任由总包单位来承担，但是监理工程师必须做好对分包单位相应资质的审查和确认工作。

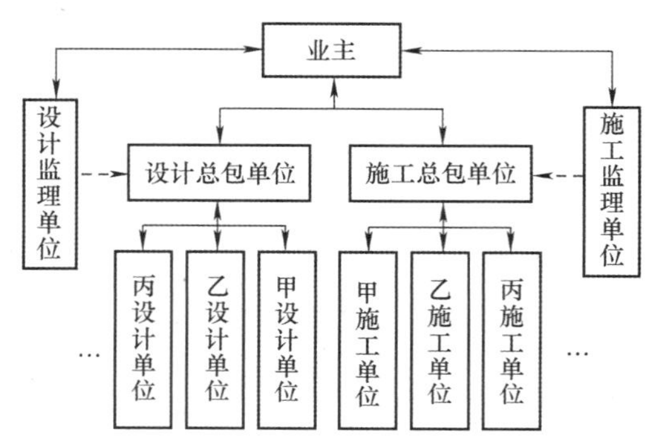


图4-5　设计/施工总分包按阶段委托监理

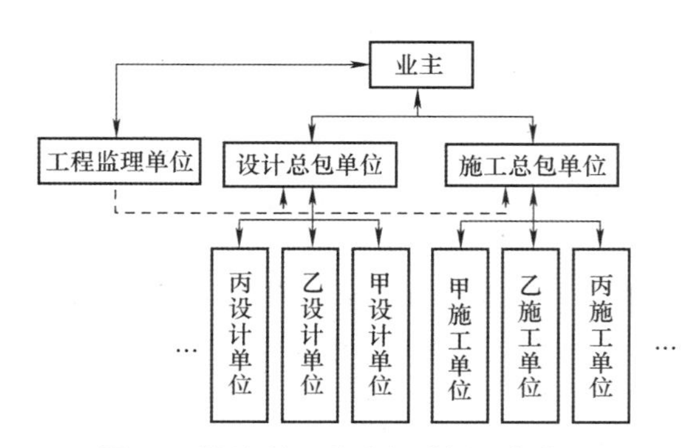


图4-6　设计/施工总分包委托一家监理

## （三）工程项目总承包及其监理委托方式

1. 工程项目总承包方式的概念

工程项目总承包是指业主把工程设计、施工、材料和设备采购等一系列工作全部发包给一家公司，由其负责设计、施工和采购等全部工作，最后向业主交付一个能达到动用条件的工程。建设工程项目总承包模式如图 4-7 所示，这种承发包方式即一般所说的“交钥匙工程”。

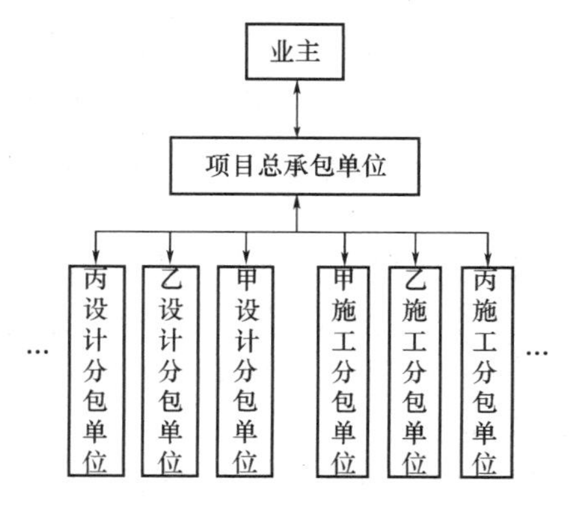


图4-7　建设工程项目总承包模式

2. 工程项目总承包方式的特点

（1）便于管理承发包合同　业主与承包方之间只有一个主合同，使合同管理范围整齐、单一。

（2）协调工作量较小　监理工程师主要与总承包单位进行协调。有相当一部分协调工作量转移到项目总承包单位内部及其与分包单位之间，这就使得监理的协调量大为减少，但管理难度未必能减小。

（3）有利于进度控制　设计与施工由一个单位统筹安排，可使这两个阶段能够有机地结合，容易做到设计阶段与施工阶段进度上的相互搭接，缩短建设周期。

（4）对投资控制有利　在设计施工统筹考虑的基础上，从价值工程的角度来讲可提高项目的经济性，但这并不意味着项目总承包的低价位。

（5）合同管理难度大　合同条款确定难于具体化，因此容易造成较多的合同纠纷，使合同管理的难度加大，也不利于招标发包的进行。

（6）业主择优范围小　在选择招标单位时，由于承包量大，工作插入早，工程信息未知数大，因此承包方可能要承担较高的风险。同时，有此能力的承包单位数量相对较少，致使择优性较差。

（7）对质量控制较难　一是质量标准与功能要求难于做到全面、具体、明确，因而质量控制标准制约性将受到一定程度的影响；二是不存在承包方间的制约性控制机制。因此，监理企业应对质量控制加强力度。

（8）业主主动性受限　业主处理问题的灵活性将受到一定程度的影响。

（9）合同价一般较高　由于这种模式承包方风险大，所以项目投资一般较高。

工程项目总承包方式较适用于简单、明确的常规性工程，如一般性商业用房、标准化建筑等；对于一些专业性较强的工业建筑，如钢铁、化工、水利等工程由专业性的承包公司进行项目的总承包也是常见的。国际上实力雄厚的科研—设计—施工一体化公司便是从一条龙服务中直接获得项目承包资格的。

3. 相应的监理委托方式

在工程项目总承包方式下，一般适宜委托独家监理企业进行全面性的建设监理。这种委托方式下的监理工程师要求具备较全面的知识，重点要做好合同管理工作。

### （四）工程项目总承包管理及其监理委托方式

1. 工程项目总承包管理方式的概念

工程项目总承包管理是指业主将工程项目的建设任务发包给专门从事工程建设组织管理的单位，再由其分包给若干个设计、施工和材料设备供应单位，并对分包的各个单位实施项目建设的管理。建设工程项目总承包管理模式如图4-8所示。

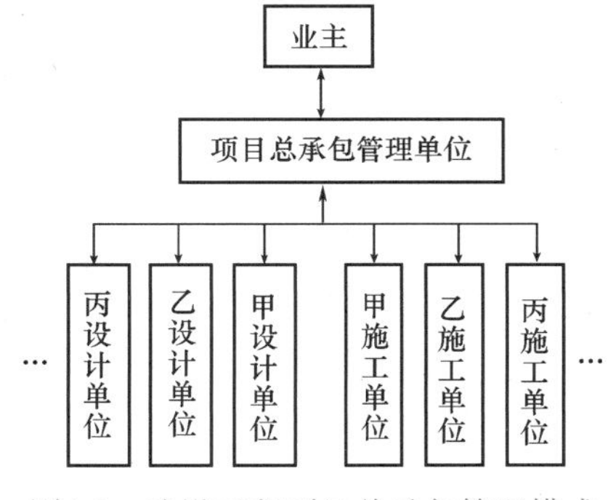

图4-8　建设工程项目总承包管理模式

工程项目总承包管理与工程项目总承包不同之处在于：前者不直接进行设计与施工，没有自己的设计和施工力量，而是将承接的设计与施工任务全部分包出去并负责工程项目的建设管理。后者有自己的设计、施工力量，直接进行设计、施工、材料和设备采购等工作。

2. 工程项目总承包管理方式的特点

1）这种方式与项目总承包类似，对合同管理、组织协调比较有利，进度和投资控制也较为有利。

2）由于总承包管理单位与设计、施工单位是总分包关系，后者才是项目实施的基本力量，所以监理工程师对分包单位资质条件的确认工作必须做到实处。

3）项目总承包管理单位自身经济实力一般比较弱，而承担的风险相对较大，因此工程项目采用这种承发包方式前应持慎重态度加以分析论证。

3. 相应的监理委托方式

采用工程项目总承包管理方式的总承包单位一般属于管理型的“智力密集型”企业，其主要的工作是承担项目的管理。由于业主与总承包方只签订一分总承包合同，因此也最好委托一家监理企业实施监理，这样便于监理工程师对总承包合同和总包单位的分包等活动进行管理。虽然总承包单位和监理企业均是进行工程项目管理，但两者性质、立场、内容等均有较大的区别，不可互为取代。

## 二、建设工程监理工作实施的程序

### （一）签订委托监理合同

工程监理企业承揽到建设工程项目监理任务后，首先要按照法定程序与建设单位签订委托监理合同。监理合同的签订，标志监理工作的正式开始，双方必须严格履行合同的约定。

### （二）开展建设工程监理活动

委托监理合同一经签订，工程监理企业便可按如下程序组织进行建设工程监理活动。

1. 确定项目总监理工程师、组建工程项目监理机构

工程监理企业应依据工程项目的规模、性质及工程业主对监理工作的要求，委派称职的人员担任项目的总监理工程师代表监理企业全面负责该项目的监理工作。

总监理工程师对内要向监理企业负责，对外要向工程项目业主负责。在总监理工程师的具体领导下，成立项目监理机构，并根据签订的委托监理合同，制定监理规划和具体的实施细则，开展建设工程监理工作。

一般来说，工程监理企业在承接项目监理任务时，参与项目监理的投标、拟定监理方案以及与业主商讨和签订委托监理合同期间就应根据工程实际情况的需要选派合适的主持者，该主持人较适合作为项目总监理工程师。一来项目的总监理工程师在承接任务阶段即早已介入，比较了解业主的建设意图和对监理工作的要求；二来后续工作容易做到较好地衔接，便于开展工作。

工程项目监理机构人选拟定之后，一般需经业主加以认可并进行相应的授权。

2. 收集工程项目及相关监理资料

为进一步熟悉情况，工程监理企业应收集以下相关资料，来作为开展建设工程监理工作的参考依据。

（1）反映建设项目特征的相关资料

1）批准的建设项目可行性研究报告或设计任务书。

2）建设工程项目的批文，土地管理部门关于准予用地的批文。

3）规划部门关于规划红线范围和设计条件的通知。

4）建设项目的地形图，建设项目的勘测、设计图纸及相关说明。

（2）当地工程建设政策、法规的相关资料

1）关于建设工程报建程序的相关规定。

2）关于建设项目建设实施建设工程监理的相关规定。

3）关于建设工程招投标制的相关规定。

4）关于项目建设管理机构资质管理的相关规定。

5）关于建设工程应交纳有关税、费的规定。

6）关于建设工程造价管理的相关规定。

7）当地关于拆迁工作的相关规定等。

（3）建设工程所在地区技术经济状况等建设条件的资料

1）气象资料、工程地质及水文资料。

2）与交通运输（包括铁路、公路、航运）有关的可提供的能力、时间、价格等资料。

3）与供水、电、热、燃气，电信等有关的容（用）量、价格等资料。

4）勘察设计单位情况，土建、安装施工单位状况。

5）建筑材料及构件、半成品的生产和供应情况。

6）进口设备及材料的有关到货口岸、运输方式等情况。

（4）类似建设工程项目建设情况的相关资料

1）类似建设工程项目投资方面的相关资料。

2）类似建设工程项目建设工期方面的相关资料。

3）类似建设工程项目的其他方面的技术经济指标等。

3. 编制建设工程项目监理规划和监理实施细则

建设工程项目的监理规划是开展建设工程监理活动的纲领性指导文件。为使投资控制、质量控制、进度控制顺利有效地进行，工程监理企业除应以监理规划为具体指导外，还应结合工程项目的实际情况，制订相应的实施性计划或细则。有关详细内容请参阅本书第九章。

4. 规范化地开展建设监理工作

建设工程监理作为一种科学的项目管理制度，其规范化的特点主要体现在以下几个方面：

（1）监理工作具有时序性　监理的各项工作都是有计划按先后顺序展开的，从而可使监理工作能有效地达到目标而不致造成工作的无序和混乱状态。

（2）职责分工具有严密性　建设监理工作是由不同的专业、不同层次的专家集体共同来完成的，他们之间的职责分工是严密的，这是协调和进行监理工作的前提和实现监理控制目标的重要保证。

（3）工作目标具有确定性　在职责分工划分明确的基础上，每一项监理工作应达到的具体目标都应是确定的，完成时间也是有时限规定的，从而能通过报表资料对监理工作及其效果进行检查、督促与考核。

5. 参与竣工验收，签署监理意见

建设工程项目施工结束时，施工单位提出验收申请后，总监理工程师应组织专业监理工程师，依据有关法律、法规、工程建设强制性标准、设计文件及施工合同，对承包单位报送的竣工资料进行审查，并对工程质量进行竣工预验收。对存在的问题，应及时要求施工单位整改，整改完毕由总监理工程师签署工程竣工报验单，并应在此基础上提出工程质量评估报告。工程质量评估报告应经总监理工程师和监理企业技术负责人签字。

项目监理机构应参加由建设单位组织的竣工验收，并提供相关的监理资料。对验收中的整改问题，项目监理机构应要求承包单位进行整改。工程质量符合要求，由总监理工程师会同参加验收的各方签署竣工验收报告。

6. 向建设单位提交监理档案资料

建设工程监理业务完成后，监理企业应整理归档监理资料。监理资料必须做到真实完整、分类有序。向业主提交的监理档案资料主要包括：

1）设计变更、工程变更资料。

2）监理指令文件。

3）各种签证资料。

4）隐蔽工程验收资料和质量评定资料。

5）监理工作总结。

6）设备采购与设备建造监理资料。

7）其他预约提交的档案资料。

7. 做好监理工作总结

监理工作总结是监理文件资料中的一部分。项目监理机构在结束项目监理工作时，应向所属的监理企业提交监理工作总结。监理工作总结经总监理工程师签字后报工程监理企业。另外，施工阶段监理工作结束时，也应向建设单位提交监理工作总结。这两份总结在内容侧重上有所不同。

向工程项目业主提交的监理工作总结，其内容主要侧重于：监理委托合同履行情况、监理任务或监理目标完成情况、表明监理工作终结的说明等。

向监理企业提交监理工作总结，其内容主要侧重于：阐述监理工作的经验、存在的问题及改进的建议。

另外，按照国家有关文件规定，各专业监理工程师还应定期进行工程质量的回访，做好工程项目的跟踪服务。

## 三、建设工程监理实施的基本原则

工程监理企业受工程项目业主的委托与授权对工程建设项目实施监理时，一般应遵守以下基本原则：

1. 公正、独立、诚信、科学的原则

我国《建设工程监理规范》（GB/T 50319—2013）第1.0.9条明确规定，“监理单位应公正、独立、诚信、科学地开展建设工程监理与有关服务活动”。因此，监理工程师在实施监理的过程中必须充分尊重科学和依据事实，组织各方协作配合，以维护各方的合法权益。业主与承建商都是独立运行的经济主体，由于各自追求的经济目标有一定差异，各自的行为也就会有一定的差别，监理工程师应按合同约定的责、权、利关系来协调双方的一致性，确保按合同的约定实现工程建设的总目标，即实现业主投资的目的和承建商生产产品的价值、取得工程款和实现盈利。

2. 责任与权力相一致的原则

监理工程师所从事的监理活动，是根据建设监理法规和业主的委托和授权而进行的。监理工程师承担的职责应与业主授予的权限相一致。因此，业主必须向监理工程师授予一定的权限，应能确保其正常履行监理的职责。监理工程师在实施监理工作之前，应该明确其实施监理的职责与相应的权力。这种权力的授予，除应体现在业主与监理企业之间签订的

建设工程委托监理合同中外，还应作为业主与承建商之间工程承包合同的合同条件。这样，监理工程师才能顺利地开展建设工程监理活动。

3. 总监理工程师负责制原则

我国《建设工程监理规范》第1.0.7条明确规定：“建设工程监理实行总监理工程师负责制”。总监理工程师全面行使合同赋予监理企业的权限，全面负责受委托的监理工作。总监理工程师是项目监理全部工作的负责人。建设工程项目在总监理工程师的统一指挥下完成合同中的监理任务。

总监理工程师负责制的内涵包括：

（1）总监理工程师是项目监理的责任主体　总监理工程师是实现项目监理目标的最高责任者，责任是总监理工程师负责制的核心，它构成了对监理工程师的工作压力和动力，也是确定总监理工程师权力和利益的依据，所以总监理工程师应是向业主和监理企业所负责的承担者。

（2）总监理工程师是项目监理的权力主体　根据总监理工程师承担责任的要求，总监理工程师负责制体现了总监理工程师全面领导工程项目的建设监理工作，包括组建项目监理机构，主持编制监理规划，组织实施监理活动，对监理工作进行监督、评价、总结。

（3）总监理工程师是项目监理的利益主体　利益主体的概念主要体现在监理项目中他对国家的利益负责，对业主投资项目的效益负责，同时也对所监理项目的监理效益负责，并负责项目监理机构内所有的监理人员利益的分配。

要建立和健全总监理工程师负责制，就要健全项目监理组织，完善监理的运行制度，运用现代化的管理手段，形成以总监理工程师为首的高效能的决策指挥体系。

4. 严格规范、竭诚服务的原则

监理工程师在监理过程中应严格坚持监理工作的原则，做到工作细致、立场公正，并为业主提供热情的服务。

严格规范，就是要求监理人员要严格按照国家政策、法规、规范和强制性标准及合同目标，严格把关，依照既定的程序和制度，认真履行职责，建立良好的工作作风。作为监理工程师，要做到严格规范，必须首先提高自身素质和监理业务水平。

另外，监理工程师在监理实施的过程中必须竭诚为业主服务。由于业主不精通工程建设业务，监理工程师应按照监理合同的要求全方位、多层次为业主提供良好的服务，维护业主的正当权益，同时也应维护承建商的正当利益。

5. 经济效益与社会效益并举的原则

工程项目的经济效益是建设的出发点和归宿点，监理活动不仅应考虑业主的经济效益，也必须考虑社会效益和环境效益的有机统一，不能为谋求自身狭隘的经济利益，不惜损害国家、社会的整体利益。监理工程师既应对业主负责，谋求最大的经济效益，又要对国家和社会负责，取得最佳的综合效益。只有在符合宏观经济效益、社会效益和环境效益的条件下，业主投资项目的微观经济效益才能得以实现。

6. 预防为主、实事求是的原则

工程项目在建设过程存在很多风险，各项控制必须具有预见性，并把重点放在事前控制上，努力做到“防患于未然”。因此，监理工程师在制定监理规划、编制监理细则和实施监理控制过程中，对工程项目投资控制、进度控制和质量控制中可能造成失控的问题要有预见性和超前的考虑，制订相应的对策和预控措施加以防范；另外，还应考虑多个不同的措施和方案，做到“事前有预测，情况变了有对策”，避免被动，以达到事半功倍的效果。

监理工程师应尊重事实，以理服人。监理工程师的各项指令、判断应有事实依据，有证明、检验、试验资料，才具有说服力。由于经济利益或认识上的差异，监理工程师与承建商在一些问题的看法上可能会多少存在一些分歧，监理工程师不应以权压人，而应晓之以理，做到以理服人。

# 第三节 项目监理机构

在接受业主委托后，工程监理企业在实施监理工作之前，首先应建立与建设工程项目监理活动相适应的监理机构，选择适宜的监理机构组织形式。

## 一、项目监理机构的组织形式

选择适宜的监理机构组织形式对于有效地开展建设监理工作、实现建设监理总目标具有重要意义。监理机构组织形式与规模，可根据建设工程监理合同约定的服务内容、服务期限，以及工程特点、规模、技术复杂程度、环境等因素确定。常见的监理机构组织形式如下：

1. 直线式监理组织形式

这种监理组织形式是最为简单的，其主要特点是组织中各种职位是按垂直系统以直线形式排列的，各个下级只接受唯一的上级领导并对唯一的上级负责。

这种组织形式的优点是机构简单、权力集中、命令统一、职责分明、决策迅速、隶属关系明确。其缺点是由于实行没有职能机构的“个人管理”，要求有一个“全能型”的总监理工程师掌握多种知识技能并通晓各种业务，具有较高的业务管理水平。

它主要适用于监理项目可以划分为若干相对独立的子项目的大、中型建设项目，项目监理部总监理工程师负责整个建设项目的规划、组织和指导，并重点做好整个项目范围内各方面的协调工作，而各个子项目监理组分别负责子项目的目标值控制，具体领导现场专业或专项监理组的工作。按子项目分解的直线式监理组织形式如图4-9所示。

此种形式也适用于承担包括设计和施工的全过程工程建设监理任务或大、中型以上建设项目，这时可以依据建设阶段的不同分解设立直线式监理组织形式，如图4-10所示。

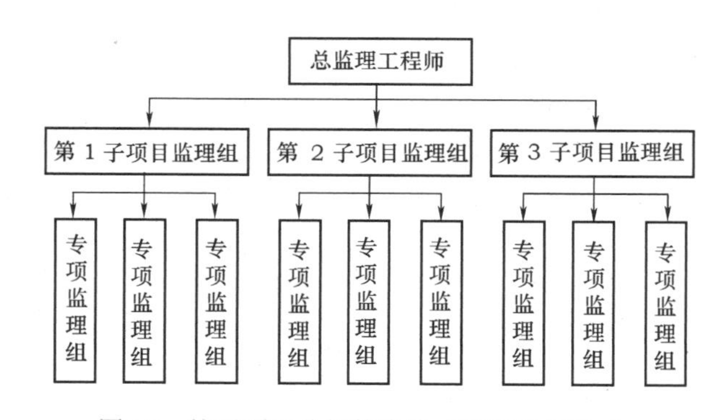

图4-9 按子项目分解的直线式监理组织形式

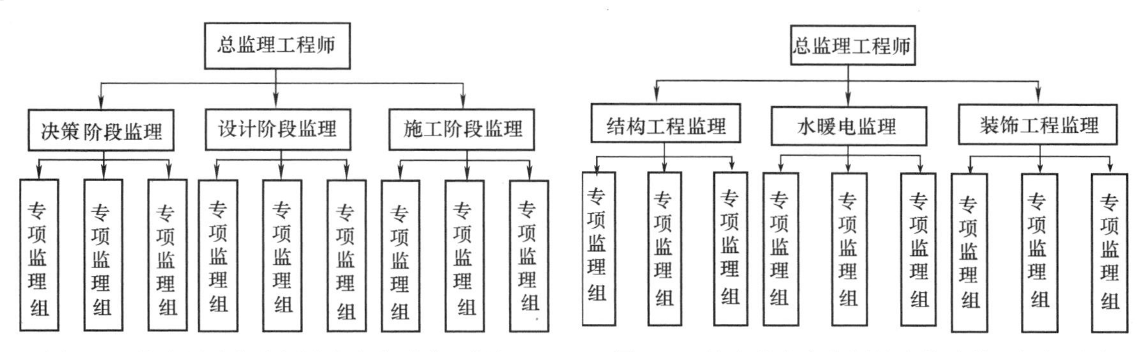

图4-10 按建设阶段分解设立直线式监理组织　　图4-11 按专业内容分解的直线式监理组织形式

对于小型建设项目，工程监理企业可以采用按专业内容分解的直线式监理组织形式，如图 4-11。这是一种比较常见的形式。

2. 职能式监理组织形式

这种监理组织形式是在项目监理机构内部下设各项目标职能机构并明确或授予相应的监理职责和权力，分别从职能角度对基层监理组织进行业务管理，这些职能机构可在总监理工程师授权的范围内，直接就其主管的业务向下下达命令和指示。职能式监理组织形式如图 4-12 所示。

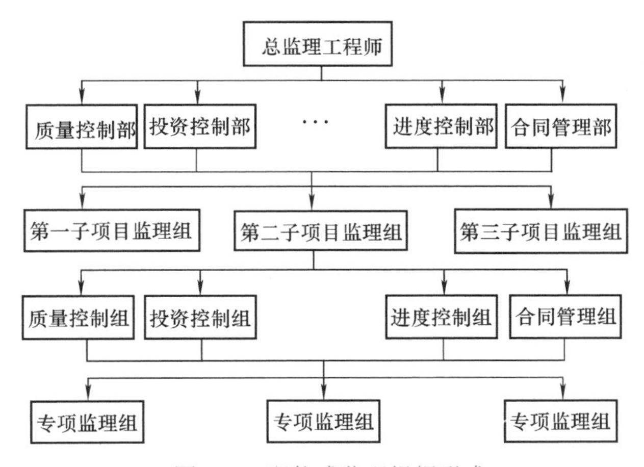

图4-12 职能式监理组织形式

这种组织形式的主要优点是目标控制更加职能化、分工明确，能够发挥各职能机构及各职能部门的专业管理作用，做到专职专家、专家专管，提高管理效率，减轻总监理工程师负担。其缺点是易形成下级人员受多头领导指挥的局面，发生指令上的矛盾。因此，工程监理企业在确立组织机构时应注意职责划分的明确性，在具体运作时要加强各职能部门间的协调工作。

职能式监理组织形式主要适用于大、中型建设工程项目或在地理位置上相对集中的工程项目。

3. 直线职能式监理组织形式

直线职能式的监理组织形式是吸收了直线式组织形式和职能式组织形式的优点而构成的

一种组织形式，如图 4-13 所示。

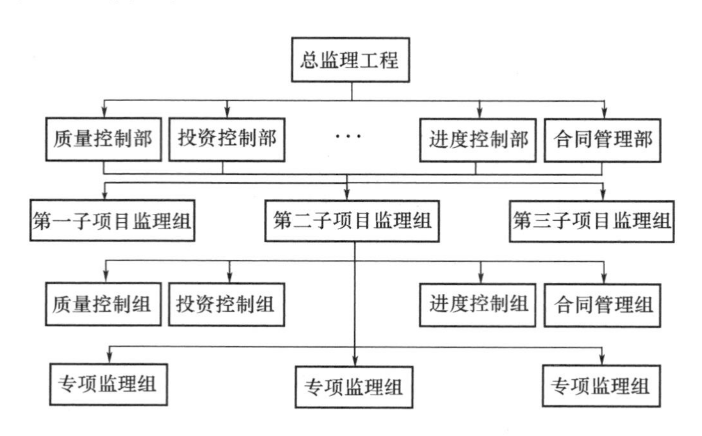


图4-13 直线职能式监理组织形式

这种组织形式的主要优点是实行集中领导、统一指挥、职责清楚，有利于提高办事效率。其缺点是职能部门与指挥部门易产生矛盾，各职能部门的横向联系较差，信息传递线路长，不利于相互协调，效率较低。

4. 矩阵式监理组织形式

矩阵式监理组织是由纵向的职能系统和横向的子项目系统交叉形成的矩阵形组织结构，如图 4-14 所示。

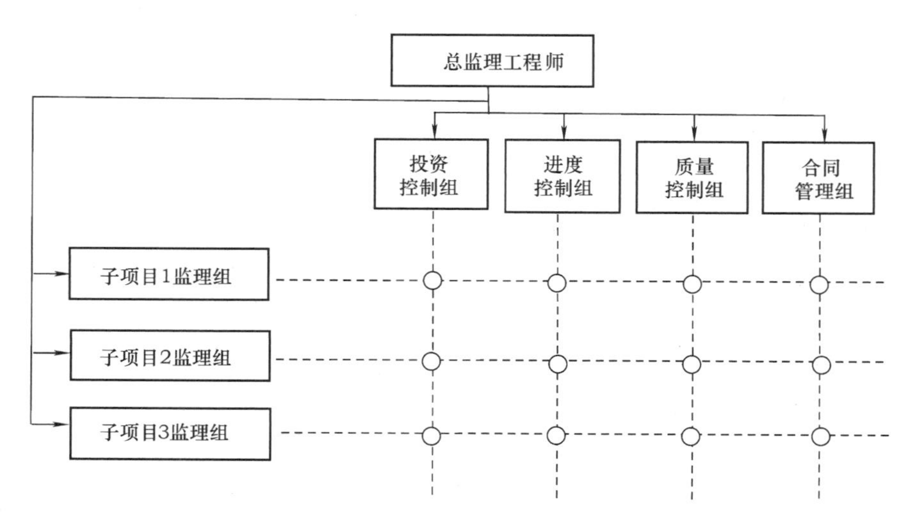


图4-14 矩阵式监理组织形式

这种组织形式的主要优点是各职能部门的横向联系得到了加强，具有较强的机动性和适应性。这不但有利于解决复杂难题，还有利于发挥子项目班组的积极性，实现监理工作的规范化，也有益于培养监理人员的业务能力。其缺点是纵横向协调工作量很大，具体工作指令要严格统一，处理不当会造成扯皮现象，易产生指令上的矛盾，缺乏相对稳定性。

## 二、项目监理机构的设立

不论工程建设项目大小，监理企业的项目监理机构成立与运作一般都应按以下顺序进行，如图 4-15 所示。

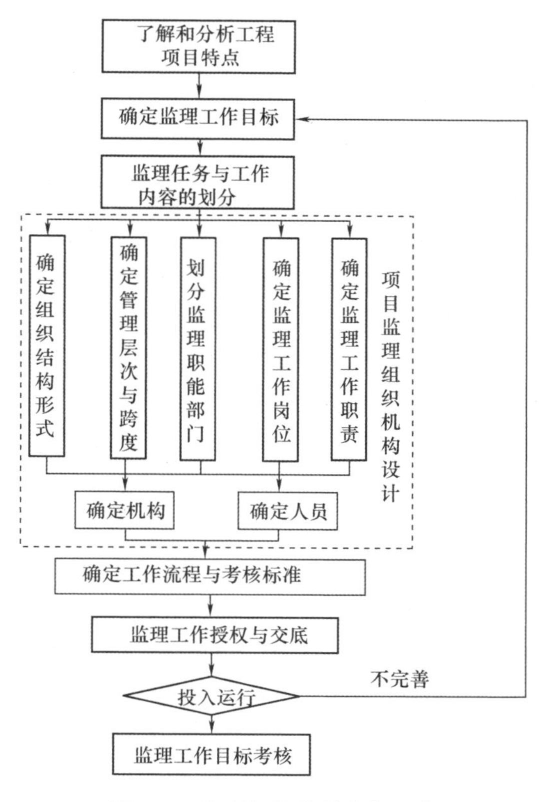


图4-15　监理机构的设立与运作

### （一）了解和分析工程项目特点

项目监理机构是为特定的工程项目而设立的，项目的建设规模、地理位置、监理合同要求等问题的不同决定了每个工程项目各自不同的特点，不同的特点决定了监理目标与任务的不同性。

### （二）确定监理工作目标

根据建设监理合同中对监理任务与目标的约定和监理项目的特点来确定各项监理目标，监理目标是监理活动的核心，也是项目监理组织设计和监理活动的出发点和归宿点。

### （三）监理任务与工作内容的划分

对建设监理目标和工程建设监理合同中约定的监理任务进行划分，列出应开展的监理工作内容，并进行适当的分类、归并及组合，建立工作分解结构。对各项工作进行归并及组合主要应考虑便于监理目标控制，同时兼顾监理项目的规模、性质、工期、工程技术难度与复杂程度等工程特点以及监理企业的技术业务水平、组织管理水平、可提供的监理人员数量等。

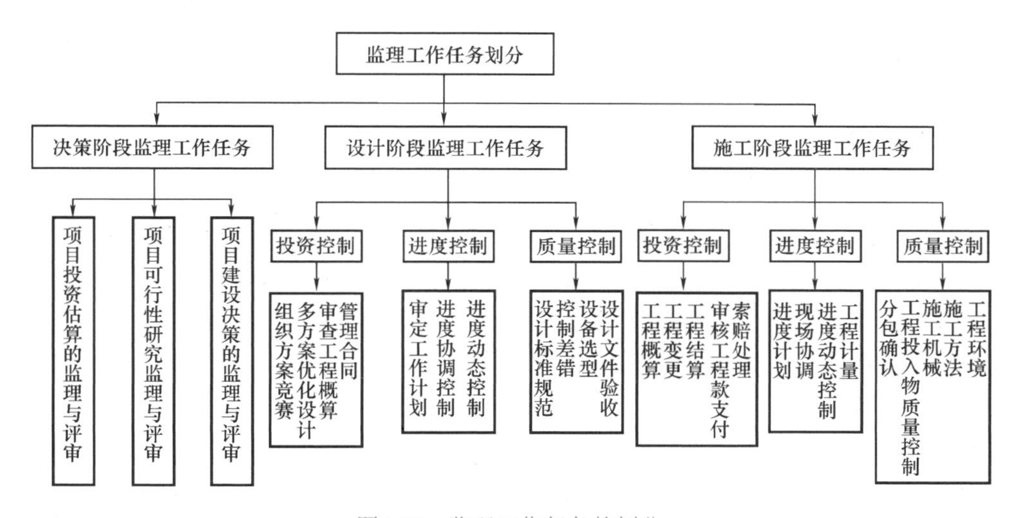


图4-16　监理工作任务的划分

如果实施工程建设全过程监理，监理工作内容可按决策阶段、设计阶段、施工阶段划分组合和分别归并。如图 4-16 所示。如果仅进行施工阶段监理，可按投资、进度、质量等目标进行归并和组合。

### （四）项目监理组织机构设计

#### 1. 确定组织结构形式

由于建设工程项目规模、性质、阶段以及监理工作的要求的不同，可以按照组织设计的原则选择适应监理工作需要的监理组织结构形式。选择结构形式主要应考虑是否利于项目合同管理、各项监理目标控制、决策指挥及信息沟通。

#### 2. 确定管理层次与管理跨度

在确定监理组织结构形式的同时，还要合理确定管理层次和管理跨度。确定管理层次要根据项目规模和特点，以及监理工作任务的分解情况和监理工作内容合理划分。确定项目管理跨度应充分考虑建设工程的特点、监理活动的复杂性和相似性、监理业务的标准化程度、各项规章制度的建立健全情况、参加监理工作的人员的综合素质等问题，依据实际需要确定。

#### 3. 划分监理职能部门

项目监理机构中要合理划分各职能部门，依据监理目标、监理机构可利用的人力与物力资源以及合同结构情况，将投资控制、进度控制、质量控制、合同管理、组织协调等监理工作内容按不同的职能活动或按子项分解形成相应的职能管理部门或子项目管理部门。

#### 4. 确定工作岗位与职责

岗位职务及职责的确定，要有明确的目的性，应根据责权一致的原则，进行适当的授权，以承担相应的职责。

#### 5. 确定机构及规章制度、配备监理人员

为使监理工作顺利开展并有章可循，应在确定上述问题后成立监理机构，并制订相应工作规章制度（如：可行性研究报告评议制度、工程估算及审核制度、设计方案评审制度、图纸会审及设计交底制度、开工申请审批制度、各项检查验收制度、工地例会制度、技术签证制度、质量事故处理制度、竣工验收制度、监理周 / 月报制度等），并根据监理工作的任务，选择相应的各层次监理人员，除应考虑监理人员个人素质外，还应考虑总体的合理性与协调性，力求达到监理组织机构的精干高效。

### （五）确定工作流程与考核标准

为使建设监理工作科学、有序地进行，应按建设监理工作的客观规律制订监理工作流程、信息流程。监理工作流程是根据监理工作制度对监理工作程序所做的规定，是保证监理工作有序、有效和规范化的重要措施。施工阶段监理工作流程如图 4-17 所示。

监理信息流程是根据监理工作制度对监理工作所需的各类信息的传递运动所做的规定。信息是控制的基础或依据。建设监理工作中的信息流类型如图 4-18 所示。

为规范化地开展监理工作，应制定监理工作考核标准，对监理人员的工作进行定期考核（包括考核内容、考核标准和完成时间）。表 4-1 为专业监理工程师岗位职责考核标准。表 4-2 为项目总监理工程师岗位职责考核标准。

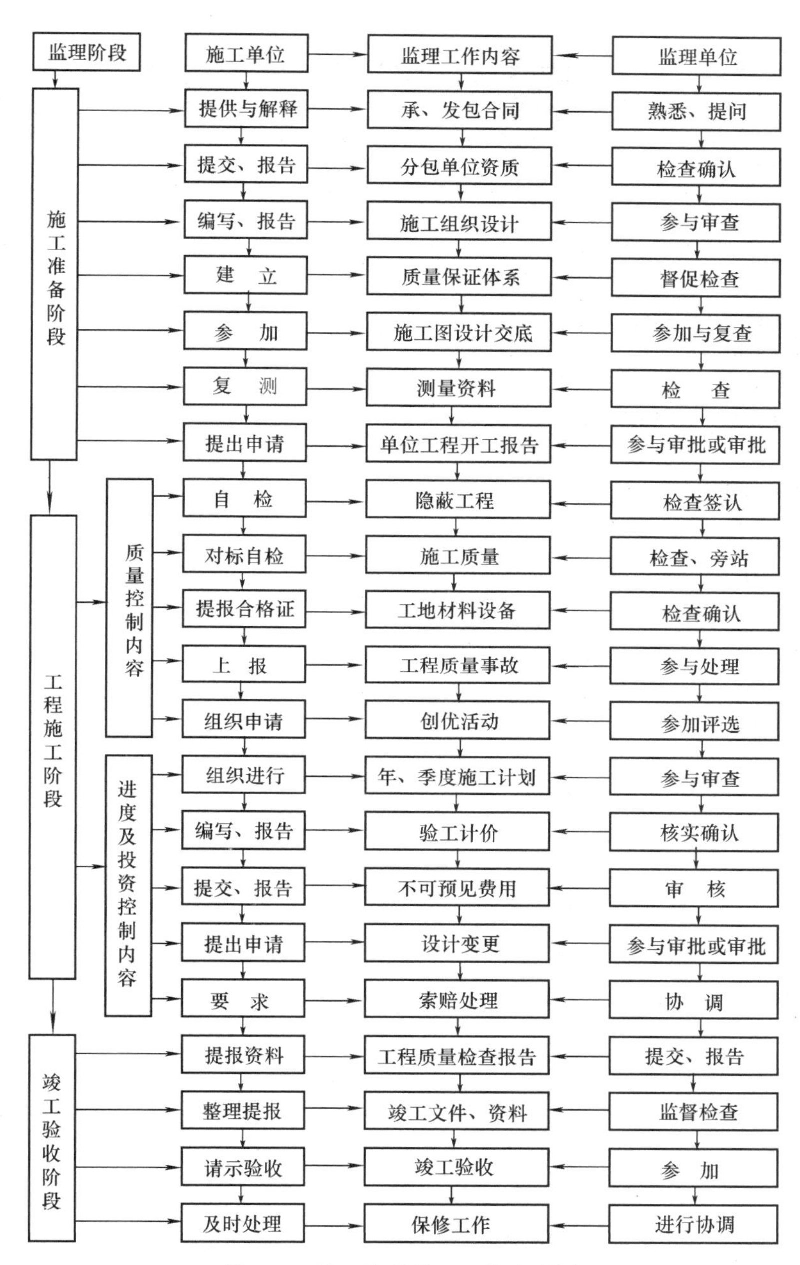

图4-17　施工阶段监理工作流程图

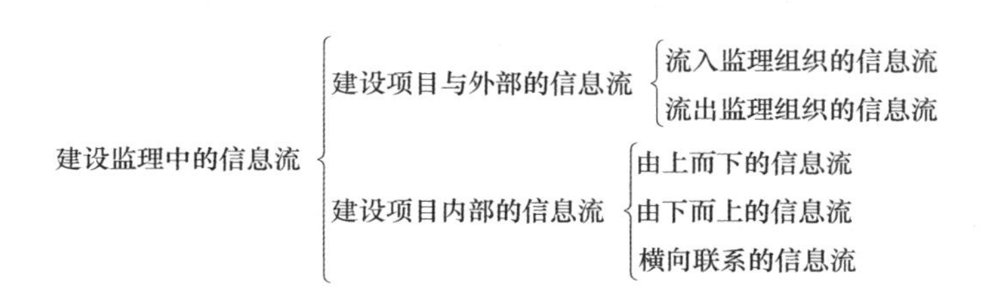

图4-18　建设监理工作中的信息流类型

表 4-1 专业监理工程师岗位职责考核标准

| 项目 | 职责内容 | 考核要求 | |
|---|---|---|---|
| | | 考核标准 | 完成时间 |
| 工作指标 | 项目投资控制 | 符合投资控制分解目标 | 每月（或周）末 |
| | 项目进度控制 | 符合合同工期及进度控制分解目标 | 每月（或周）末 |
| | 项目质量控制 | 符合质量控制分解目标 | 工程各阶段结束时 |
| 基本职责 | 熟悉建设工程情况，制订本专业的监理计划和实施细则 | 反映专业特点、具有可操作性 | 实施前1个月 |
| | 具体负责本专业的监理工作 | 监理工作有序进行，工程处于受控状态 | 每月（或周）末 |
| | 做好监理机构内部各部门之间的监理任务衔接、协调工作 | 监理工作各负其责，互相配合 | 每月（或周）末 |
| | 处理与本专业有关的重大问题并及时向总监理工程师报告 | 工程处于受控状态，及时、真实 | 每月（或周）末 |
| | 负责与本专业有关的签证、通知、备忘录及时向总监理工程师提交报表、报告等资料 | 及时、准确、真实 | 每月（或周）末 |
| | 管理本专业有关的建设监理资料 | 及时、完整、准确 | 每月（或周）末 |

表 4-2 项目总监理工程师岗位职责考核标准

| 项目 | 职责内容 | 考核要求 | |
|---|---|---|---|
| | | 考核标准 | 完成时间 |
| 工作指标 | 项目投资控制 | 符合投资控制计划目标 | 每月（季）末 |
| | 项目进度控制 | 符合合同工期及总控制性进度计划目标 | 每月（季）末 |
| | 项目质量控制 | 符合质量控制计划目标 | 工程各阶段结束时 |
| 基本职责 | 根据监理合同，监督管理有效的项目监理机构 | 监理组织机构科学合理；监理机构有效地运行 | 每月（季）末 |
| | 主持编写与组织实施监理规划；审批监理实施细则 | 对项目监理工作进行系统的策划；<br>监理实施细则符合监理规划要求，具有可操作性 | 编写审核完成后 |
| | 审查分包单位资质 | 符合合同要求 | 一周内 |
| | 监督指导专业监理工程师对投资、进度、质量进行监控；审核、签发有关资料文件；处理相关事项 | 监理工作进入正常工作状态；工程处于受控状态 | 每月（季）末 |
| | 做好建设过程中有关各方面的协调工作 | 工程处于受控状态 | 每月（季）末 |
| | 主持整理建设工程的监理资料 | 及时、完整、准确 | 按合同约定 |

## 三、案例

【背景】

某工程监理企业承担了50km高等级公路工程施工阶段的监理业务，该工程包括路基、路面、桥梁、隧道等主要项目。业主分别将桥梁工程、隧道工程和路基路面工程发包给了三家承包商。针对工程特点和业主对工程的分包情况，总监理工程师将现场监理机构设置成矩阵制形式和直线制形式两种方案供大家讨论。

【问题】

你若作为监理工程师，推荐采用哪种方案？为什么？请给出组织结构示意图。

【参考答案】

监理工程师应推荐采用直线制的组织形式。因矩阵制组织结构形式虽然适合于大、中型工程项目，具有较大的机动性，有利于解决复杂问题和加强各部门之间的协作，但对于工程项目在地理位置上相对集中一些的工程来说较为适宜，便于部门之间的配合。而本工程是公路工程，有三份工程承包合同，矩阵制组织结构形式的纵向与横向之间的相互配合有困难，不能发挥该组织结构形式的优点。直线制组织结构形式适合于大、中型工程项目，并且结构形式简单、职责分明、决策迅速，特别是该工程有三份承包合同，可按合同段设置执行（协调）层，所以监理工程师宜推荐采用直线制的监理组织结构形式。组织结构示意图如图4-19所示。

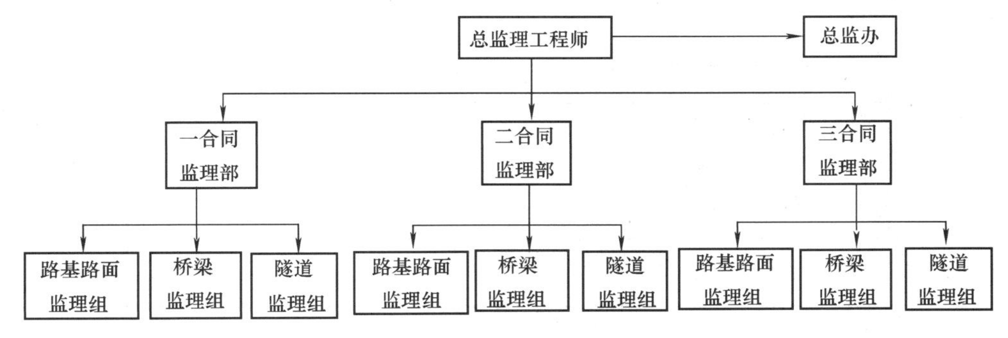


图4-19 监理机构组织结构

# 第四节 项目监理机构人员配备与职责分工

## 一、项目监理机构的人员配备

### （一）项目监理机构的人员结构

监理人员应包括总监理工程师、专业监理工程师和监理员，必要时可配备总监理工程师代表。为适应监理工作的要求，项目监理组织应具有合理的人员结构，主要体现在以下两方面：

1. 要有合理的专业结构

项目监理机构应由与监理项目的性质（工业项目、民用项目、其他专业性的生产项目）及业主对项目监理的要求（全过程监理，设计、施工阶段性监理；投资、质量、进度的多目标控制，某单一目标的控制等）相称的各专业人员配套组成。

通常要求监理机构应具备与所承担的监理任务相适应的专业人员。但当监理项目局部具有某些特殊性或业主提出某些特殊的监理要求而需要采用某种特殊的监控手段时，亦可以将局部的、专业性较强的监控工作另外委托给相应资质的咨询或监理机构来承担，这也应看作是保证了人员合理的专业结构的方法。

2. 要有合理的技术职务、职称结构

监理工作虽是一种技术性劳务服务，但绝不应不顾监理项目的要求和需要，盲目地追求监理人员的高技术职务、职称。合理的技术职称结构应是具有与监理工作相称的高级、中级和初级职称比例。

通常，决策阶段、设计阶段的监理中，应以具有中级及中级以上职称的人员在整个监理人员构成中占绝大多数，初级职称人员仅占少数为好；而在施工阶段的监理中，应以具有较多的从事旁站、填写日志、现场检查、计量等实际操作的初级职称人员较为合理。施工阶段项目监理机构监理人员技术职称结构要求见表 4-3。

表 4-3 施工阶段项目监理机构监理人员的技术职称结构要求

| 层 次 | 人 员 | 职 能 | 职称职务要求 |
|---|---|---|---|
| 决策层 | 总监理工程师、总监理工程师代表、专业监理工程师 | 项目监理的策划、规划、组织、协调、监控、评价等 | 高级、中级职称，以高级职称为主 |
| 执行层、协调层 | 专业监理工程师 | 项目监理实施的具体组织、指挥、控制、协调 | 高级、中级、初级职称，以中级职称为主 |
| 作业层、操作层 | 监理员 | 具体业务的执行 | 中级、初级职称，以初级职称为主 |

### （二）监理人员数量的确定

项目监理机构中配备监理人员的数量和专业应根据监理的任务范围、内容、期限、专业类别以及工程的类别、规模、技术复杂程度、工程环境等因素综合考虑，并应符合委托监理合同中对监理深度和密度的要求，满足监理目标控制的要求。监理人员数量一般不少于 3 人。

另外，监理人员的数量和专业配备可随工程施工进展情况作相应的调整，从而满足不同阶段监理工作的需要。工程监理企业可根据需要，在项目监理机构中配备必要的文秘、翻译等辅助人员。下面将讨论如何确定监理人员数量。

1. 影响项目监理机构人员数量的主要因素

（1）工程建设强度 工程建设强度是指单位时间内投入的工程建设资金的数量，即：

工程建设强度 = 工程建设投资 / 工程建设工期

其中，工程建设投资是指由监理企业承担监理任务的那部分工程的建设投资，工程建设工期

也是指该部分工程的建设工期。通常投资费用可按工程估算、概算或合同价计算，工期根据进度工期目标计算。

工程建设强度是衡量一项工程建设紧张程度的标准。工程建设强度越大，同时投入的监理人力就应越多。

（2）工程复杂程度　工程的具体情况有所不同，则投入的人力也就有所不同。根据工程具体情况，一般可按以下几方面来考虑工程的复杂程度：

1）设计活动多少。

2）工程地点位置、气候条件。

3）地形条件、工程地质。

4）施工方法、材料供应。

5）工程性质、工期要求。

6）工程分散程度等。

根据工程复杂程度，可将工程分为若干级别，不同级别的工程配备不同的人员数量。工程复杂程度按五级划分：简单、一般、较复杂、复杂、很复杂。显然，较低级别的工程少配备人员，复杂的项目多配备人员。

工程复杂程度定级既可定性划分也可采用定量的办法。例如，将构成工程复杂程度的各因素划分为各种不同情况，根据工程实际情况予以评分，累计平均后看分值大小以确定它的复杂程度等级。如按十分制评分，则平均分值 1 ~ 3 分者为简单工程，平均分值为 3 ~ 5 分、5 ~ 7 分、7 ~ 9 分依次为一般、较复杂、复杂工程，9 分以上为很复杂工程。

（3）工程监理企业的业务水平　各监理企业的业务水平必然有所不同，管理水平、专业能力、人员素质、工程经验、设备手段等方面的差异都会直接影响监理效率的高低。水平高的监理企业可以投入较少的人力完成一个工程项目的监理工作，而一个经验不足或管理水平不高的监理企业则需投入较多的人员。因此，工程监理企业应当根据实际情况制定监理人员需要量定额，并根据实际投入的监理人员水平和设备手段并加以调整。

（4）监理机构的组织结构和任务职能分工　项目监理机构的组织结构情况关系到具体的监理人员配备，务必使项目监理机构任务职能分工的要求得到满足，必要时，还需要根据项目监理机构的职能分工对监理人员的配备作进一步的调整。

有时监理工作需要委托专业咨询机构或专业监测、检验机构进行，当然，项目监理机构的监理人员数量可适当减少。

2. 确定监理人员数量的方法及步骤

（1）监理人员需要量定额　根据监理工程师的监理工作内容和工程复杂程度等级，测定、编制项目监理机构监理人员需要量定额，见表 4-4。

表 4-4　监理人员需要量定额　　［单位：人 /(百万美元 / 年)］

| 工程复杂程度 | 监理工程师 | 监理员 | 行政及文秘人员 |
|---|---|---|---|
| 简单 | 0.20 | 0.75 | 0.10 |
| 一般 | 0.25 | 1.00 | 0.10 |
| 较复杂 | 0.35 | 1.10 | 0.25 |
| 复杂 | 0.50 | 1.50 | 0.35 |
| 很复杂 | 0.50 以上 | 1.50 以上 | 0.35 以上 |

（2）确定工程建设强度　根据监理单位承担的监理工程，确定工程建设强度。

例如：某建设工程项目，合同总价为4200万美元，项目合同工期为36个月。则工程建设强度为

工程建设强度 =（4 200万美元/36个月）×12个月/年 =1 400万美元/年（即：14个百万美元/年）。

（3）确定工程建设复杂程度　依据工程复杂程度的10个主要构成因素和本工程实际情况分别按十分制评分，见表4-5，根据计算结果平均分为6分，确定此工程为较复杂工程。

表4-5　工程复杂程度评分表

| 编　号 | 构成因素 | 分　值 | 编　号 | 构成因素 | 分　值 |
|---|---|---|---|---|---|
| 1 | 设计活动 | 6 | 7 | 材料供应 | 5 |
| 2 | 工程地点 | 5 | 8 | 工程性质 | 7 |
| 3 | 气候条件 | 6 | 9 | 工期要求 | 5 |
| 4 | 地形条件 | 5 | 10 | 工程分散程度 | 8 |
| 5 | 工程地质 | 7 | 11 | 平均分值 | 6 |
| 6 | 施工方法 | 6 | | | |

（4）根据工程复杂程度和建设强度确定人员需要量　由人员需要量定额可查到相应定额如下。

监理工程师为：　　　0.35人/（百万美元/年）。

监理员为：　　　　　1.10人/（百万美元/年）。

行政及文秘人员为：　0.25人/（百万美元/年）。

计算各类监理人员数量如下：

监理工程师：　　　　0.35人/（百万美元/年）×14百万美元/年≈5人。

监理员：　　　　　　1.10人/（百万美元/年）×14百万美元/年≈15人。

行政人员：　　　　　0.25人/（百万美元/年）×14百万美元/年≈4人。

（5）根据实际情况确定监理人员数量　根据监理组织结构情况（本工程的监理组织结构如图4-20所示），决定机构各类监理人员设置如下：

监理总部（含总监理工程师、总监理工程师代表、总监办公室）：总监理工程师1人，总监理工程师代表1人，行政人员1人。

专业监理组（1、2、3）：监理工程师3人，监理员15人，行政文秘人员3人。

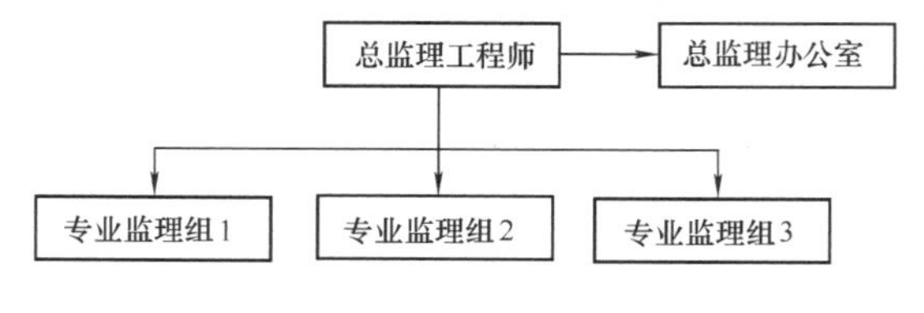


图4-20　项目监理组织结构

## 二、监理机构各类人员的职责

监理人员的基本职责应按照工程建设阶段和建设工程的情况以及建设监理委托合同的约定确定。

施工阶段，按照我国《建设工程监理规范》（GB/T 50319—2013）的规定，项目总监理工程师、总监理工程师代表、专业监理工程师和监理员应分别履行以下职责。

1. 总监理工程师的主要职责

1）确定项目监理机构人员及其岗位职责。

2）组织编制监理规划，审批监理实施细则。

3）根据工程进展情况安排监理人员进场，检查监理人员工作，调换不称职监理人员。

4）组织召开监理例会。

5）组织审核分包单位资格。

6）组织审查施工组织设计、（专项）施工方案、应急救援预案。

7）审查开复工报审表，签发开工令、工程暂停令和复工令。

8）组织检查施工单位现场质量、安全生产管理体系的建立及运行情况。

9）组织审核施工单位的付款申请，签发工程款支付证书，组织审核竣工结算。

10）组织审查和处理工程变更。

11）调解建设单位与施工单位的合同争议，处理费用与工期索赔。

12）组织验收分部工程，组织审查单位工程质量检验资料。

13）审查施工单位的竣工申请，组织工程竣工预验收，组织编写工程质量评估报告，参与工程竣工验收。

14）参与或配合工程质量安全事故的调查和处理。

15）组织编写监理月报、监理工作总结，组织整理监理文件资料。

另外，总监理工程师不得将以上职责中第2）、3）、6）、7）、9）、11）、13）、14）项工作委托总监理工程师代表。

2. 总监理工程师代表的主要职责

1）负责总监理工程师指定或交办的监理工作。

2）按总监理工程师的授权，行使总监理工程师的部分职责和权力。

3. 专业监理工程师的主要职责

1）参与编制监理规划，负责编制监理实施细则。

2）审查施工单位提交的涉及本专业的报审文件，并向总监理工程师报告。

3）参与审核分包单位资格。

4）指导、检查监理员工作，定期向总监理工程师报告本专业监理工作实施情况。

5）检查进场的工程材料、设备、构配件的质量。

6）验收检验批、隐蔽工程、分项工程。

7）处置发现的质量问题和安全事故隐患。

8）进行工程计量。

9）参与工程变更的审查和处理。

10）填写监理日志，参与编写监理月报。

11）收集、汇总、参与整理监理文件资料。

12）参与工程竣工预验收和竣工验收。

4. 监理员的主要职责

1）检查施工单位投入工程的人力、主要设备的使用及运行状况。

2）进行见证取样。

3）复核工程计量有关数据。

4）检查和记录工艺过程或施工工序。

5）处置发现的施工作业问题。

6）记录施工现场监理工作情况。

# 第五节 建设工程监理的组织协调

建设工程监理目标的实现，需要监理工程师扎实的专业知识和对监理程序的有效执行；此外，还要求监理工程师有较强的组织协调能力，通过组织协调，使影响监理目标实现的各方主体有机配合，使监理工作实施和运行过程顺利进行。

## 一、组织协调的概念

协调就是连接、联合、调和所有的活动及力量，使各方配合协调，其目的是促使各方协同一致，以实现预定目标。项目的协调其实就是一种沟通，沟通确保了能够及时和适当地对项目信息进行收集、分发、储存和处理，并对可预见问题进行必要的控制。协调工作应贯穿于整个建设工程实施及其管理过程中。

建设工程系统是一个由人员、物质、信息等构成的人为组织系统。用系统方法分析，建设工程的协调一般有三大类：一是“人员 / 人员界面”；二是“系统 / 系统界面”；三是“系统 / 环境界面”。

首先，建设工程组织是由各类人员组成的工作班子。人的差别是客观存在的，由于每个人的性格、习惯、能力、岗位、任务、作用的不同，即使只有两个人在一起工作，也有潜在的人员矛盾或危机。这种人和人之间的间隔，就是所谓的“人员 / 人员界面”。

其次，建设工程系统是由若干个子项目组成的完整体系，子项目即子系统。由于子系统的功能、目标不同，容易产生各自为政的趋势和相互推诿的现象。这种子系统和子系统之间的间隔，就是所谓的“系统 / 系统界面”。

最后，建设工程系统是一个典型的开放系统。它具有环境适应性，能主动从外部世界取得必要的能量、物质和信息。在取得的过程中，不可能没有障碍和阻力。这种系统与环境之间的间隔，就是所谓的“系统 / 环境界面”。

项目监理机构的协调管理就是在“人员 / 人员界面”“系统 / 系统界面”“系统 / 环境界面”之间，对所有的活动及力量进行连接、联合、调和的工作。

由动态相关性原理可知，总体的作用规模要比各子系统的作用规模之和大，因而要把系统作为一个整体来研究和处理。为了顺利实现建设工程系统目标，必须重视协调管理，发挥系统整体功能。在建设工程监理中，要保证项目的参与各方围绕建设工程开展工作，使项目目标顺利实现，组织协调工作最为重要，也最为困难，是监理工作能否成功的关键，只有通过积极的组织协调才能实现整个系统全面协调控制的目的。

## 二、项目监理组织协调的范围和层次

从系统方法的角度来看，项目监理组织协调的范围分为系统内部的协调和系统外部的协调。系统内部的协调，对于项目监理组织来说，主要有项目监理部内部协调、项目监理部与监理企业的协调；系统外部的协调又分为近外层协调和远外层协调。近外层和远外层的主要区别是，与近外层关联单位一般有合同关系，包括直接的和间接的合同关系，如与业主、设计单位、总包单位、分包单位等的关系；与远外层关联单位一般没有合同关系，但却受法

律、法规和社会公德等的约束，如与政府、项目周边居民社区组织、环保、交通、环卫、绿化、文物、消防、公安等单位的关系。

## 三、项目监理组织协调的工作内容

### （一）项目监理机构内部协调

项目监理机构内部组织协调包括人际关系、组织关系的协调。

1. 项目监理机构内部人际关系的协调

项目监理机构内部人际关系是指项目监理部内部各成员之间以及项目总监和下属之间的关系总和。内部人际关系的协调主要是通过各种交流、活动，增进相互之间的了解和亲和力，促进相互之间的工作支持；另外，还可以通过调解、互谅互让来缓和工作之间的利益冲突，化解矛盾。

项目监理机构工作效率在很大程度上取决于人际关系的协调程度，总监理工程师应首先抓好人际关系的协调，激励项目监理机构成员。

（1）在人员安排上要量才录用　对项目监理机构各种人员，总监理工程师要根据每个人的专长进行安排，做到人尽其才。人员的搭配应注意能力互补和性格互补，人员配置应尽可能少而精，防止出现力不胜任和忙闲不均现象。

（2）在工作委任上要职责分明　总监理工程师对项目监理机构内的每一个岗位，都应订立明确的目标和岗位责任制，应通过职能清理，使管理职能不重不漏，做到事事有人管，人人有专责，同时明确岗位职权。

（3）在成绩评价上要实事求是　谁都希望自己的工作做出成绩，并得到肯定。但工作成绩的取得，不仅需要主观努力，还需要一定的工作条件和相互配合。要发扬民主作风，实事求是地评价下属，以免有人员无功自傲或有功受屈，应使每个人热爱自己的工作，并对工作充满信心和希望。

（4）在矛盾调解上要恰到好处　人员之间的矛盾总是存在的，一旦出现矛盾总监理工程师就应进行调解，要多听取项目监理机构成员的意见和建议，及时沟通，使人员始终处于团结、和谐、热情高涨的工作气氛之中。

2. 项目监理机构内部组织关系的协调

组织关系协调是指项目监理组织内部各部门之间工作关系的协调，如项目监理组织内部的岗位、职能、制度的设置，各部门之间的合理分工和有效协作等。分工和协作同等重要，合理的分工能保证任务之间平衡匹配，有效协作既避免了相互之间利益分割，又提高了工作效率。

项目监理机构内部组织关系的协调可从以下几方面进行：

1）在目标分解的基础上设置组织机构，根据工程对象及委托监理合同所规定的工作内容，设置配套的管理部门。

2）明确规定每个部门的目标、职责和权限，最好以规章制度的形式作出明文规定。

3）事先约定各个部门在工作中的相互关系。在工程建设中许多工作是由多个部门共同完成的，其中有主办、牵头和协作、配合之分。事先约定，才不至于出现误事、脱节等贻误工作的现象。

4）建立信息沟通制度。例如，采用工作例会、业务碰头会、发会议纪要、工作流程图或信息传递卡等方式来沟通信息，这样可使局部了解全局，服从并适应全局需要。

3. 项目监理机构内部需求关系的协调

建设工程监理实施中有人员需求、试验设备需求、材料需求等，而资源是有限的，因此，内部需求平衡至关重要。需求关系的协调可从以下环节进行：

（1）对监理设备、材料的平衡　建设工程监理开始时，总监理工程师要做好监理规划和监理实施细则的编写工作，提出合理的监理资源配置，要注意抓住期限上的及时性、规格上的明确性、数量上的准确性、质量上的规定性。

（2）对监理人员的平衡　总监理工程师要抓住调度环节，注意各专业监理工程师的配合。一个工程包括多个分部分项工程，复杂性和技术要求各不相同，这就存在监理人员配备、衔接和调度问题。例如，土建工程施工的主体阶段与设备安装阶段，工程内容、使用材料、施工工艺及测试手段等有所不同，所以在监理人员配备上亦应有所差别。总监理工程师在监理力量的安排上必须考虑到工程进展情况，作出合理的安排，以保证工程监理目标的实现。

### （二）项目监理机构近外层协调

工程项目实施的过程中，项目监理机构与近外层关联单位的联系相当密切，大量的工作需要互相支持和配合协调，能否如期实现项目监理目标，关键就在于近外层协调工作做得好不好，可以说，近外层协调是所有协调工作中的重中之重。

1. 与业主的协调

我国长期的计划经济体制使得业主合同意识差、随意性大，主要体现在：一是沿袭计划经济时期的基建管理模式，搞“大业主，小监理”，在建设工程上，业主的管理人员有时要比监理人员多或管理层次多，对监理工作干涉多，并插手监理人员应做的具体工作；二是不把合同中规定的权力交给监理单位，致使监理工程师有职无权，发挥不了作用；三是科学管理意识差，在建设工程目标确定上压工期、压造价，在建设工程实施过程中变更多或时效不按要求，给监理工作的质量、进度、投资控制带来困难。因此，与业主的协调是监理工作的重点和难点。监理工程师应从以下几方面加强与业主的协调：

1）监理工程师首先要理解建设工程总目标、理解业主的意图。对于未能参加项目决策过程的监理工程师，必须了解项目构思的基础、起因、出发点，否则可能对监理目标及完成任务有不完整的理解，会给他的工作造成很大的困难。

2）利用工作之便做好监理宣传工作，增进业主对监理工作的理解，特别是对建设工程管理各方职责及监理程序的理解；主动帮助业主处理建设工程中的事务性工作，以自己规范化、标准化、制度化的工作去影响和促进双方工作的协调一致。

3）尊重业主，让业主一起投入建设工程全过程。尽管有预定的目标，但建设工程实施必须执行业主的指令，使业主满意。监理工程师对业主提出的某些不适当的要求，只要不属于原则问题，都可先执行，然后利用适当时机、采取适当方式加以说明或解释；对于原则性问题，可采取书面报告等方式说明原委，尽量避免发生误解，以使建设工程顺利实施。

2. 与承包商的协调

监理工程师对质量、进度和投资的控制都是通过承包商的工作来实现的，所以做好与承包商的协调工作是监理工程师组织协调工作的重要内容。

1）坚持原则，实事求是，严格按规范、规程办事，讲究科学态度。监理工程师在监理工作中应强调各方面利益的一致性和建设工程总目标；监理工程师应鼓励承包商将建设工程实施状况、实施结果和遇到的困难和意见向他汇报，以寻找对目标控制可能的干扰。双方了

解得越多越深刻，监理工作中的对抗和争执就越少。

2）协调不仅是方法、技术问题，更多的是语言艺术、感情交流和用权适度问题。有时尽管协调意见是正确的，但由于方式或表达不妥，反而会激化矛盾，而高超的协调能力则往往能起到事半功倍的效果，令各方面都满意。因此，监理工程师在施工阶段与承包商项目经理关系的协调，对承包商违约行为的处理，以及对进度、质量、合同争议等问题协调管理，既要坚持“政策”，又要讲究“策略”。一个既懂得坚持原则，又善于理解承包商的意见，工作方法灵活，随时可能提出或愿意接受变通办法的监理工程师肯定是受欢迎的。

3. 与分包商的协调

与分包商的协调管理，主要是对分包单位明确合同管理范围，分层次管理。将总包合同作为一个独立的合同单元进行投资、进度、质量控制和合同管理，不直接和分包合同发生关系。对分包合同中的工程质量、进度进行直接跟踪监控，通过总包商进行调控、纠偏。分包商在施工中发生的问题，由总包商负责协调处理，必要时，监理工程师帮助协调。当分包合同条款与总包合同条款发生抵触，以总包合同条款为准。此外，分包合同不能解除总包商对总包合同所承担的任何责任和义务；分包合同发生的索赔问题，一般由总包商负责，涉及总包合同中业主义务和责任时，由总包商通过监理工程师向业主提出索赔，由监理工程师进行协调。

4. 与设计单位的协调

对于设计单位，监理单位和设计单位之间没有直接的合同关系，但从工程实施的实践来看，监理和设计之间的联系还是相当密切的，设计单位为工程项目建设提供图纸，以及工程变更设计图纸等，是工程项目主要相关联单位之一。

因此，监理单位必须协调好与设计单位的工作，以加快工程进度，确保质量，降低消耗。具体应注意以下事项：

1）真诚尊重设计单位的意见，在设计单位向承包商介绍工程概况、设计意图、技术要求、施工难点等时，注意标准过高、设计遗漏、图纸差错等问题，并将其解决在施工之前；施工阶段，严格按图施工；结构工程验收、专业工程验收、竣工验收等工作，约请设计代表参加；若发生质量事故，认真听取设计单位的处理意见，等等。

2）施工中发现设计问题，应及时按工作程序向设计单位提出，以免造成大的直接损失；若监理单位掌握比原设计更先进的新技术、新工艺、新材料、新结构、新设备时，可主动与设计单位沟通。为使设计单位有修改设计的余地而不影响施工进度，协调各方达成协议，约定一个期限，争取设计单位、承包商的理解和配合。

3）注意信息传递的及时性和程序性。监理工作联系单、工程变更单传递，要按规定的程序进行传递。

### （三）项目监理机构远外层协调

建设工程的开展还存在政府部门及其他单位的影响，如政府部门、金融组织、社会团体、新闻媒介等，它们对建设工程起着一定的控制、监督、支持、帮助作用，这些关系若协调不好，建设工程的实施也可能严重受阻。

1. 与政府部门的协调

1）监理单位在进行工程质量控制和质量问题处理时，要做好与工程质量监督站的交流和协调。工程质量监督站是由政府授权的工程质量监督的实施机构，对委托监理的工程，质量监督站主要是核查勘察设计单位、施工单位和监理单位的资质，监督这些单位的质量行为和工程质量。

2）当发生重大质量、安全事故时，在承包商采取急救、补救措施的同时，项目监理机构应敦促承包商立即向政府有关部门报告情况，接受检查和处理。

3）建设工程合同应送公证机关公证，并报政府建设管理部门备案；协助业主的征地、拆迁、移民等工作要争取政府有关部门支持和协作；现场消防设施的配置，宜请消防部门检查认可；监理单位要敦促承包商在施工中注意防止环境污染，坚持做到文明施工。

2. 与社会团体的协调

一些大中型建设工程建成后，不仅会给业主带来效益，还会给该地区的经济发展带来好处，同时给当地人民生活带来方便，因此必然会引起社会各界关注。业主和监理单位应把握机会，争取社会各界对建设工程的关心和支持。这是一种争取良好社会环境的协调。

根据目前的工程监理实践，对远外层关系的协调，应由业主主持，监理单位主要是协调近外层关系。如业主将部分或全部远外层关系协调工作委托监理单位承担，则应在委托监理合同专用条件中明确委托的工作和相应的报酬。

## 四、项目监理组织协调的方法

组织协调工作千头万绪，涉及面广，受主观和客观因素影响较大。为保证监理工作顺利进行，要求监理工程师熟练掌握和运用各种组织协调方法，能够因地制宜、因时制宜地处理问题。监理工程师组织协调可采用如下方法：

### （一）会议协调法

会议协调法是建设工程监理中最常用的一种协调方法，实践中常用的会议协调法包括第一次工地会议、监理例会、专业性监理会议等。

1. 第一次工地会议

第一次工地会议是建设工程尚未全面展开前，履约各方相互认识、确定联络方式的会议，也是检查开工前各项准备工作是否就绪并明确监理程序的会议。第一次工地会议由建设单位主持会议，监理单位、总承包单位的授权代表参加，也可邀请分包单位参加，必要时邀请有关设计单位人员参加。

第一次工地会议应包括以下主要内容：

1）建设单位、承包单位和监理单位分别介绍各自驻现场的组织机构、人员及其分工。

2）建设单位介绍工程开工准备情况。

3）承包单位介绍施工准备情况。

4）建设单位和总监理工程师对施工准备情况提出意见和要求。

5）总监理工程师介绍监理规划的主要内容。

6）研究确定各方在施工过程中参加工地例会的主要人员，召开工地例会周期、地点及主要议题。

7）其他有关事项。

第一次工地会议纪要应由项目监理机构负责起草，并经与会各方代表会签。

2. 监理例会

监理例会是由总监理工程师或其授权的专业监理工程师主持的，组织有关单位研究解决与监理相关问题的会议。参加人有项目总监理工程师（也可为总监理工程师代表）、其他有

关监理人员、承包商项目经理、承包单位其他有关人员，需要时，还可邀请其他有关单位代表参加。监理例会应当定期召开，宜每周召开一次。会议的主要议题如下：

1）检查上次例会议定事项的落实情况，分析未完事项原因。

2）进度计划完成情况，提出下一阶段进度目标及其落实措施。

3）检查分析工程项目质量、施工安全管理状况，针对存在的问题提出改进措施。

4）检查工程量核定及工程款支付情况。

5）解决需要协调的有关事宜。

6）其他有关事项。

会议纪要由项目监理机构起草，经与会各方代表会签，然后分发给有关单位。会议纪要内容如下：

1）会议地点及时间。

2）出席者姓名、职务及他们代表的单位。

3）会议中发言者的姓名及所发表的主要内容。

4）决定事项。

5）诸事项分别由何人何时执行。

3. 专业性监理会议

除定期召开工地监理例会以外，还应根据需要组织召开一些专业性协调会议，如加工订货会、业主直接分包的工程内容承包单位与总包单位之间的协调会、专业性较强的分包单位进场协调会等，均由监理工程师主持会议。

### （二）交谈协调法

在实践中，并不是所有问题都需要开会来解决，有时可采用“交谈”这一方法。交谈包括面对面的交谈和电话交谈两种形式。

由于交谈本身没有合同效力，加上其方便性和及时性，所以建设工程参与各方之间及监理机构内部都愿意采用这一方法进行协调。实践证明，交谈是寻求协作和帮助的最好方法，因为在寻求别人帮助和协作时，往往要及时了解对方的反应和意见，以便采取相应的对策。另外，相对于书面寻求协作，人们更难于拒绝面对面的请求。因此，采用交谈方式请求协作和帮助比采用书面方法实现的可能性要大，所以，无论是内部协调还是外部协调，这种方法使用频率都是相当高的。

### （三）书面协调法

当其他协调方法不方便或不需要时，或者需要精确地表达自己的意见时，就会用到书面协调的方法。书面协调方法的特点是具有合同效力，一般常用于以下几方面：

1）监理指令、监理通知、各种报表、书面报告等。

2）以书面形式向各方提供详细信息及情况通报的报告、信函和备忘录等。

3）会议记录、纪要、交谈内容或口头指令的书面确认。

各相关方对各种书面文件一定要严肃对待，因为它具有合同效力。比如对于承包单位来说，监理工程师的书面指令或通知是具有一定强制力的，即使有异议，也必须执行。

### （四）访问协调法

访问协调法主要用于远外层协调工作中，有走访和邀访两种形式。走访是指监理工程师在建设工程施工前或施工过程中，对与工程施工有关的各政府部门、公共事业机构、新闻媒介或工程毗邻单位等进行访问，向他们解释工程的情况，了解他们的意见。邀访是指监理工程师邀请上述各单位（包括业主）代表到施工现场对工程进行指导性巡视，了解现场工作。因为在多数情况下，这些有关方面并不了解工程，不清楚现场的实际情况，如果进行一些不恰当的干预，会对工程产生不利影响。这个时候，采用访问法可能是一个相当有效的协调方法。

（五）情况介绍法

情况介绍法通常是与其他协调方法紧密结合在一起的，它可能是在一次会议前，或是一次交谈前，或是一次走访或邀访前向对方进行的情况介绍。形式上主要是口头的，有时也伴有书面的。介绍往往作为其他协调的引导，目的是使别人首先了解情况。因此，监理工程师应重视任何场合下的每一次介绍，要使别人能够理解你介绍的内容、问题和困难、你想得到的协助等。

总之，组织协调是一种管理艺术和技巧，监理工程师尤其是总监理工程师需要掌握领导科学、心理学、行为科学方面的知识和技能，如激励、交际、表扬和批评的艺术，开会的艺术，谈话的艺术，谈判的技巧，等等。只有这样，监理工程师才能进行有效的协调。

## 本章小结

建设工程监理组织是为了达到建设项目监理目标而设立的既有分工又有协作的按照一定原则确立的组织机构，它的构成受多种因素的影响。建设工程项目常见的监理组织形式有直线式项目监理组织、职能式项目监理组织、直线职能式项目监理组织、矩阵式项目监理组织。不同的承发包方式适合不同的监理委托方式。平行承发包条件下可以采取独家或多家监理企业进行监理的形式；设计施工总分包条件下可以委托一家监理企业也可按照不同的建设阶段进行监理业务的委托；在工程项目总承包方式、工程项目总承包管理方式及设计施工联合体承包方式下，一般适宜委托独家监理企业进行全面监理。项目监理组织确立的关键在于按照工程项目的具体情况合理划分监理组织机构中各部门的职能及确定各类监理人员的数量及分工；建设工程监理组织协调的范围分为系统内部的协调和系统外部的协调。系统外部的协调又分为近外层协调和远外层协调。近外层和远外层的主要区别是，与近外层关联单位一般有合同关系，包括直接的和间接的合同关系，与远外层关联单位一般没有合同关系；建设工程监理组织协调的方法主要有会议协调法、交谈协调法、书面协调法、访问协调法、情况介绍法等。

## 综合实训

一、单项选择题

1. 对建设单位而言，项目总承包模式的缺点之一是（　　）。

A. 质量控制难度大　　B. 不利于缩短建设工期

C. 组织协调工作量大　　D. 不利于投资控制

2. 直线职能制监理组织形式的缺点之一是（　　）。

A. 多头领导　　B. 纵横向协调工作量大

C. 职能部门与指挥部易产生矛盾　　D. 总监理工程师负担大

3. 不属于总监理工程师职责的是（　　）。

A. 组织编写监理工作专题报告　　B. 参与编写监理月报

C. 签发监理工作阶段报告　　D. 组织编写并签发项目监理工作总结

4. 下列选项中（　　）不是设计或施工总分包模式的优点。

A. 有利于投资控制　　B. 有利于质量控制

C. 有利于工期控制　　D. 缩短建设周期

5. 建立项目监理机构需要：①确定监理任务与工作内容；②确定监理工作目标；③制定工作流程和考核标准；④项目监理组织机构设计。正确工作顺序的是（　　）。

A. ①②③④　　B. ④①③②　　C. ②①④③　　D. ④②①③

6. 适用于监理项目能划分为若干个相对独立子项的大、中型建设项目的是（　　）监理组织形式。

A. 直线职能式　　B. 矩阵式　　C. 职能式　　D. 直线式

7. 监理组织机构中，拥有职能部门的监理组织形式是（　　）。

A. 直线式和职能式　　B. 职能式和矩阵式

C. 直线式和直线职能式　　D. 矩阵式和直线式

8. 建设工程监理工作中最常用的协调方法是（　　）。

A. 会议协调法　　B. 交谈协调法

C. 书面协调法　　D. 访问协调法。

9. 在建设工程监理实施中，总监理工程师代表工程监理企业全面履行建设工程委托监理合同，承担合同中工程监理企业与业主方约定的监理责任与义务，因此工程监理企业应给总监理工程师充分授权，这体现了（　　）的监理实施原则。

A. 公平、独立、自主　　B. 权责一致

C. 总监理工程师是责任主体　　D. 总监理工程师是权利主体

10. 进行项目监理机构的组织结构设计时，首先是选择组织结构形式，然后是（　　）。

A. 划分项目监理机构部门　　B. 合理确定管理跨度、划分组织结构管理层次

C. 确定岗位职责　　D. 配备监理人员

## 二、多项选择题

1. 下列关于委托建设工程监理的说法中，正确的有（　　）。

A. 项目总承包模式下，建设单位宜分阶段委托工程监理企业监理

B. 设计或施工总分包模式下，建设单位应只委托一家工程监理企业监理

C. 项目总承包管理模式下，建设单位应只委托一家工程监理企业监理

D. 平行承发包模式下，建设单位应只委托一家工程监理企业监理

E. 平行承发包模式下，建设单位可以委托一家或多家工程监理企业监理

2. 总监理工程师在项目监理工作中的职责包括（　　）。

A. 审查和处理工程变更　　B. 审批项目监理实施细则

C. 负责隐蔽工程验收　　D. 主持整理工程项目的监理资料

E. 当人员需要调整时，向监理公司提出建议

3.《建设工程监理规范》（GB/T 50319—2013）规定（　　）属于专业监理工程师的职责。

A. 审查和处理工程变更

B. 负责本专业的工程计量工作，审核工程计量的数据和原始凭证

C. 做好监理日记和有关的监理记录

D. 负责本专业分项工程验收及隐蔽工程验收

E. 负责本专业监理工作的具体实施

4. 总监理工程师不得将（　　）等工作委托给总监理工程师代表。

A. 调换不称职监理人员　　B. 主持编写项目监理规划

C. 审核签认竣工结算　　D. 审批项目监理实施细则

E. 审定承包单位的施工组织设计

5. 影响项目监理机构人员数量的主要因素有（　　）。

A. 工程复杂程度　　B. 工程监理企业业务范围

C. 监理人员专业结构　　D. 监理人员技术职称结构

E. 监理机构组织结构和任务职能分工

## 三、简答题

1. 什么是组织和组织结构？

2. 组织设计应遵循的原则是什么？

3. 建设工程承发包模式有哪些？它们的特点及与之对应的监理模式是什么？

4. 建设工程监理活动实施的程序是什么？

5. 建设工程监理活动实施的原则是什么？

6. 设立工程建设项目监理机构应按什么步骤进行？

7. 建设工程项目监理机构人员如何配备？

## 四、案例分析题

【背景】

业主委托一家监理单位对某工程项目实施施工阶段监理。监理合同签订后，总监理工程师分析了工程项目规模和特点，拟按照组织结构设计、确定管理层次、确定监理工作内容、确定监理目标和制定监理工作流程等步骤，来建立本项目的监理组织机构。

【问题】

1. 监理机构的设置步骤有何不妥？应如何改正？

2. 常见的监理组织结构形式有哪几种？若想建立具有机构简单、权力集中、命令统一、职责分明、隶属关系明确的监理组织机构，应选择哪一种组织结构形式？

3. 监理规划中规定监理工程师的职责为：

（1）主持建立监理信息系统，全面负责信息沟通工作。

（2）对所负责控制的目标进行规划，建立实施控制的分系统。

（3）检查确认工序质量，进行检验。

（4）签发停工令、复工令。

（5）实施跟踪检查，及时发现问题及时报告。

以上职责划分有哪些不妥？如何调整？

# 第五章

# 建设工程目标控制

**学习目标：**

了解工程建设项目进度控制、质量控制、投资控制的作用、任务及影响因素；熟悉目标控制基本原理及措施；掌握工程建设项目目标（进度、质量、投资）控制的主要工作内容与方法，工程质量事故的分析与处理；具有一般建设工程目标控制的基本能力。

## 第一节　概　述

### 一、目标控制的基本原理

在管理学中，控制通常是指管理人员按计划标准来衡量所取得的成果，纠正所发生的偏差，使目标和计划得以实现的管理活动。管理首先开始于确定目标和制订计划，继而进行组织和人员配备，并进行有效的领导，一旦计划付诸实施或运行，就必须进行控制和协调，检查计划实施情况，找出偏离目标和计划的误差，确定应采取的纠正措施，以实现预定的目标和计划。控制是建设工程监理的重要管理活动。

（1）控制流程　控制流程始于计划，项目按计划投入人力、材料、设备、机具、方法等资源和信息，工程得以进展，并不断输出实际的工程状况和实际的投资、进度、质量情况的信息。由于外部环境和内部系统的各种因素变化的影响，实际输出的投资、进度、质量可能偏离计划目标。控制人员收集实际状况信息和其他有关信息，进行整理、分类、综合，提出工程状况报告。控制部门根据工程状况报告，将项目实际完成的投资、进度和质量状况与相应的计划目标进行比较，以确定是否发生了偏离。如果计划运行正常，按计划继续进行；反之，如果已经偏离计划目标，或者预计将要偏离，就需要采取纠正措施，或改变投入、或采取其他纠正措施，使计划呈现一种新状态，使工程能够在新的计划状态下顺利进行。控制流程图如图 5-1 所示。

（2）控制流程的基本环节　控制流程的各项工作可概括为投入、转换、反馈、对比、纠正五个基本环节，如图 5-2 所示。

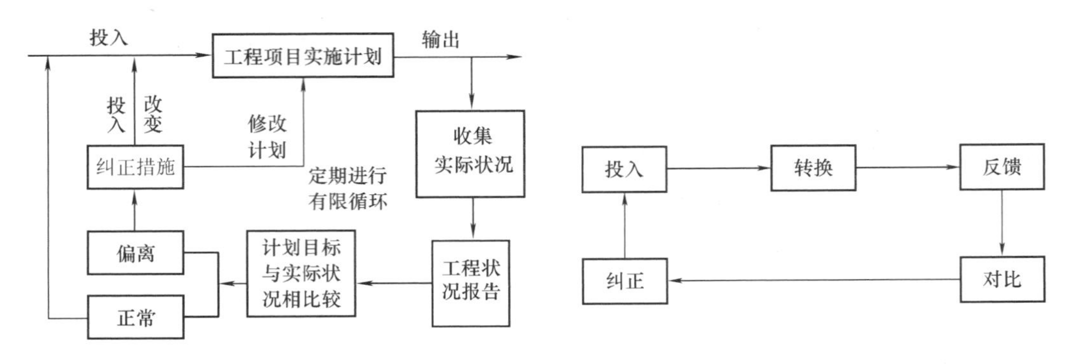


图5-1　控制流程图　　图5-2　控制流程的基本环节

1）投入是控制流程的开端，即按计划投入人力、财力、物力，是整个控制工作的开始。计划确定的资源数量、质量和投入的时间是保证计划实施的基本条件和实现目标的保障。监理工程师应加强对“投入”的控制，为整个控制工作的顺利进行奠定基础。

2）转换主要是指工程项目由投入到产出的过程，也就是工程建设目标实现的过程。在转换过程中，计划的运行往往受到来自外部环境和内部各因素的干扰，造成实际工程偏离计划轨道。同时计划本身存在着不同程度的问题，造成期望输出和实际输出偏离的现象。鉴于以上原因，监理工程师应当做好“转换”环节的控制工作，具体主要有：跟踪了解工程进展情况，掌握工程转换的第一手资料，为今后分析偏差原因、确定纠正措施提供可靠的依据；对于可以及时解决的问题，采取“即时控制”措施，发现偏离，及时纠偏，避免后患。

3）反馈是控制的基础工作，是把各种信息返送到控制部门的过程。反馈信息包括已经发生的工程概况、环境变化等信息，还包括对未来工程预测的信息。信息反馈的方式可以分成正式和非正式的两种。正式反馈信息是指书面的工程状况报告一类的信息，它是控制过程中应当采用的主要反馈方式。非正式反馈主要指口头方式，在控制过程中同样很重要，在具体工程监理业务实施期间非正式反馈信息应当转化为正式反馈信息。无论是正式反馈信息，还是非正式反馈信息，应当满足全面、准确、及时的要求。

4）对比是将实际目标成果与计划目标比较，以确定是否偏离。偏离是指实际输出的目标值超过计划目标值允许偏差的范围，并需要采取纠正措施的情况。对比的工作步骤可以分为两步：首先，收集工程实际成果并加以分类、归纳；其次，对实际成果与计划目标值（包括标准、规范）进行对比并判断是否发生偏离。

5）纠正是对于偏离的情况采取措施加以处理的过程。偏离根据其程度不同可分为轻度偏离、中度偏离和重度偏离。如果是轻度偏离，则不改变原定目标的计划值，基本不改变原定实施计划，在下一个控制周期内，使目标的实际值控制在计划值范围内，即直接纠偏；如果是中度偏离，则采用不改变总目标的计划值，调整后期实施计划的方法进行纠偏；如果是重度偏离，则要分析偏离原因，重新确定目标的计划值，并据此重新制订实施计划。

投入、转换、反馈、对比和纠正五大环节性工作，在控制过程中缺一不可，构成一个循环链，因此监理工程师对每一个环节都应重视，并做好各项工作，控制才能得以实现。

## 二、控制的类型

根据划分标准的不同，控制可分为多种类型。按照事物发展的过程，控制可分为事前控制、事中控制、事后控制；按照纠正措施和控制信息的来源，控制可分为前馈控制和反馈控制；按照是否形成回路，可分为开环控制和闭环控制；按照制定控制措施的出发点，控制可分为主动控制和被动控制。

1. 主动控制

主动控制是事前控制，又是前馈式控制，是面对未来的控制。主动控制的最主要特点就是事前分析和预测目标值偏离的可能性，并采取相应的预防措施。因为主动控制是面对未来的控制，有一定的难度和不确定性，所以监理工程师更应当注意预测结果的准确性和全面性，应做到：详细分析影响计划运行的各项有利和不利的因素；识别风险、做好风险管理工作；科学合理确定计划；做好组织工作；制订必要的备用方案；加强信息收集、整理和研究工作。

2. 被动控制

被动控制是事后控制，又是反馈控制，是面对现实和过去的控制。被动控制是根据被控系统输出情况，将实际值与计划值进行比较，确认是否有偏离，并根据偏离程度，分析原因采取相应措施进行纠正的控制过程。

3. 主动控制和被动控制的关系

主动控制和被动控制对监理工程师而言缺一不可，进行项目目标控制两种控制方式同样很重要。有些人认为具备一定控制经验的监理工程师，在控制阶段只采取主动控制措施就可以，被动控制是指被那些没有控制经验的监理人员采用的控制方式，这种认识是片面的，并且扭曲了两种控制的关系。主动控制的效果虽然比被动控制好，但是，仅仅采取主动控制措施是不现实的，因为工程建设过程中有许多风险因素（如政治、社会、自然等因素）是不可预见甚至是无法防范的。并且，采取主动控制措施往往要耗费一定的资金和时间，对于发生概率小且发生后损失也较小的情况，采取主动控制措施有时可能是不经济的。因此，最有效的控制是应当把主动控制和被动控制紧密结合起来，力求加大主动控制在控制过程中的比例，同时进行必要的被动控制（图 5-3）。

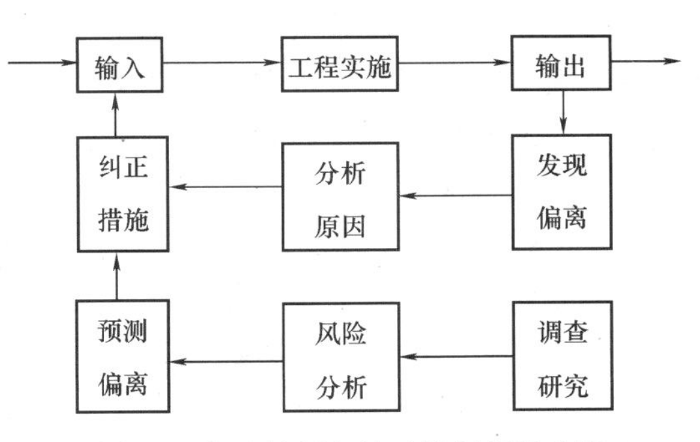


图5-3 主动控制与被动控制相结合图

## 三、控制措施

目标控制措施主要有组织措施、技术措施、经济措施、合同措施等。

（1）组织措施 组织措施主要是采取组织机构的合理建立和完善达到目标控制的目的，

具体有：建立健全监理组织，完善职责分工及有关制度，落实目标控制的责任，协调各种关系。

（2）技术措施　技术措施是目标控制的重要措施之一。在三大控制中，具体技术措施有：投资控制方面，推选限额设计和优化设计，合理确定标底及合同价，合理确定材料设备供应厂家，审核施工组织设计和施工方案，合理开支施工措施费，避免不必要的赶工费；进度控制方面，建立网络计划和施工作业计划，增加同时作业的施工面，采用高效的施工机械设备，采用施工新工艺和新技术，缩短工艺过程间和工序间的技术间歇时间；质量控制方面，优化设计和完善设计质量保证体系，在施工阶段严格进行全过程质量控制。

（3）经济措施　经济措施在目标控制时很难能够独立使用，主要和其他措施相结合使用。具体有：投资控制方面，及时进行计划费用与实际开支费用比较分析，对优化设计给予一定的奖励；进度控制方面，对工期提前者实行奖励，对应急工程采用较高的计件单价，确保资金的及时供应；在质量控制方面，不符合质量要求的工程拒付工程款，优良工程支付质量补偿金或奖金。

（4）合同措施　合同措施具体有：按合同条款支付工资，防止过早、过量的现金支付；全面履约，减少对方提出索赔的条件和机会；正确处理索赔；按合同要求，及时协调有关各方的进度。

## 四、目标控制的前提工作

为了有效地进行目标控制，必须做好两项重要的前提工作：一是目标规划和计划；二是目标控制的组织。

1. 目标规划和计划

它是指以实现目标控制为目的的规划和计划。目标规划是目标控制的基础和前提。如果没有目标，就无所谓控制；而如果没有计划，就无法实施控制。因此，必须对目标进行合理的规划并制订相应的计划，只有做好目标规划的各项工作才能有效地实施目标控制。

目标控制的效果在很大程度上取决于目标规划和计划的质量，目标规划和计划越明确、越具体、越全面，目标控制的效果就越好。如果目标规划和计划的质量和水平不高，那么，就很难取得很好的目标控制效果。目标控制能够取得理想成果与目标规划和计划在以下几方面的质量有直接关系。

（1）正确地确定项目目标　若要有效地控制目标，首先要正确地确定目标。要做到这一点，则需要监理工程师积累足够的有关工程项目的目标数据，建立项目目标数据库，并且能够把握、分析、确定各种影响目标的因素以及确定它们影响量的方法。正确地确定项目投资、进度、质量目标，监理工程师必须全面而详细地占有拟建项目的目标数据，并且能够看到拟建项目的特点，找出拟建项目与类似的已建项目之间的差异，计算出这些差异对目标的影响量，从而确定拟建项目的各项目标。

（2）正确地分解目标　为了有效开展投资、进度、质量控制，需要将各项目标进行分解。目标分解应当满足目标控制的全面性要求。例如，项目投资是由建筑工程费、工器具购置费以及其他费组成，为了实施有效控制就要将目标按建设费用组成进行分解；由于构成项目的每一部分都占用投资，因此，需要按项目结构进行投资分解；由于项目资金总是分阶段、分期支出的，为了合理地使用资金，有必要将投资按使用时间进行分解。目标分解还应当与组

织结构保持一致。这是因为目标控制总是由机构、人员来进行的，它是与机构、人员任务职能分工密切相关的。

（3）制订既可行又优化的计划　实现目标离不开计划，编制计划包括选择确定目标、任务、过程和行动。它需要作出决策，在各种方案里选择实施的路线。计划工作是所有管理工作中永远处于领先地位的工作。只有制订了计划，使管理人员了解目标、任务和行动，才能引导组织成员为实现组织的目标做出贡献，才能提出评价标准、实现有效控制。所以，计划是目标控制的重要依据和前提。计划是否可行、是否优化，直接影响目标能否顺利实现。

2. 目标控制的组织

由于建设工程目标控制的所有活动以及计划的实施都是由目标控制人员来实现的，因此，如果没有明确的控制机构和人员，目标控制就无法进行；或者虽然有了明确的控制机构和人员，但其任务和职能分工不明确，目标控制就不能有效地进行。这表明，合理而有效的组织是目标控制的重要保障。目标控制的组织机构和任务分工越明确、越完善，目标控制的效果就越好。为了有效地进行目标控制，需要做好以下几个方面的组织工作：

1）设置目标控制机构。

2）配备合适的目标控制人员。

3）落实目标控制机构和人员的任务和职能分工。

4）合理组织目标控制的工作流程和信息流程。

## 五、建设工程目标系统

任何建设工程都有投资、进度和质量三大目标，这三大目标构成了建设工程的目标系统。

任何工程项目都是在一定的投资额度内和一定的投资限制条件下实现的；任何工程项目都要受到时间的限制，都有明确的项目进度和工期要求；任何工程项目都要实现它的功能要求、达到使用要求和其他有关的质量标准。所以说，建设工程监理的中心任务就是帮助业主实现其投资目的，即在计划的投资和工期内，按规定质量完成项目建设。

建设工程目标不是单一目标，而是由多个目标组成的目标系统，监理工程师在进行目标控制过程中，强调目标的整体性及这些目标之间的相互关系是非常重要的。

建设工程目标控制工作的好坏直接影响业主的利益，同时也反映监理企业的监理效果。

## 六、投资、进度、质量三大目标的关系

工程建设项目三大目标之间具有相互依存、相互制约的关系，既存在矛盾的一面，又存在统一的一面，监理工程师在监理活动中应牢牢把握三大目标之间的对立统一关系。

1. 工程项目三大目标之间存在对立关系

工程项目投资、进度、质量三大目标之间存在着矛盾和对立的关系。例如，如果提高工程质量目标，就要投入较多的资金、需要较长的时间；如果要缩短项目的工期，投资就要相应提高或者不能保证工程质量；如果要降低投资，就会降低项目的功能要求和工程质量。

2. 工程项目三大目标之间存在统一关系

工程项目投资、进度和质量三大目标之间存在统一的关系。例如，适当增加投资额，为

加快进度措施提供经济条件，就可以加快项目建设进度，缩短工期，使项目提前交付使用，投资尽早收回，项目的全寿命成本降低，经济效益会得到提高；适当提高项目功能要求和质量标准，虽然会造成一次性投资额的增加和工期的延长，但能够节约项目动用后的经常费用和维修费用，从而获得更好的经济效益；如果项目进度计划制订得既可行又经过优化，使工程进展具有连续性、均衡性，则不但可以缩短施工工期，而且有可能获得较高的质量和较低的成本费用。

监理工程师在开展目标控制活动时，应注意以下事项：

1）工程项目进行目标控制时，注意统筹兼顾，合理确定投资、进度和质量目标的标准。

2）要针对目标系统实施控制，防止发生单一目标追求，干扰和影响其他目标的实现。

3）以实现项目目标系统作为衡量目标控制效果的标准，追求系统目标的实现，做到各目标的互补。

## 七、建设工程目标的分解

为了在建设工程实施过程中有效地进行目标控制，仅有总目标还不够，还需要将总目标进行适当的分解。

1. 目标分解的原则

建设工程目标的分解应遵循以下几个原则：

（1）能分能合　这要求建设工程的总目标能够自上而下逐层分解，也能够根据需要自下而上逐层综合。这一原则实际上是要求目标分解要有明确的依据并采用适当的方式，避免目标分解的随意性。

（2）按工程部位分解，而不按工种分解　这是因为建设工程的建造过程也是工程实体的形成过程，这样分解比较直观，而且可以将投资、进度、质量三大目标联系起来，也便于对偏差原因进行分析。

（3）区别对待，有粗有细　根据建设工程目标的具体内容、作用和所具备的数据，目标分解的粗细程度应当有所区别。例如，在建设工程的总投资构成中，有些费用数额大，占总投资的比例大，而有些费用则相反。从投资控制工作的要求来看，重点在于前一类费用。因此，对前一类费用应当尽可能分解得细一些、深一些；而对后一类费用则分解得粗一些、浅一些。另外，有些工程内容的组成非常明确、具体（如建筑工程、设备等），所需要的投资和时间也较为明确，可以分解得很细；而有些工程内容则比较笼统，难以详细分解。因此，对不同工程内容目标分解的层次或深度，不必强求一律，要根据目标控制的实际需要和可能来确定。

（4）有可靠的数据来源　目标分解本身不是目的而是手段，是为目标控制服务的。目标分解的结果是形成不同层次的分目标，这些分目标就成为各级目标控制组织机构和人员进行目标控制的依据。如果数据来源不可靠，分目标就不可靠，就不能作为目标控制的依据。因此，目标分解所达到的深度应当以能够取得可靠的数据为原则，并非越深越好。

（5）目标分解结构与组织分解结构相对应　如前所述，目标控制必须要有组织加以保障，要落实到具体的机构和人员，因而就存在一定的目标控制组织分解结构。只有使目标分解结构与组织分解结构相对应，才能进行有效的目标控制。当然，一般而言，目标分解结构较细、

层次较多，而组织分解结构较粗、层次较少，目标分解结构在较粗的层次上应当与组织分解结构一致。

2. 目标分解的方式

建设工程的总目标可以按照不同的方式进行分解。对于建设工程投资、进度、质量三个目标来说，目标分解的方式并不完全相同，其中，进度目标和质量目标的分解方式较为单一，而投资目标的分解方式较多。

按工程内容分解是建设工程目标分解最基本的方式，适用于投资、进度、质量三个目标的分解。但是，三个目标分解的深度不一定完全一致。一般来说，将投资、进度、质量三个目标分解到单项工程和单位工程是比较容易办到的，其结果也是比较合理和可靠的。在施工图设计完成之前，目标分解至少都应当达到这个层次。至于是否分解到分部工程和分项工程，一方面取决于工程进度所处的阶段、资料的详细程度、设计所达到的深度等；另一方面取决于目标控制工作的需要。

## 第二节　建设工程投资控制

### 一、建设工程投资的概念及构成

建设工程投资，一般是指工程项目建设所需要的全部费用的总和。生产性建设工程总投资包括建设投资和铺底流动资金投资两部分，非生产性建设总投资只包括建设投资。

建设工程投资主要由建筑安装工程费、设备工器具购置费、工程建设其他费用、预备费、建设期贷款利息等构成。

建设投资可分为静态投资和动态投资两部分。其中，静态投资包括建筑安装工程费、设备工器具购置费、工程建设其他费用和基本预备费；而动态投资则包括建设期贷款利息、涨价预备费、新开征税费和汇率变动部分。

### 二、建设工程投资控制的概念

所谓建设工程投资控制，就是在投资决策阶段、设计阶段、建设项目发包阶段和施工阶段以及竣工阶段，把建设项目投资控制在批准的限额以内，随时纠正发生的偏差，以保证项目投资管理目标的实现，以求在各个建设项目中能合理使用人力、物力、财力，取得较好的投资效益和社会效益。

建设工程投资控制工作，必须有明确的控制目标，并且在不同的控制阶段设置不同的控制目标。投资估算是设计方案选择和进行初步设计的投资控制目标；设计概算是进行技术设计和施工图设计的投资控制目标；施工图预算或建安工程承包合同价则是施工阶段控制建安工程投资的目标。有机联系的阶段目标相互制约，相互补充，前者控制后者，后者补充前者，共同组成项目投资控制的目标系统。

建设工程投资控制，不是单一目标控制。控制项目投资目标，必须兼顾质量目标和进度目标。保证质量、进度合理的前提下，把实际投资控制在目标值以内。

## 三、建设工程投资控制的作用

1）在管理上改善投资环境，实现投资监督，确保资金的合理使用，使资金和资源得到有效利用，以达到最佳的投资效益。

2）促进施工单位实行内部管理体制改革，探索工程建设成本的降低措施，提高劳动生产率，加快进度，提高质量。

3）积累资料，建立成本控制信息网络，为工程建设进度、质量、投资控制提供反馈信息，为提高工程管理水平提供资料和依据。

## 四、建设工程项目决策阶段投资控制

建设工程项目的决策阶段是对项目投资控制影响最大的阶段，所以决策阶段合理确定投资总额、控制投资是监理工程师做好投资控制的基础。决策阶段的投资控制主要体现在投资估算、项目评价等方面。

1. 建设工程投资估算

建设工程投资估算是进行项目决策的主要依据，是建设项目投资的最高限额，是资金筹措、设计招标、优选设计单位和设计方案的依据。在决策阶段应采用适当的估算方法，合理确定估算投资。工程项目的投资估算方法很多，如资金周转率法、生产能力指数法、比例估算法、系数估算法、指标估算法等。

投资估算工作可分为项目规划阶段的投资估算、项目建议书阶段的投资估算、初步可行性研究阶段的投资估算、详细可行性研究阶段的投资估算。不同阶段所具备的条件、掌握的资料和投资估算的要求不同,因而投资估算的准确程度在不同阶段也不同。在项目规划阶段，投资估算的误差率可大于 ±30%；项目建议书阶段，投资估算的误差率控制在 ±30% 以内；初步可行性研究阶段，投资估算的误差率控制在 ±20% 以内；详细可行性研究阶段，投资估算的误差率控制在 ±10% 以内。

2. 项目评价

项目评价主要包括经济评价、环境影响评价和社会评价等内容。

（1）经济评价　项目的经济评价是项目可行性研究的有机组成部分和重要内容，是项目决策科学化的重要手段。经济评价的目的是根据国民经济和社会发展战略和行业、地区发展规划的要求，在做好产品（服务）市场需求预测及厂址选择、工艺技术选择等工程技术研究的基础上，计算项目的效益和费用，通过多方案的比较，对拟建项目的财务可行性和经济合理性进行分析论证，做出全面的经济评价，为项目的科学决策提供依据。

（2）环境影响评价　工程项目一般会引起项目所在地自然环境、社会环境和生态环境的变化，对环境状况、环境质量产生不同程度的影响。环境影响评价是在研究确定厂址方案和技术方案中，调查研究环境条件，识别和分析拟建项目影响环境的因素，研究提出治理和保护环境的措施，比选和优化环境保护方案。

（3）社会评价 社会评价是分析拟建项目对当地社会的影响和当地社会条件对项目的适应性和可接受程度，评价项目的社会可行性。社会评价适应于那些社会因素较复杂，社会影响较为显著，社会矛盾较为突出，社会风险较大的投资项目。

## 五、建设工程项目设计阶段投资控制

设计阶段是确定投资额的重要阶段，也是投资控制的关键阶段。在设计阶段，监理企业投资控制的主要任务是通过收集类似项目投资数据和资料，协助业主制定项目投资目标规划；开展技术经济分析活动，协调和配合设计单位力求使设计投资合理化；审核概算，提出改进意见，优化设计，最终满足业主对项目投资的经济性要求。具体工作主要包括组织方案竞赛、多方案优化设计、审查工程概算、管理设计合同等。

### （一）设计方案的优选

设计方案优选是设计阶段的重要工作内容，是控制项目投资的有效途径。设计方案优选的目的在于通过竞争和运用技术经济评价的方法，选出技术上先进、功能满足需要、经济上合理、使用安全可靠的设计方案。目前，国内优选设计方案主要采取设计招投标、设计方案竞选、限额设计，运用价值工程优化设计方案和对设计方案进行技术经济评价等方法来实现技术与经济的统一和工程项目投资对设计的主动控制。这里主要介绍价值工程理论和限额设计在设计阶段的应用。

#### 1. 价值工程及其在设计阶段的应用

价值工程，又称价值分析，是运用集体智慧和有组织的活动，着重对产品进行功能分析，使之以最低的总成本，可靠地实现产品的必要功能，从而提高产品价值的一套科学的技术经济分析方法。这里的“价值”，是指功能与实现这个功能所耗费用（成本）的比值。其表达式为：

$$V=F/C$$

式中 $V$——价值；

$F$——功能；

$C$——成本。

（1）价值工程的工作步骤 价值工程的工作步骤大致可分为12步：价值工程对象选择；组成价值工程小组；制订工作计划；收集整理信息资料；功能系统分析；功能评价；提出改进方案；方案评价与选择；提案编写；审批；实施与检查；成果鉴定。这些步骤可概括为准备阶段、分析阶段、创新阶段和实施阶段四个阶段。

（2）价值工程在设计阶段的应用 对不同的工程项目而言，可供选择的设计方案较多。对各方案进行技术经济评价，选择既能保证必要功能，又能降低成本的设计方案，价值工程原理是个较理想的方法。设计方案的选择过程基本如下几个阶段：第一，对设计方案的功能分析和评价，计算出功能系数；第二，对设计方案的投资费用进行计算，确定成本系数；第三，利用价值公式，计算出价值系数；第四，利用价值系数，以价值系数最大者作为最优方案的原理选择设计方案。

#### 2. 限额设计的应用

限额设计是按照批准的投资估算控制初步设计，按照批准的初步设计总概算控制技术设计或施工图设计，同时各专业在保证达到使用功能的前提下，按分配的投资限额控制设计，严格控制技术设计和施工图设计的不合理变更，保证总投资限额不被突破。限额设计的控制对象是影响工程设计静态投资的项目。限额设计的主要内容包括：

1）投资决策阶段要提高投资估算的准确性，合理确定设计限额目标。

2）初步设计阶段重视设计方案比选，把设计概算造价控制在批准的投资估算限额内。

3）施工图设计阶段要认真进行技术经济分析，使施工图设计预算控制在设计概算内。

4）加强设计变更管理。

5）限额设计中树立动态管理的观念。

### （二）设计概算的编制与审查

设计概算是指在初步设计或扩大初步设计阶段，根据设计要求对工程造价进行的概略计算，是设计文件的组成部分。设计概算是先做单位工程概算，然后再逐级汇总成单项工程综合概算及建设项目总概算。监理工程师审查工程概算，首先必须熟悉概算编制方法。

#### 1. 单位工程概算的主要编制方法

（1）建筑工程概算编制的主要方法

1）扩大单价法　当初步设计达到一定深度，建筑结构比较明确时采用该方法。它是根据初步设计图纸资料和概算定额的项目划分计算出工程量，然后套用概算定额单价（基价），计算汇总后，再计取有关费用，便可得出单位工程概算造价。

2）概算指标法　当初步设计深度不够，不能准确计算出工程量，但工程设计时采用技术比较成熟而又有类似工程概算指标可以利用时，可采用此法。由于拟建工程往往与类似工程的概算指标的技术条件不尽相同，而且概算指标编制年份的设备、材料、人工等价格与拟建工程当时当地的价格也不会完全一样，因此应用概算指标时，应根据具体情况进行调整。

（2）设备购置及安装工程概算的编制方法

1）设备购置概算的编制　设备购置费包括设备原价和运杂费。国产标准设备的原价一般是根据设备的型号、规格、性能、材质、数量及附带的配件，向制造厂家询价或向设备、材料信息部门查询或按主管部门规定的现行价格逐项计算。非主要标准设备和工器具、生产家具的原价可按主要标准设备原价的百分比计算，百分比指标按主管部门或地区有关规定执行。非标准设备的原价可以用不同的指标法进行计算。

2）设备安装工程概算的编制　设备安装工程概算主要有：预算单价法、扩大单价法、设备价值百分比法和综合吨位指标法等多种编制方法。

#### 2. 单项工程综合概算编制方法

单项工程综合概算是以其所属的建筑工程概算表和设备安装工程概算表为基础汇总编制的。当建设项目只有一个单项工程时，单项工程综合概算还包括工程建设其他费用和预备费的概算。单项工程综合概算的内容主要有：编制说明、综合概算表。

#### 3. 建设工程总概算编制方法

建设工程总概算，是确定整个建设工程从筹建到竣工交付使用所预计花费的全部费用的文件，由组成建设项目的各单项工程综合概算及工程建设其他费用和预备费等汇总编制而成。

#### 4. 设计概算的审查

监理工程师对建设项目的概算应进行审查。审查概算有利于核定建设项目的投资规模，

可以使建设项目总投资做到准确、完整，防止任意扩大投资规模或出现漏项，从而减少投资缺口、缩小概算与预算之间的差距，避免故意压低概算投资，导致实际造价大幅度地突破概算。概算审查主要包括审查编制依据、编制深度、建设规模和标准、工程量、计价指标等多方面的内容。

（三）施工图预算的编制与审查

施工图预算是设计阶段控制工程造价的重要环节，是施工图设计不突破设计概算的重要措施。其编制方法主要有单价法和实物法两种。

1. 单价法

单价法是用事前编制好的分项工程单位估价表来编制施工图预算的方法。按施工图计算各分项工程的工程量，并乘以相应的各分项工程预算单价，汇总相加，得到单位工程的人工费、材料费、机械使用费之和；再加上按规定程序计算出来的间接费、措施费、利润和税金，便可得出单位工程的施工图预算造价。单价法编制施工图预算的基本步骤如图 5-4 所示。

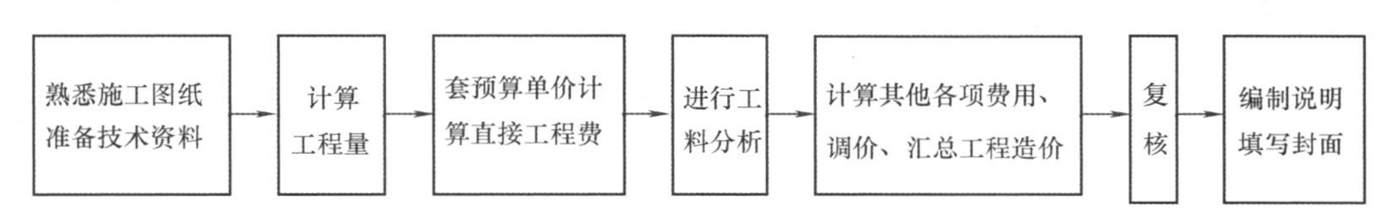


图 5-4　单价法编制施工图预算的基本步骤

2. 实物法

实物法是首先根据施工图纸分别计算出分项工程量，然后套用相应预算人工、材料、机械台班的定额用量，计算出人工、材料、机械台班的消耗量，再分别乘以工程所在地当时的人工、材料、机械台班的实际单价，求出单位工程的人工费、材料费和施工机械使用费，并汇总求和，进而求得直接工程费，最后按规定计取其他各项费用，最后汇总就可得出单位工程施工图预算造价。实物法编制施工图预算的基本步骤如图 5-5 所示。

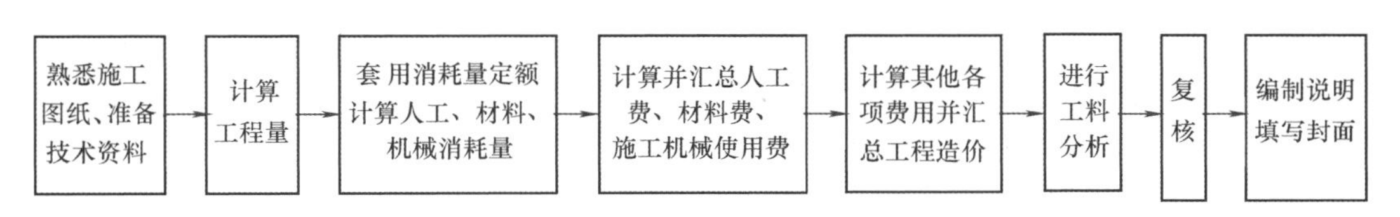


图 5-5　实物法编制施工图预算的基本步骤

3. 施工图预算的审查

施工图预算的审查重点是：施工图预算的工程量计算是否准确，定额或单价套用是否合理，各项取费标准是否符合现行规定等方面。审查可采用全面审查、筛选审查、对比审查、重点审查等多种方式，以保证投资控制的有效性。

## 六、建设工程项目招标阶段投资控制

监理工程师在工程招投标阶段投资控制的主要工作是招标前协助业主编制标底、拟定招标文件、进行招标前的准备，招标过程中，对投标单位的情况及报价进行分析并向业主推荐合理的报价，进行评标，中标人确定后协助业主与承包商签订工程承包合同。监理工程师必须掌握报价的形成过程，这里重点介绍工程量清单和标底的编制原理。

### （一）工程量清单

#### 1. 工程量清单的概念和作用

工程量清单是指按照招标要求和施工设计图纸要求将拟建招标工程的全部项目和内容，依据统一的工程量计算规则、现行预算定额或综合预算定额子目分项要求，计算拟建招标工程的分部分项实物工程量，按工程部位性质分部分项以及按某一构件列在清单上作为招标文件的组成部分，供投标单位逐项填单价。工程量清单的作用主要有：

1）为投标者提供一个公开、公平、公正的竞争环境。

2）它是计价和询标、评标的基础。

3）为施工过程中支付工程进度款提供依据。

4）为办理工程结算、竣工结算及工程索赔提供重要依据。

5）设有标底价格的招标工程，招标人利用工程量清单编制标底价格，供评标时参考。

#### 2. 工程量清单的内容和编制依据

根据我国现行《建设工程工程量清单计价规范（GB 50500—2013）》要求，工程量清单应由分部分项工程量清单、措施项目清单、其他项目清单、规费项目清单、税金项目清单构成。工程量清单编制的依据是：

1）《建设工程工程量清单计价规范（GB 50500—2013）》和相关工程的国家计量规范。

2）国家或省级、行业建设行政主管部门颁发的计价依据和办法。

3）建设工程设计文件。

4）与建设工程有关的标准、规范、技术资料。

5）拟定的招标文件。

6）施工现场情况、工程特点及常规施工方案。

7）其他相关资料。

### （二）标底的编制和审查

标底是指由招标单位自行编制或委托具有编制标底资格和能力的中介机构代理编制，并按规定上报并经审定的招标工程的预期价格，而非交易价格。

#### 1. 编制标底应遵循的原则

1）根据国家公布的统一工程项目划分、统一计量单位、统一计算规则以及施工图纸、招标文件，并参照国家制定的基础定额和国家、行业、地方规定的技术标准规范，以及市场价格确定工程量和编制标底。

2）按招标文件规定的工程项目类别计价。

3）应力求与市场的实际变化吻合，要有利于竞争和保证工程质量。

4）标底应控制在批准的总概算（或修正概算）及投资包干的限额内。

5）标底应考虑人工、材料、设备、机械台班单价等价格变化因素，还应包括措施费、间接费、利润和税金以及不可预见费。采用固定价格的还应考虑工程的风险金等。

6）一个工程只能编制一个标底。

7）标底编制完成之后，应密封报送招标管理机构审定。审定后必须及时妥善封存，直

至开标时，所有接触过标底价格的人员均负有保密责任，不得泄漏。

2. 标底的编制方法

建设工程标底的编制方法主要有工料单价法和综合单价法。

（1）工料单价法　根据施工图纸及技术说明，按照预算定额的分部分项工程子目，逐项计算出工程量，再套用定额单价（或单位估价表）确定直接费，然后按规定的费用定额确定其他措施费、间接费、利润和税金，还要加上材料调价系数和适当的不可预见费，汇总后即为工程预算，也就是标底的基础。在此基础上还必须考虑以下因素：第一，标底必须反映目标工期的要求，应将目标工期对照工期定额，按提前天数给出必要的赶工费和奖励，并列入标底；第二，标底必须反映招标方的质量要求，应体现优质优价；第三，标底必须考虑建筑材料采购渠道和市场价格的变化，考虑材料差价因素；第四，标底必须考虑招标工程的自然地理条件和招标工程范围等因素。

（2）综合单价法　利用综合单价法编制标底时，其各分部分项工程的单价应包括人工费、材料费、机械费、措施费、间接费、有关文件规定的调价、利润、税金以及采用固定价格风险金等全部费用。综合单价确定后，再与各分部分项工程量相乘汇总，即可得到标底价格。

3. 标底审查

对于实行招标承包的工程项目，必须加强标底的审查。未经招标管理机构审查的标底一律无效。标底的审查内容主要包括工程量的审查和单价的审查。其审查方法与概预算的审查方法基本相同。

## 七、建设工程项目施工阶段投资控制

工程建设施工阶段是资金投放量最大的阶段，又是合同双方利益冲突最大的阶段，再加上施工阶段持续时间长、动态性强等特点，施工阶段进行投资控制是非常重要的。监理工程师在工程项目施工阶段投资控制的主要工作包括编制资金使用计划、审核工程款支付、审核工程变更、工程计量及工程款结算、处理索赔。

### （一）编制资金使用计划

在施工阶段进行投资控制的基础和前提是合理确定投资资金使用计划。资金使用计划编制过程中最重要的步骤，就是项目投资目标的分解。根据投资控制目标和要求的不同，投资目标的分解可以分为按投资构成、按子项目、按时间进度分解三种类型。

1. 按投资构成分解的资金使用计划

工程项目投资构成主要包括建筑安装工程投资、设备工器具购置投资以及工程建设其他投资构成。工程项目的投资总目标可以按图 5-6 分解。这种分解法主要适合于有大量经验数据的工程项目。

2. 按子项目分解的资金使用计划

大中型工程项目通常是由若干单项工程组成的，而每个单项工程包括了多个单位工程，每个单位工程又是若干个分部分项工程所组成的，因此把项目总投资可以按图 5-7 分解。

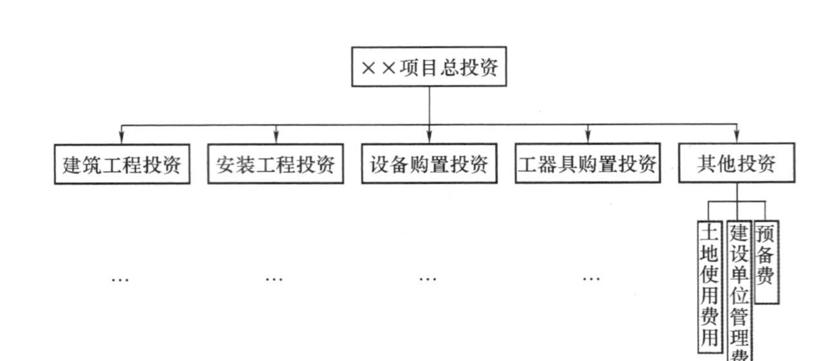


图5-6　按投资构成分解投资目标

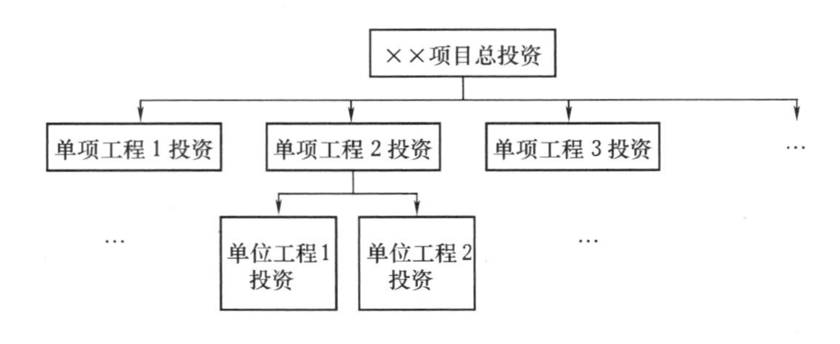


图5-7　按子项目分解投资目标

3. 按时间进度分解的资金使用计划

工程项目的投资是分阶段、分期支出的，资金应用是否合理与资金的使用时间安排有密切关系。编制按时间进度的资金使用计划，通常先确定施工进度计划，然后在此基础上按时间—投资累计曲线的形式作出投资计划。其基本步骤：

第一步，确定工程进度计划。

第二步，根据每单位时间内完成的工程量或投入的人力、物力和财力，计算单位时间的投资，在时标网络上按时间编制投资支出计划。

第三步，计算规定时间点的计划累计完成的投资额。

第四步，按各规定时间的计划累计完成的投资额，绘制 S 形曲线。例如：某项目按每月资金使用计划计算出累计投资绘制的 S 形曲线如图 5-8 所示。

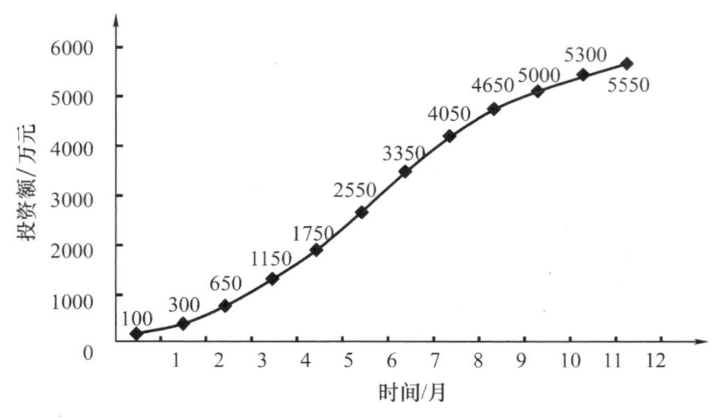


图5-8　时间投资累计曲线（S形曲线）

在 S 形曲线绘制时，与累计投资对应的时间是施工进度计划的最早可能开始时间和最迟必须开始时间，因此，可得到两条时间投资累计曲线，俗称“香蕉图”。利用“香蕉图”对投资状况进行检查和控制，其基本原理是：实际进度—实际投资累计曲线若在“香蕉图”的左右曲线以内，

说明投资实施正常，反之实际投资累计曲线在“香蕉图”的左侧或右侧，则投资有偏差。

（二）工程计量

采用单价合同的承包工程，工程量清单中的工程量只是在图纸和规范基础上的估算值，不能作为工程款结算的依据。实际工程款结算前，监理工程师应对已完工程量进行计量，作为工程款结算的凭证。工程计量是控制工程项目投资支出的关键环节，又是约束承包商履行合同义务的手段。

1. 计量程序

除专用合同条款另有约定外，单价合同的计量按照以下约定执行：

1）承包人应于每月 25 日向监理人报送上月 20 日至当月 19 日已完成的工程量报告，并附具进度付款申请单、已完成工程量报表和有关资料。

2）监理人应在收到承包人提交的工程量报告后 7 天内完成对承包人提交的工程量报表的审核并报送发包人，以确定当月实际完成的工程量。监理人对工程量有异议的，有权要求承包人进行共同复核或抽样复测。承包人应协助监理人进行复核或抽样复测，并按监理人要求提供补充计量资料。承包人未按监理人要求参加复核或抽样复测的，监理人复核或修正的工程量视为承包人实际完成的工程量。

3）监理人未在收到承包人提交的工程量报表后的 7 天内完成审核的，承包人报送的工程量报告中的工程量视为承包人实际完成的工程量，据此计算工程价款。

2. 计量原则

工程量计量按照合同约定的工程量计算规则、图纸及变更指示等进行计量。工程量计算规则应以相关的国家标准、行业标准等为依据，由合同当事人在专用合同条款中约定。

3. 计量方法

工程计量方法主要有均摊法、凭据法、断面法、图纸法和分解计量法。监理工程师对工程项目进行计量，根据不同的计量内容采用不同的计量方法。例如，为监理工程师提供宿舍、保养测量设备、保养气象记录设备、维护工地清洁和整洁等费用主要采用均摊法；提供建筑工程保险费、提供第三方责任险保险费、提供履约保证金按凭据法计量；填筑土方工程采用断面法计量；混凝土的体积等许多项目按图纸法计量；若一个项目，根据工序或部位分解为若干子项时，可以使用分解计量法。

（三）工程款支付

1. 工程价款的结算方式

我国现行工程价款结算根据不同情况，可采取多种结算方式。主要有按月结算、竣工后一次结算、分段结算和双方约定的其他结算方式。

2. 工程价款支付方法和时间

（1）工程预付款　我国《建设工程施工合同（示范文本）》（GF—2013—0201）规定，预付款的支付按照专用合同条款约定执行，但至迟应在开工通知载明的开工日期 7 天前支付。预付款应当用于材料、工程设备、施工设备的采购及修建临时工程、组织施工队伍进场等。

除专用合同条款另有约定外，预付款在进度付款中同比例扣回。在颁发工程接收证书前，提前解除合同的，尚未扣完的预付款应与合同价款一并结算。

发包人逾期支付预付款超过 7 天的，承包人有权向发包人发出要求预付的催告通知，发包人收到通知后7天内仍未支付的，承包人有权暂停施工，并按发包人违约处理。

（2）工程进度款的支付 《建设工程施工合同（示范文本）》（GF—2013—0201）中对工程进度款支付作了如下规定：承包人按照约定的时间按月向监理人提交进度付款申请单，并附上已完成工程量报表和有关资料。

监理人应在收到承包人进度付款申请单以及相关资料后7天内完成审查并报送发包人，发包人应在收到后7天内完成审批并签发进度款支付证书。发包人逾期未完成审批且未提出异议的，视为已签发进度款支付证书。

发包人和监理人对承包人的进度付款申请单有异议的，有权要求承包人修正和提供补充资料，承包人应提交修正后的进度付款申请单。监理人应在收到承包人修正后的进度付款申请单及相关资料后7天内完成审查并报送发包人，发包人应在收到监理人报送的进度付款申请单及相关资料后7天内，向承包人签发无异议部分的临时进度款支付证书。

发包人应在进度款支付证书或临时进度款支付证书签发后14天内完成支付，发包人逾期支付进度款的，应按照中国人民银行发布的同期同类贷款基准利率支付违约金。

（3）竣工结算 承包人应在工程竣工验收合格后28天内向发包人和监理人提交竣工结算申请单，并提交完整的结算资料。竣工结算申请单应包括以下内容：①竣工结算合同价格；②发包人已支付承包人的款项；③应扣留的质量保证金；④发包人应支付承包人的合同价款。

监理人应在收到竣工结算申请单后14天内完成核查并报送发包人。发包人应在收到监理人提交的经审核的竣工结算申请单后14天内完成审批，并由监理人向承包人签发经发包人签认的竣工付款证书。监理人或发包人对竣工结算申请单有异议的，有权要求承包人进行修正和提供补充资料，承包人应提交修正后的竣工结算申请单。

发包人在收到承包人提交竣工结算申请书后28天内未完成审批且未提出异议的，视为发包人认可承包人提交的竣工结算申请单，并自发包人收到承包人提交的竣工结算申请单后第29天起视为已签发竣工付款证书。

发包人应在签发竣工付款证书后的14天内，完成对承包人的竣工付款。发包人逾期支付的，按照中国人民银行发布的同期同类贷款基准利率支付违约金；逾期支付超过56天的，按照中国人民银行发布的同期同类贷款基准利率的两倍支付违约金。

（4）工程质量保证金的预留与返还 工程质量保证金是指发包人与承包人在建设工程承包合同中约定或施工单位在工程保修书中承诺，在建筑工程竣工验收交付使用后，从应付的建设工程款中预留的用以维修建筑工程在保修期限内和保修范围内出现的质量问题的资金。质量保证金的扣留有以下三种方式：①在支付工程进度款时逐次扣留，在此情形下，质量保证金的计算基数不包括预付款的支付、扣回以及价格调整的金额；②工程竣工结算时一次性扣留质量保证金；③双方约定的其他扣留方式。除专用合同条款另有约定外，质量保证金的扣留原则上采用上述第一种方式。

发包人累计扣留的质量保证金不得超过结算合同价格的5%，如承包人在发包人签发竣工付款证书后28天内提交质量保证金保函，发包人应同时退还扣留的作为质量保证金的工程价款。

### （四）工程变更

工程变更包括设计变更、进度计划变更、施工条件变更以及原招标文件和工程量清单中未包括的“新增工程”。发包人和监理人均可以提出变更。变更指示均通过监理人发出，监

理人发出变更指示前应征得发包人同意。承包人收到经发包人签认的变更指示后，方可实施变更。未经许可，承包人不得擅自对工程的任何部分进行变更。由于工程变更而产生的变更价款按如下原则和程序确定。

1. 变更估价的原则

除专用合同条款另有约定外，变更估价按照以下约定处理：

1）已标价工程量清单或预算书有相同项目的，按照相同项目单价认定。

2）已标价工程量清单或预算书中无相同项目，但有类似项目的，参照类似项目的单价认定。

3）变更导致实际完成的变更工程量与已标价工程量清单或预算书中列明的该项目工程量的变化幅度超过 15% 的，或已标价工程量清单或预算书中无相同项目及类似项目单价的，按照合理的成本与利润构成的原则，由合同当事人协商确定变更工程的单价。

2. 变更估价的程序

承包人应在收到变更指示后 14 天内，向监理人提交变更估价申请。监理人应在收到承包人提交的变更估价申请后 7 天内审查完毕并报送发包人，监理人对变更估价申请有异议，通知承包人修改后重新提交。发包人应在承包人提交变更估价申请后 14 天内审批完毕。发包人逾期未完成审批或未提出异议的，视为认可承包人提交的变更估价申请。

因变更引起的价格调整应计入最近一期的进度款中支付。

### （五）工程索赔

工程索赔是指在合同履行过程中，对于并非自己的过错，而是应由对方承担责任的情况造成的实际损失向对方提出经济补偿和（或）时间补偿的要求。索赔的性质属于经济补偿行为，而不是惩罚。

1. 监理工程师处理索赔的一般原则

监理工程师处理索赔的一般原则如下：

1）处理双方所提出的索赔必须以合同为依据。

2）必须注意资料的积累。

3）及时、合理地处理索赔。

4）加强主动监理，减少工程索赔。

2. 对承包人索赔的处理

承包人有权向发包人提出得到追加付款和（或）延长工期的索赔。

1）监理人应在收到索赔报告后 14 天内完成审查并报送发包人。监理人对索赔报告存在异议的，有权要求承包人提交全部原始记录副本。

2）发包人应在监理人收到索赔报告或有关索赔的进一步证明材料后的 28 天内，由监理人向承包人出具经发包人签认的索赔处理结果。发包人逾期未答复的，则视为认可承包人的索赔要求。

3）承包人接受索赔处理结果的，索赔款项在当期进度款中进行支付；承包人不接受索赔处理结果的，按照争议解决约定处理。

3. 对发包人索赔的处理

发包人有权向承包人提出赔付和（或）延长缺陷责任期限的索赔要求。

1）承包人收到发包人提交的索赔报告后，应及时审查索赔报告的内容、查验发包人证明材料。

2）承包人应在收到索赔报告或有关索赔的进一步证明材料后28天内，将索赔处理结果答复发包人。如果承包人未在上述期限内作出答复的，则视为对发包人索赔要求的认可。

3）承包人接受索赔处理结果的，发包人可从应支付给承包人的合同价款中扣除赔付的金额或延长缺陷责任期；发包人不接受索赔处理结果的，按争议解决约定处理。

### （六）施工阶段投资控制要点

1. 事前控制

投资事前控制的目的是进行工程风险预测，并采用相应的防范性对策，尽量减少施工单位提出索赔的可能。监理工程师应做好下列工作：

1）建立项目监理的组织保证体系，落实进行投资跟踪、现场监督和控制的监理人员，明确职责和任务。

2）熟悉设计图纸、设计要求、标底标书，分析合同价构成因素，明确工程费用最易突破的部分和环节或最易发生费用索赔的原因和部位，从而明确投资控制的重点，制订防范措施。

3）严格执行合同规定条件，按期提交施工现场，使其能按期开工、正常施工、连续施工；及时提供设计图纸等技术资料，尽可能避免违约现象的发生，不要造成违约的条件，防止增加投资。

2. 事中控制

1）按照合同规定，及时答复施工单位提出的问题及要求，主动做好协调配合工作，不要造成违约和对方索赔的条件。

2）严格工程变更。无论由何方提出的设计变更，均应履行变更手续，并按规定进行工程变更价款的计算与支付。

3）严格执行工程计量和工程款支付程序：一是及时对已完工的工程计量验方，不要造成未经监理工程师验方就承认其完成数量的被动局面；二是按合同规定，及时对施工单位支付进度款。

4）在施工过程中进行投资跟踪，控制计划的执行，每月进行投资计划分析，并定期提供投资报表。

5）进行工程费用超支分析，并提出控制工程费用突破的方案和措施。

6）定期向总监、建设单位报告工程投资动态情况。

3. 事后控制

1）审核施工单位提交的工程结算书。

2）公正地处理施工单位提出的索赔。

## 八、竣工决算

1. 竣工决算的概念

建设工程竣工决算是指在竣工验收交付使用阶段，由建设单位编制的建设项目从筹建到竣工投产或使用全过程的全部实际支出费用的经济文件。它也是建设单位反映建设项目实际造价和投资效果的文件，是竣工验收报告的重要组成部分。

2. 竣工决算的内容

工程竣工决算的内容包括竣工决算报表、竣工决算报告说明、工程竣工图和工程造价比较分析四部分。大中型建设项目竣工决算报表一般包括建设项目竣工财务决算审批表、竣工工程概况表、竣工财务决算表、建设项目交付使用资产总表、工程项目交付使用资产明细表；小型建设项目竣工决算报表则由建设项目竣工财务决算审批表、竣工财务决算总表和交付使用资产明细表组成。

3. 竣工决算的编制步骤

竣工决算的编制步骤包括：

1）收集、整理和分析有关依据资料。

2）清理各项账务、债务和结余物资。

3）填写竣工决算报表。

4）编写建设工程竣工决算说明书。

5）上报主管部门审查。

## 九、投资控制案例

### 案例 1

【背景】

某地基强夯处理工程，主要的分项工程包括开挖土方、填方、点夯、满夯等，由于工程量无法准确确定，签订的施工承包合同采用单价合同。根据合同的规定，承包商必须严格按照施工图及承包合同规定的内容及技术要求施工，工程量由监理工程师负责计量，工程款根据承包商取得计量证书的工程量进行结算。工程开工前，承包商向监理工程师提交了施工组织设计和施工方案并得到批准。为了搞好该项目的投资控制，监理工程师在监理规划中提出了如下投资控制要点：

1. 确定投资控制目标，编制资金使用计划。

2. 定期进行实际资金支出与计划投资的比较分析。

3. 认真审核承包商提交的变更单价。

4. 严格工程的计量支付。

5. 公正处理索赔事宜。

【问题】

1. 你认为上述投资控制的要点是否已经足够全面？为什么？

2. 根据该工程的合同特点，监理工程师提出计量支付的程序要点如下，试改正其不恰当和错误的地方：

（1）对已完分项工程向业主申请质量认证。

（2）在协议约定的时间内向监理工程师申请计量。

（3）监理工程师对实际完成的工程量进行计量，签发计量证书给承包商。

（4）承包商凭质量认证和计量证书向业主提出付款申请。

（5）监理工程师复核申报资料，确定支付款额，批准向承包商付款。

3. 在工程施工过程中，当进行到施工图所规定的处理范围边缘时，承包商为了使夯击质量得到保证，将夯击范围适当扩大，施工完成后，承包商将扩大范围内的施工工程量向监理工程师提出计量付款的要求，但遭到监理工程师的拒绝。试问监理工程师为什么会作出这样的决定？

4. 在施工过程中，承包商根据监理工程师指示就部分工程进行了变更施工，试问变更部分合同价款应根据什么原则进行确定？

5. 在土方开挖过程中，有两项重大原因使工期发生较大的拖延：一是土方开挖时遇到了一些在工程地质勘探中没有探明的孤石，排除孤石拖延了一定的时间；二是施工过程中遇到数天正常季节小雨，由于雨后土壤含水量过大不能立即进行强夯施工，从而耽误了部分工期。随后，承包商按照正常索赔程序向监理工程师提出了延长工期并补偿停工期间窝工损失的要求。试问监理工程师是否应该受理这两起索赔事件？为什么？

【参考答案】

1. 尚不全面。除上述要点外，还应该补充两点：

（1）健全监理组织，落实投资控制的责任制。

（2）督促施工单位落实施工组织设计，按合理工期组织施工。

2. 计量支付的主要要点：

（1）对已完工的分项工程向监理工程师申请质量认证。

（2）取得质量认证后在协议约定的时间内向监理工程师申请计量。

（3）监理工程师按照规定的计量方法对合同规定范围内的工程量进行计量，签发计量证书给施工单位。

（4）施工单位凭质量认证和计量证书向监理工程师提出付款申请。

（5）监理工程师审核申报资料，确定支付款额，向业主提供付款证明文件。

3. 监理工程师拒绝的原因：

（1）该部分的工程量超出了施工图的要求，不属于计量的范围。

（2）该部分的施工是承包商为了保证施工质量而采取的技术措施，费用应由施工单位自己承担。

4. 变更价款确定原则：

（1）合同中有适用于变更工程的价格，按合同已有价格计算变更合同价款。

（2）合同中只有类似于变更情况的价格，可以此作为基础确定变更价款。

（3）合同中没有类似和适用的价格，由承包商提出适当的变更价格，监理工程师批准执行，这一批准的变更价格，应与承包商达成一致，否则由造价管理部门裁定。

5. 对两项索赔的处理：

（1）对处理孤石引起的索赔，这是预先无法估计到的情况，索赔理由成立，应予受理。

（2）由于阴雨天气造成的延期和窝工费用，这是有经验的承包商预先应该估计的因素，在合同工期内已作考虑，因而索赔理由不成立，索赔应予驳回。

## 案例 2

【背景】

某工程业主与承包商签订了工程施工合同，合同中含两个子项工程，估算工程量甲项为 2 300$m^3$，乙项为 3 200$m^3$，经协商合同价款甲项为 180 元 /$m^3$，乙项为 160 元 /$m^3$。承包合同规定：

1. 开工前业主应向承包商支付合同价款 20% 的预付款。

2. 业主自第一个月起，从承包商的工程款中，按 5% 的比例扣留工程质量保证金。

3. 当子项工程实际工程量超过估算工程量 10% 时，可进行调价，调整系数为 0.9。

4. 根据市场情况规定价格调整系数平均按 1.2 计算。

5. 监理工程师签发月度付款最低金额为 25 万元。

6. 预付款在最后两个月扣除，每月扣 50%。

承包商每月实际完成并经监理工程师签证确认的工程量见表 5-1。

表 5-1 承包商实际完成工程量表 （单位：$m^3$）

| 项目＼月 | 1 | 2 | 3 | 4 |
|---|---|---|---|---|
| 甲项 | 500 | 800 | 800 | 600 |
| 乙项 | 700 | 900 | 800 | 600 |

第一个月工程量价款为 500 $m^3$ × 180 元 /$m^3$+700 $m^3$ × 160 元 / $m^3$=202 000 元 =20.2 万元

应签证的工程款为 20.2 万元 ×1.2×（1−5%）=23.028 万元

由于合同规定监理工程师签发的最低金额为 25 万元，故本月监理工程师不予签发付款凭证。

【问题】

1. 预付款是多少？

2. 从第二个月起每月工程量价款是多少？监理工程师应签证的工程价款是多少？实际签发的付款凭证金额是多少？

【参考答案】

1. 预付款金额为：（2 300 $m^3$ × 180 元 / $m^3$+3 200 $m^3$ × 160 元 / $m^3$）×20%=185 200 元 =18.52 万元

2. 第二个月至第四个月工程价款计算

（1）第二个月的工程款计算如下

工程量的价款为：800 $m^3$ × 180 元 / $m^3$+900 $m^3$ × 160 元 / $m^3$=288 000 元 =28.8 万元

应签证的工程款为：28.8 万元 ×1.2×0.95=32.832 万元

本月监理工程师实际应签发的付款凭证金额为：

23.028 万元 +32.832 万元 =55.86 万元

（2）第三个月的工程款计算如下

工程量价款为：800 $m^3$ × 180 元 / $m^3$+800 $m^3$ × 160 元 / $m^3$=272 000 元 =27.2 万元

应签证的工程款为：27.2 万元 ×1.2×0.95=31.008 万元

应扣预付款为：18.52 万元 ×50%=9.26 万元

应付款为：31.008 万元 −9.26 万元 =21.748 万元

监理工程师签发月度付款最低金额为 25 万元，所以本月监理工程师不予签发付款凭证。

（3）第四个月工程款计算如下

甲项工程累计完成工程量为 2 700$m^3$，比原估算 2 300$m^3$ 超出 400$m^3$，已超过估算工程量的 10%，超出部分其单价应进行调整。

超过估算工程量 10% 的工程量为：2 700 $m^3$–2 300 $m^3$ ×（1+10%）=170 $m^3$

这部分工程量的单价应调整为：180 元 /$m^3$ × 0.9=162 元 / $m^3$

甲项工程量价款为：(600 $m^3$–170 $m^3$) × 180 元 /$m^3$+170 $m^3$ × 162 元 / $m^3$=104 940 元 =10.494 万元

乙项工程累计完成工程量为：3 000$m^3$，比原估算工程量 3 200$m^3$ 减少 200$m^3$，不超过估算工程量，其单价不予进行调整。

乙项工程量价款为：600 $m^3$ × 160 元 / $m^3$=96 000 元 =9.6 万元

本月完成甲、乙两项工程量价款合计为：10.494 万元 +9.6 万元 =20.094 万元

应签证的工程款为：20.094 万元 × 1.2 × 0.95=22.907 万元

本月监理工程师实际签发的付款凭证的金额为：

21.748 万元 +22.907 万元 –18.52 万元 × 50%=35.395 万元

## 第三节 建设工程进度控制

### 一、建设工程进度控制的含义

进度控制是指在实现建设项目总目标的过程中，为使工程建设的实际进度符合项目进度计划的要求，对工作程序和持续时间进行规划、实施、检查、调整等一系列监督管理活动的总称。建设工程项目的进度控制，是建设工程监理活动中的一项重要而复杂的任务，是监理工程师的三大目标控制的重要组成之一。

具体来讲，其含义可以从以下两方面理解：

1）建设工程进度控制的总目标是实现建设项目按要求的计划时间动用。这个时间由监理合同来约定，可以是立项到项目正式启用的整个计划时间，也可能是某个实施阶段的计划时间（如设计阶段或施工阶段的计划工期）。

2）建设工程进度控制是贯穿于工程建设的全过程、全方位的系统控制。它涉及建设项目的各个方面，是全面的进度控制。即：要对建设的全过程、对整个项目结构、对有关工作实施进度、影响进度的各种因素进行控制和组织协调。

### 二、进度控制的作用与任务

1. 进度控制的作用

建设工程项目能否在预定的工期内竣工交付使用，是投资者最关心的问题之一，也是业主、监理企业、承包商共同控制的目标之一，它对投资的经济效益和工程质量均有很大的影响。过去，我国在基本建设领域曾出现过许多“马拉松工程”，拖延建设工期几倍，甚至是十几倍，这不仅使投资效益得不到发挥，而且给国家、集体和个人利益都带来巨大的损失。

改革开放后，工程项目建设引入了竞争机制，由于市场观念的增强，在工程招投标中把建设工期长短作为一项重要内容来考虑。有的建设工程项目为了加速建成投产，使产品迅速占领市场，经常把建设工程项目的进度控制看得比投资控制更加重要。

工程建设项目的进度控制的重要作用是：

（1）有利于尽快发挥投资效益　进度控制在一定程度上提供了项目按预定时间交付使用的保证，它对于尽快发挥投资经济效益起着重要作用。例如，生产性建设项目，若能按预定的工期交付投产，便可以用生产出的产品增加社会效益，为企业增加经济效益，为国家增加利税收入。若进度失控或拖延工期，将会造成投资的失控和时间的浪费，往往还会给企业和国民经济带来损失。

（2）有利于保障良好的经济秩序　建设工程项目具有投资大、工期长、消耗多的特点，如果有一定比例的投资项目进度失控，不仅将危害工程建设项目的本身，而且还会影响整个国民经济正常健康的发展，打乱正常的经济秩序。

（3）有利于提高企业的经济效益　“时间就是金钱，效率就是生命”，在市场竞争机制条件下，时间的经济效益已被广大承包商所重视。对于施工单位来讲，严格按照施工合同进行施工，不仅仅体现施工单位的竞争实力、科学组织生产和管理的能力、信誉和自我价值，而且在建设工程的进度控制过程中，使企业成本得到降低、经济效益得到提高。

2. 进度控制的任务

建设工程项目的进度目标，实质上是监理工程师在对建设单位要求的工期和投产时间、资金到位计划、设备进场计划、国家颁布定额、工程量与工程复杂程度、建设规模、工程地质、水文地质、建设地区气候等因素进行科学分析的基础上，求得的本工程建设项目的最佳建设工期。工程建设项目的最佳工期确定后，监理工程师进度控制的任务，就是根据进度目标确定实施方案。

根据建设阶段的不同，进度控制的任务是不同的。

（1）在设计阶段进度控制的主要任务　在设计阶段，监理工程师根据项目总工期的要求，协助业主确定合理的设计工期；按合同要求及时、准确、完整地提供设计所需的各种技术资料；协调各设计单位开展设计工作，力求使设计按计划进度进行；协调有关各方保证设计顺利进行。

（2）招投标阶段进度控制的主要任务　在招投标阶段，监理工程师通过编制施工招标文件、编制标底、做好投标单位资格预审、组织评标与定标、参加合同谈判等工作，按照公开、公正、公平竞争的原则，协助业主选择理想的承包商，以期能以合理的价格、先进的技术、较高的管理水平、较短的时间、较好的质量来完成工程施工任务。

（3）施工阶段进度控制的主要任务　在施工阶段，监理工程师通过完善项目控制性进度计划、审查施工单位进度计划、做好各项动态控制工作、协调各单位关系、预防和处理好工期索赔，力求实际进度满足计划进度要求。具体地讲，施工过程中进度控制的任务是进行进度规划、进度控制和进度协调。

1）进度规划：制订工程建设项目施工总计划是一项影响工程建设项目全局，且十分重要而细致的工作，必须由经验丰富的监理工程师组织编制。进度规划的编制，涉及建设工程投资、设备材料供应、施工现场布置、主要施工机械、劳动组合，各附属设施的施工、各施工安装单位的配合及建设项目投产的时间要求等。监理工程师应对这些综合因素要全面考虑、科学组织、合理安排、统筹兼顾。

2）进度控制：在建设工程项目实施中，监理工程师应比较建设项目计划进度与实际进度，如发现实际进度与计划进度偏离，应及时采取有效措施加以纠正。在进度控制过程中，监理工程师要把实际进度当作一件大事来抓，要有预见性和预防措施，预防将可能发生的进度偏离事件，事前做好周密的准备工作和制订完善的计划，切实做到严格执行进度计划，确保工程按期或提前完成。

3）进度协调：监理工程师应对整个建设项目中各安装、土建等施工单位、总包单位与分包单位之间、分包单位与分包单位之间的进度搭接，在时间上、空间上进行协调。这些都是相互联系、相互制约的因素，对工程建设项目的实际进度都有直接影响，必须要协调好他们之间的关系。这些方面，既是施工单位在进度控制中的任务，又是项目监理工程师的重要任务。

## 三、影响工程进度控制的主要因素

影响工程进度控制的因素很多，如工程施工计划、技术力量、地形地质、气候条件、人员素质、材料供应、管理水平、资金流通、设备运转情况、特殊风险等。其主要可划分为承包人的原因、建设单位的原因、监理工程师的原因和其他特殊原因。

1. 承包人的原因

1）承包人在合同规定的时间内，未能按时向监理工程师提交符合监理工程师要求的工程施工进度计划。

2）承包人由于技术力量、机械设备和建筑材料的变化，或对工程承包合同及施工工艺等不熟悉，造成承包人违约而引起的停工或施工缓慢。

3）工程施工过程中，由于各种原因使工程进度不符合工程施工进度计划时，承包人未能按监理工程师的要求，在规定的时间内提交修订的工程施工进度计划，使后续工作无章可循。

4）承包人对工程质量不重视，质检系统不完善，质量意识不强，工程出现质量事故，对工程施工进度造成严重影响。

2. 建设单位的原因

在工程施工的过程中，建设单位如未能按工程承包合同的规定履行义务，也将严重影响工程进度计划，甚至会造成承包人终止合同。建设单位的原因，主要表现在以下方面：

1）建设单位未能按监理工程师同意的施工进度计划随工程进展向承包人提供施工所需的现场和通道。这种情况不仅使工程的施工进度计划难以实现，而且还会容易导致工程延期和索赔事件的发生。

2）由于建设单位的原因，未能在合理的时间内向承包人提供施工图纸和指令，给工程施工带来困难，或承包人已进入施工现场开始施工，由于设计发生变更，但变更设计图没有及时提交承包人，从而严重影响工程施工进度。

3）工程施工过程中，建设单位未能按合同规定期限支付承包人应得的款项，造成承包人无法正常施工或暂停施工。

3. 监理工程师的原因

监理工程师的主要职责是对建设项目的投资、质量、进度目标进行有效的控制，对合同、

信息进行科学的管理。但是，由于监理工程师业务素质不高，工作中出现失职、判断或指令错误，或未按程序办事等原因，也将严重影响工程施工进度。

4. 其他特殊原因

1）未预见到的额外的或附加工程造成的工程量追加，必将打破原计划工期，影响原定的工程施工进度计划，如未预见的地下构筑物的处理、开挖基坑土石方量增加、土石的比例发生较大的变化、简单的结构形式改为复杂的结构形式等。

2）在工程施工过程中，遇到异常恶劣的气候条件，如台风、暴雨、高温、严寒等。

3）无法预测和防范的不可抗力的作用，以及特殊风险的出现，如战争、政变、地震、暴乱等。

另外，组织协调与进度控制密切相关，二者都是为建设目标的最终实现服务的。在建设工程三大目标控制中，组织协调对进度控制的作用最为突出，而且最为直接，有时甚至能取得常规控制措施难以达到的效果。因此为了更加有效地进行进度控制，监理工程师还应做好有关建设各方面的协调工作。

## 四、进度控制的主要工作

在工程项目施工阶段，施工单位必须先行编制施工组织设计，并报监理企业进行审批（详见附录 A 工程监理表格应用示例 B.0.1）。施工组织设计是一种指导施工的全面的技术经济文件，它对施工活动的顺利开展具有极其重要的意义，其中施工进度计划的控制是施工组织设计的重要组成部分。根据建设工程项目的进度控制实践，进度控制的要点主要是工程施工进度计划的编制、工程施工进度计划的审批和工程施工进度计划的检查与调整。

1. 工程施工进度计划的编制

工程施工进度计划是表示施工项目中各单位工程和各分项工程的施工顺序、开竣工时间以及相互衔接关系的计划。施工单位在中标后，应按照合同规定的总工期编制工程施工进度计划表，并在规定的期限内送达监理工程师审批，经监理工程师审查、施工单位修订后，可作为建设工程项目施工进度控制的标准。

工程施工进度计划可根据建设工程项目实施的不同阶段，分别编制总体进度计划及年、月、旬进度计划；对于某些起控制作用的关键工程建设项目，必要时还应单独编制施工进度计划。

2. 工程施工进度计划的审批

监理工程师在接到施工单位提交的工程进度计划之后，应对工程施工进度计划进行认真的审核。审核进度计划的目的是检查施工单位所制订的工程进度计划是否合理，是否适合建设工程项目的实际条件和施工现场的情况，避免以不切合实际的工程施工进度计划来指导工程施工。因此监理工程师对承包人提交的工程施工进度计划，重点应审核施工单位实施计划的能力及施工时间安排的合理性。

（1）工程施工进度计划的审查　监理工程师在接到承包人的工程施工进度计划后，应立即组织有关人员进行认真审查，审查工作一般可按以下程序进行：

1）仔细阅读文件，列出存在问题，进行调查了解。

2）对列出的问题，逐一与承包人进行讨论，解决或澄清问题。

3）对确实有问题的部分进行分析，向承包人提出修改性意见。

（2）审核工程施工进度计划的内容

1）工程施工进度计划安排是否符合项目总进度计划中总目标和分解目标的要求，是否符合施工合同中开竣工日期的规定。

2）施工顺序是否符合施工程序；劳动力、材料、构配件、机具和设备的供应计划是否能满足工程施工进度计划的需要，供应是否均衡，在高峰期是否具有足够的能力实现计划供应。

3）建设单位资金供应能力是否满足进度需要；建设单位提供的场地条件、物质的供应能力，特别是国外进口设备的到货时间与进度计划是否能衔接；是否有造成建设单位违约而导致索赔的可能。

4）总分包分别编制的各项工程施工进度计划之间是否协调，专业分工与计划衔接是否合理；与设计单位图纸供应进度是否一致。

经审查后，若存在问题，监理方面应提出书面修改意见（也称整改通知书），并协助施工单位修改，其中重大问题应及时向建设单位汇报。

（3）对工程施工进度计划延期的审批　在工程施工过程中，当发生非承包人原因造成的工程延期后，应根据合同规定处理工程延期。按照 FIDIC 管理模式，监理工程师在审批进度计划延期时，应遵循以下原则：

1）建设工程项目延期的原因是否是承包人的原因，只有非承包人自身原因引起的工程延期才可考虑是否受理，这是监理工程师审批工程延期应遵循的一个重要原则。

2）建设工程项目延期是否会推迟整个工程建设项目的总工期，若只是局部工程受到影响，应考虑是否可以采取其他措施予以弥补。

3）所延期的建设工程项目是否在施工进度计划的关键线路上，若是非关键线路上的工程则不考虑延期。

4）恶劣气候条件造成的工程延期，监理工程师应综合考虑整个施工期的天气情况，应考虑利用施工期内良好气候予以的补偿。

5）在非承包人原因造成的工程延期发生后的 28 天内，承包人应向监理工程师提出工程延期的书面申请，否则监理工程师无需考虑给予承包人延期。

工程的延期申请及审批格式详见附录 A 工程监理表格应用示例 B.0.14。

3. 工程施工进度计划的检查与调整

（1）工程施工进度计划的检查　工程施工进度计划的检查是计划执行信息的主要来源，是工程施工进度计划调整和分析的依据，也是进度控制的关键。工程施工进度计划检查的内容主要包括工作开始时间、工作完成时间、工作持续时间、工作之间的逻辑关系、完成各工作的实物工程量和工作量、关键线路和总工期、时差的利用。工程施工进度计划检查的目的，是通过检查发现偏差，以便修改或调整计划，确保工程按期完成。工程施工进度计划检查方法，是采用实物对比法，既进度计划和实际进度进行对比。在工程施工进度计划的检查中，应做好以下工作：

1）在建设工程项目的施工过程中，专业监理工程师应要求承包人每日按单位工程、分项工程或工序对实际进度进行记录，并与计划进度对比，以作为掌握工程进度和进行决策的依据。

每日进度检查记录应包括以下内容：①当日实际完成与累计完成的工程量；②实际参加施工的人力、机械数量及生产效率；③施工停滞的人力、机械数量及原因；④施工单位及技术人员到达施工现场的情况；⑤当日发生的影响工程进度的特殊事件或原因；⑥当日的气候情况及对施工的影响等。

2）驻地监理工程师应要求施工单位根据施工现场提供的每日施工进度记录，及时进行统计和标记，通过分析和整理，每月向总监理工程师或代表和建设单位提交一份月工程进度报告。

每月工程进度报告应包括以下基本内容：①工程进度概况和总说明，应以记事方式对计划进度执行情况提出分析；②编制工程进度计划累计曲线和完成投资额的累计曲线；③显示关键线路（或主要工程建设项目）一些施工活动及进展情况的工程图片；④反映承包人的现金流动、工程变更、价格调整、工程索赔、工程支付及其他财务支出情况的财务报告；⑤影响工程进度或造成延误的其他特殊事项、因素及解决措施。

3）监理工程师应编制和建立各种用于记录、统计、标记，反映实际工程进度与计划进度差距的进度控制及进度统计表，以便随时对工程进度进行分析和评价，作为要求承包人加快工程进度、调整计划或采取其他合同措施的依据。

（2）工程施工进度计划的调整　工程施工过程中，由于承包人的人力、机械的变化，管理失误，恶劣的气候，地质条件，物资供应或建设单位的原因等因素的影响，都将给工程施工进度的实现带来许多困难，因此，如果监理工程师发现工程现场的组织安排、施工顺序或人力和设备等，与原定的工程施工进度计划有较大的差别时，应要求承包人对原工程施工进度计划予以调整，以符合工程现场的实际并保证满足合同工期的要求。

## 五、进度控制案例

### 案例 1

【背景】

某开发商开发甲、乙、丙、丁四幢住宅，分别与工程监理单位和施工单位签订了监理合同和施工合同。地下一层为地下室、一至二层为框架结构，三至六层为砖混结构，合同工期为 32 周。开工前施工单位已向总监理工程师提交了施工进度计划并经总监理工程师审核批准。施工单位提交基础施工进度计划见表 5-2。

表 5-2　基础施工进度计划

| 施工过程 | 施工进度 / 周 | | | | | | | | | | | | | | | | | | | |
|---|---|---|---|---|---|---|---|---|---|---|---|---|---|---|---|---|---|---|---|---|
| | 1 | 2 | 3 | 4 | 5 | 6 | 7 | 8 | 9 | 10 | 11 | 12 | 13 | 14 | 15 | 16 | 17 | 18 | 19 | 20 |
| 基坑土方 | | | | | | | | | | | | | | | | | | | | |
| 基础施工 | | | | | | | | | | | | | | | | | | | | |
| 回填土 | | | | | | | | | | | | | | | | | | | | |

【问题】

1. 如果业主想缩短基础工程施工工期，你认为如何组织该部分施工更为合理？请绘制进度计划表。

2. 在进行基坑土方施工过程中，甲幢基坑土方因土质不好，需在基坑一侧（临街）打护桩，致使甲幢基坑土方施工时间增加 1 周，且业主对乙、丁两幢地下室要求设计变更，即将原来地下室改为地下车库，增加了工程量。丙幢取消了地下室，改为条形基础，一层以上全部为砖混结构。由于工程发生变化，作业时间也发生变化，乙、丁两幢基坑土方作业均为 2 周时间，基础施工均为 5 周时间，你认为该基础工程进度计划应如何安排才合理？

3. 业主提出的设计变更，监理工程师应如何处理？

【参考答案】

1. 如果想缩短基础工程施工工期，基础部分进度计划采用成倍节拍流水施工更为合理。基坑土方、基础施工、回填土三项工作的流水节拍分别为 2、4、2。

（1）确定流水步距 $K=2$

（2）计算各施工过程所需班组数：

$$b_1=1 \quad b_2=4/2=2 \quad b_3=2/2=1$$

总班组：

$$\sum=b_i=4$$

计算基础部分流水工期：

$$T=(M+\sum b_i-1)K=(4+4-1)\times 2\text{ 周}=14\text{ 周}，见表 5-3。$$

表 5-3　基础工程成倍节拍流水施工进度计划

| 施工过程 | 专业队编号 | 施工进度 / 周 | | | | | | | | | | | | | | | | | | | |
|---|---|---|---|---|---|---|---|---|---|---|---|---|---|---|---|---|---|---|---|---|---|
| | | 1 | 2 | 3 | 4 | 5 | 6 | 7 | 8 | 9 | 10 | 11 | 12 | 13 | 14 | 15 | 16 | 17 | 18 | 19 | 20 |
| 基坑土方 | Ⅰ | — | — | — | — | — | — | — | — | | | | | | | | | | | | |
| 基础施工 | $Ⅱ_1$ | | | — | — | — | — | — | — | — | — | | | | | | | | | | |
| | $Ⅱ_2$ | | | | | — | — | — | — | — | — | — | — | | | | | | | | |
| 回填土 | Ⅲ | | | | | | | — | — | — | — | — | — | — | — | | | | | | |

2. 由于施工过程作业时间进行了调整，使施工过程在各施工段的流水节拍不相等，要想使专业工作队在满足连续施工的条件下，实现最大搭接，该基础工程进度应按非节奏专业流水施工更为合理。

（1）各施工过程流水节拍的累加数列

施工过程　Ⅰ　3　5　6　8

　　　　　Ⅱ　4　9　11　16

　　　　　Ⅲ　2　4　5　7

（2）错位相减求流水步距

Ⅰ与Ⅱ：

$$
\begin{array}{rrrrrr}
 & 3 & 5 & 6 & 8 & \\
- & & 4 & 9 & 11 & 16 \\
\hline
K_{1,2}=\max\ [3 & 1 & -3 & -3 & -16 & ]=3
\end{array}
$$

Ⅱ与Ⅲ：

$$
\begin{array}{rrrrrr}
 & 4 & 9 & 11 & 16 & \\
- & & 2 & 4 & 5 & 7 \\
\hline
K_{2,3}=\max\ [4 & 7 & 7 & 11 & -7 & ]=11
\end{array}
$$

（3）计算流水工期

$T=\sum K+\sum t_n=(3+11)$ 周 $+(2+2+1+2)$ 周 $=21$ 周，见表 5-4。

表 5-4　基础工程非节奏流水施工进度计划

| 施工过程 | 施工进度/周 | | | | | | | | | | | | | | | | | | | | |
|---|---|---|---|---|---|---|---|---|---|---|---|---|---|---|---|---|---|---|---|---|---|
| | 1 | 2 | 3 | 4 | 5 | 6 | 7 | 8 | 9 | 10 | 11 | 12 | 13 | 14 | 15 | 16 | 17 | 18 | 19 | 20 | 21 |
| 基坑土方 | | | | | | | | | | | | | | | | | | | | | |
| 基础施工 | | | | | | | | | | | | | | | | | | | | | |
| 回填土 | | | | | | | | | | | | | | | | | | | | | |

3. 对要求变更的处理

1）建设单位（监理工程师）将变更的要求通知设计单位，如果在要求中包括有相应的方案或建议，则应一并报送设计单位；否则，变更要求由设计单位研究解决。

2）设计单位对工程变更单进行研究。如果该工程变更单未附有建议的解决方案，则设计单位应对该要求进行详细的研究，并准备出自己对该变更的建议方案，提交建设单位。

3）建设单位作出变更的决定后由总监理工程师签发工程变更单，指示承包单位按变更的决定组织施工。

## 案例 2

【背景】

某开发商开发的住宅小区工程，分别与工程监理单位和施工单位签订了委托监理合同和施工合同。施工单位在规定的期限内编制了施工进度计划，并送达监理工程师审批，经监理工程师审批后，施工单位按照监理工程师的意见进行了修改，最终确定了施工进度计划，作为建设工程项目进度控制的标准。在开工后发生了如下事件：

（1）建设单位没有按期提供施工现场。

（2）由于施工单位租赁的施工机械出现故障，致使关键线路上的工作停工 2 天。

（3）监理工程师认为施工单位完成的基础工程某些部分质量不合格，责令其返工。

（4）由于设计上有缺陷，设计单位重新修改了设计，监理工程师发布了工程变更指令，施工单位对已经完成的部分进行了返工，致使总工期拖延 7 天。

（5）监理工程师没有按期对已完工程进行计量，致使建设单位没有及时的支付工程进度款，造成工程全面停工3天。

（6）在施工过程中，因暴雨无法施工，停工3天，但后期在天气晴好的时候监理工程师已安排施工单位将工程进度赶上。

【问题】

1. 为什么施工单位在编制了施工进度计划以后要报送监理工程师审批？

2. 进度控制的主要工作有哪些？

3. 上述事件中影响工期的因素各属于谁的原因？

4. 哪些事件造成的工程延期可以得到监理工程师的批准？

【参考答案】

1. 审核进度计划的目的是检查施工单位所制订的工程进度计划是否合理，是否适合建设工程项目的实际条件和施工现场的情况，避免以不切合实际的工程施工进度计划来指导工程施工。监理工程师应对确实有问题的部分进行分析，向承包人提出修改性意见。

2.（1）施工进度计划的编制

（2）工程施工进度计划的审批

1）工程施工进度计划的审查

2）审核工程施工进度计划的内容

3）对工程施工进度计划延期的审批

（3）工程施工进度计划的检查与调整

3. 建设单位的原因：（1）、（4）

施工单位的原因：（2）、（3）

监理工程师的原因：（5）

其他特殊原因：（6）

4. 事件（1）、（4）、（5）可以得到监理工程师的延期批准

## 第四节　建设工程质量控制

### 一、建设工程质量控制的含义

质量控制是指在实现工程建设项目总目标的过程中，为满足项目总体质量要求的有关监督管理活动。质量控制是建设监理活动中最重要的工作，是建设工程项目控制三个目标的中心目标，它不仅关系到工程的成败、进度的快慢、投资的多少，而且直接关系到国家财产和人民生命安全。因此，实现质量控制目标是监理企业和每一个监理工程师的中心任务。

施工是形成建设工程项目实体的阶段，也是形成最终产品质量的重要阶段。所以，施工阶段的质量控制，是建设工程项目质量控制的重点，也是施工阶段监理的重要任务。“百年大计，质量第一”，无论是材料与设备的选购，还是土建工程施工、设备安装，都要树立强烈的质量意识，建立起严格的质量检验和质量监理制度。为此，国务院颁布了《中华人民

共和国建设工程质量管理条例》，标志着我国建设工程质量管理步入了规范化、制度化的轨道，明确了建设单位、勘察单位、设计单位、施工单位和工程监理企业的质量责任和义务，对建设工程的质量管理作出了明确规定，提出了明确要求。

## 二、质量控制的作用与任务

1. 质量控制的作用

工程监理企业受建设单位的委托，依据国家和政府颁布的有关标准、规范、规程、规定，以及建设工程的有关合同文件，对建设工程项目质量形成的全过程各个阶段和各环节影响工程质量的主导因素进行有效的控制，预防、减少或消除质量缺陷，满足使用单位对工程质量的要求，使建设工程项目有良好的社会效益。由此可见，质量控制在建设工程项目的实施过程中具有十分重要的作用。

（1）减轻了建设单位对质量控制的负担　工程监理企业按照建设单位的委托监理合同进行质量控制，有法律上的保证。工程监理企业可以对工程设计、施工阶段等重要的质量形成环节进行监督，协调建设、设计、施工各单位之间在保证工程质量过程中的全部活动。工程监理企业是专职的质量控制监督服务性机构，它将比建设单位更多地深入设计工作的各环节以及施工现场，及时发现设计和施工中存在的质量问题并加以纠正。因此，工程监理企业既是工程建设全过程中的监督者，又是各方相互联系的纽带和桥梁，从某种意义上还是质量控制的实施者。工程监理企业还可以作为建设单位的参谋，协助进行质量控制决策，解决重大质量问题。

（2）促进建设和施工单位的质量控制活动　由于工程监理企业掌握了建设或使用单位所要求的标准及设计规范，所以可以向设计单位转达用户的有关信息，使设计文件既符合规范要求，又满足用户需要，且具有规范性和适用性。工程监理企业对设计文件实施监督检查，可以有力地促进设计质量的提高。另外，由于工程监理企业深入施工现场进行全过程质量控制，故可以督促施工单位更加自觉地按照技术规范、操作规程、设计要求、施工方案、操作工艺、检验方法等进行施工，从而可以确保工程的施工质量，对施工单位的技术水平和管理水平也可起到促进和提高作用。

（3）利于健全设计和施工单位质量保证体系　建立完整的质量保证体系并保证其正常运行是设计单位、施工单位保证工程质量的前提。但是，只有设计单位、施工单位的质量保证体系是不健全的质量保证体系，因为设计单位、施工单位的质量保证体系受合同环境的影响很大，难免出现质量问题。工程监理企业除了对设计单位、施工单位进行质量监理外，还要对其合同环境的质量活动进行必要的监理，审查各有关单位的质量保证体系，对他们的产品质量进行验收、检验、认证等把关活动。

2. 质量控制的任务

不同的阶段（可行性研究、项目决策、工程设计、工程施工、竣工验收五个阶段），质量控制的任务不同。这里主要介绍设计和施工两个阶段的任务。

设计阶段质量控制的主要任务是：了解业主的建设需求，协助业主制定项目质量目标规划；根据合同要求及时、准确、完整地提供设计工作所需的基础数据和资料；协调配合设计单位优化设计方案，并最终确认设计方案是否符合有关法规要求和技术、经济、财务、环境条件的要求，是否满足业主的使用功能要求。

施工阶段质量控制的主要任务是：通过对施工投入、施工和安装过程、产出品进行全过程控制，以及对参加施工单位和人员资质、材料和设备、施工机械、施工方案和工艺方法、施工环境实施全方位控制，以期达到预定的施工质量目标。

## 三、影响工程质量控制的主要因素

工程项目实体的质量、使用功能受设计、施工、供应、监理等各方面因素的影响。例如，机械、用工、材料、施工方法、工程建设环境等都会对工程质量造成一定影响。监理单位应对多方面影响因素要综合考虑，全面控制。对人，要从思想素质、业务水平、身体素质等方面考虑；对材料，要严把检验验收关；对施工方法，要进行分析论证，选择最优方案；对机械，应根据工艺及技术要求合理选择；对环境，要加强管理，以确保质量目标的实现。另外，在影响工程质量控制的因素中还应注意以下几个主要问题：

1. 违反基本建设程序

不严格遵守国家现行的基本建设程序，是影响工程质量控制的首要因素。根据几十年来基本建设的实践经验，我国已形成了一套可行的、科学的基本建设程序，这是工程建设中必须遵循的基本准则。

2. 施工单位资质不符或人才缺乏

我国《建设工程质量管理条例》明确规定：“施工单位必须按资质等级承担相应的工程任务。不得擅自超越资质等级及业务范围承包工程。”也就是说：不同资质等级的施工单位，具有不同的技术水平和管理水平，可承担的建筑产品生产的任务范围也有所不同。

从目前我国工程建设状况来看，仍然存在一定的问题，如：建筑生产管理水平普遍较低，跟不上体制改革和经济发展的步伐；一些建设单位为了节省建设资金选择资质等级较低的施工单位，给工程质量控制造成一定隐患；特别是一些无相应资质建筑队进行承包、转包、分包的项目，为片面追求经济效益而强行赶进度，硬性降低成本，缺乏科学管理，忽视工程质量。另外，施工单位多数比较缺乏高水平的管理人才，施工管理仍停留在粗放的水平上，有些管理干部和质检人员对有关规范、规程、规定、标准等缺乏起码的知识，甚至在质量管理中无法与监理工程师配合。在这方面应重点对施工单位资质与实际能力进行确认。

3. 建设监理制度不健全

建立具有中国特色的建设工程监理制度，是我国建设领域深化改革与国际接轨的一项重大举措，20世纪90年代，我国在各建设行业迅速推行了建设监理制度，加强了对工程建设的管理和控制，取得了显著的社会效益。但是要看到建设监理制度在我国起步比较晚，有关管理体制还不是很健全，违反国家建设监理制度规定的现象还时常存在，也对工程质量的控制造成一定的影响。主要体现在以下两个方面：

1）实行监理的建筑工程，建设单位没有委托具有相应资质条件的工程监理企业监理，造成监理人员不能胜任监理工作；实施建筑工程监理前，建设单位在监理委托协议中，没有将监理的内容、监理的义务和权限规定清楚，尤其在质量控制方面出现重大遗漏。

2）一些监理企业的监理人员业务水平较低，不能依照法律、行政法规及有关的技术标准、设计文件和建筑工程承包合同，对施工单位在施工质量、建设工期和建设资金使用等方面代

表建设单位实行监督；一些监理企业个别监理人员思想素质较差，不按照委托监理合同的约定履行监理义务，对应当监督检查的项目不检查或者不按照规定检查，甚至与施工单位串通为施工单位牟取非法利益。

建设工程质量具有特殊性，质量控制在建设工程监理活动中具有极其重要的地位，因此还应注意两个十分重要的问题：

第一个问题是对建设工程质量要实行三级控制：首先是实施者自身的质量控制，这是从产品生产者角度进行的质量控制；其次是政府对工程质量的监督，这是从社会公众利益角度出发进行的质量控制；第三是监理企业的质量控制，这是从业主角度或者说从产品需求者角度进行的质量控制。对建设工程质量，加强政府的质量监督和监理企业的质量控制是非常必要的，但绝不能忽视或淡化实施者自身的质量控制意识。

第二个问题是工程质量事故的处理问题。工程质量事故在建设工程实施的过程中具有多发的特点。诸如基础的不均匀沉降、混凝土强度不足、屋面渗漏、建筑物倒塌乃至整个建设项目整体报废等都有可能发生。如果拖延的工期、超额的投资还可能在以后的实施过程中进行挽回的话，那么工程质量一旦不合格，就成了既定的事实。对于不合格的工程项目应及时进行返工或返修，直至合格后方可进行下道工序或交付使用，否则将酿成严重的经济损失和伤亡事故等恶果。

鉴于工程质量事故具有多发的特点，应对其给予高度的重视。监理单位应尽量采取主动控制或事前控制，从设计、施工、材料和设备供应等多方面入手实施全方位、全过程的全面质量控制。在实施建设监理的工程上减少一般性质量事故，杜绝重大质量事故是最基本的要求。因此不仅工程监理企业应加强对工程质量事故的预控和处理，而且要加强工程实施者自身的质量控制意识，把降低和杜绝工程质量事故的具体措施落实到工程实施过程当中，贯彻到每一道工序的实施过程当中。

## 四、质量控制的主要工作

由于施工阶段是质量控制的重点，故以施工阶段的质量控制工作为例作一介绍，其他阶段的质量控制可参考有关资料。在施工阶段质量控制的主要工作如下：

1. 事前控制

事前控制是指在开工或工序施工准备阶段所进行的质量控制。监理工程师在此阶段的主要工作是：

1）检查施工单位（及分包单位）的技术资质，这是保证工程质量的基础。在投标单位投标开始前，由工程监理企业对投标单位进行资格审查，主要审查投标单位从事建设项目应具备的资质等级、企业素质、技术力量、管理水平、资金数额、机械化施工水平、企业的业绩等，以确定投标单位是否具备完成工程建设项目的能力。当施工单位确定后，在工程正式进行以前，工程监理企业应对施工单位再次进行技术资质核查，避免施工单位超越资质等级许可的业务范围或以其他施工单位的名义承揽工程，限制那些不符合建设工程项目要求的施工单位投入施工阶段。

2）组织设计交底和图纸会审，对所有的工程部位还应下达具体的质量标准与施工要求。

3）对建设工程项目施工所需的拟进场的原材料、设备、构配件等质量进行检查和控制。

对工程质量影响较大的材料和零配件等应提交样品，经认可后才能采购、订货。各种材料进场应有产品合格证，按有关规定进行抽验。检验应当有书面记录和专人签字，未经检验或抽验不合格的材料、零配件等，应当拒绝签认，并不得在工程建设中使用，限期撤出现场。

4）对永久性生产设备及装置应按审查批准的图纸组织采购和订货，这些设备或装置到场后，监理工程师应进行检查验收。主要设备及装置还应做到开箱检验，检查合格，监理工程师应签字予以认定。未经监理工程师签字的设备及装置，不得在工程上使用或者安装。

5）审核施工组织设计及施工方案，重点部位、关键工序、施工工艺和确保工程质量的措施，经审核同意后予以确认。当承包单位对已批准的施工组织设计进行调整、补充或变动时，应有专业监理工程师审查，并由监理工程师签认。对于不足部分提出修改意见，并让承包人按监理工程师的意见进行修改。

6）工程中采用的新材料、新工艺、新技术、新设备，专业监理工程师应要求承包单位报送相应的施工工艺措施和证明材料，组织专题论证，经审定同意使用后予以签认。对于工程质量有重大影响的施工机械、设备，应审核其技术性能报告，凡不符合质量要求的不得在施工中使用。

7）协助施工单位完善质量保证体系，建立健全质量管理制度（包括现场会议制度、现场质量检验制度、质量统计报表制度、质量事故报告及质量处理制度等）以及改进计量及质量检测技术、方法手段等。

8）主动与当地质量监督部门联系，汇报质量监理的计划、措施，取得当地质量监督部门的配合、支持和帮助，共同对工程质量进行控制。

9）对施工现场进行检查验收。根据《建设工程监理规范》（GB/T 50319—2013）的要求，可以采取旁站、巡视和平行检验形式对建设工程实施监理，现场的检查项目主要包括：检查施工测量标桩、建筑物的定位放线及高程水准点；落实施工现场障碍物（包括地下、架空管线等）的清理、拆除等。对于重要工程项目应逐项复合与检查。

10）对承包单位的实验室进行考核，主要从以下几个方面进行考核：①实验室的资质等级及其试验范围；②法定计量部门对实验设备出具的计量鉴定证明；③实验室的管理制度；④试验人员的资格证书；⑤本工程试验项目及其要求。

11）把好开工关。现场各项准备工作经监理工程师检查合格后，并经监理工程师批准发布开工令，建设工程项目才允许正式开工；对于已停工的工程，在未签发复工令之前不允许复工。

2. 事中控制

事中控制是指在建设工程项目施工过程中的质量控制。监理工程师在此阶段的具体工作如下：

1）协助施工单位完善工序控制。把影响工序质量的因素都纳入管理状态中，建立质量管理点，及时检查和审核由施工单位提交的质量统计资料和质量控制图表。

2）严格工序交接时间的检查。主要工序作业（包括隐蔽作业）需按有关验收规定，经现场监理工程师检查验收后，方可进行下一道工序的施工。

3）对于重要的工程部位，监理工程师应亲自进行试验或技术复核（如混凝土工程，亲自测定坍落度、取样制作试件等），并实行旁站监理。

4）根据工程施工的特点，对完成的分部（分项）工程，按相应的质量评定标准和方法，

进行检查、验收。

5）审核设计变更和图纸更改（包括建设单位和施工单位提出的工程变更），尤其注意审核设计变更和图纸更改后对工程质量的影响。

6）按合同行使质量监督权和质量否决权，为工程进度款的支付签署意见。如有必要，在下列情况下监理工程师有权下达工程暂停令：①施工中出现异常现象，经监理工程师提出后，施工单位未采取改进措施，或改进措施不力，质量状况未发生好转者；②隐蔽作业未经依法查验，确认合格，而擅自封闭者；③对已发生的质量事故未查明原因，或未进行有效处理而继续进行施工者；④不经设计单位和监理工程师批准，擅自变更设计图纸进行施工者；⑤使用无合格证的工程材料，或擅自替换、变更工程材料者；⑥未经监理工程师技术资质审核的分包施工人员进入现场施工者。

对上述情况监理工程师可要求施工单位停工整改，整改完毕后并经监理人员复查，符合规定要求后，总监理工程师应及时签署工程复工令（详见附录A工程监理表格应用示例A.0.7）。总监理工程师下达工程暂停令（详见附录A工程监理表格应用示例A.0.5）和签署工程复工报审表应事先向建设单位报告。

7）组织定期或不定期的现场质量会议，及时分析，通报工程质量状况，并协调有关单位间的业务活动。

8）审查工程质量事故的处理方案，并对处理效果进行检查。

3. 事后控制

事后控制是指在完成施工、形成产品后的质量控制。监理工程师在此阶段的主要工作是：

1）审核施工单位提供的有关项目的质量检验报告、评定报告及有关技术文件。

2）根据质量评定标准和办法，对完成的分项、分部工程及单位工程进行检查验收。

3）审核施工单位提交的竣工图，并与设计施工图进行比较，对竣工图作出评价。

4）组织有关单位参加联合试车，组织项目的竣工总验收。

5）整理有关工程质量的技术文件，建立档案，并在竣工验收后，及时向建设行政主管部门或者其他有关部门移交建设项目档案资料。

## 五、质量事故的分析及处理

在建设中出现质量事故，一般是很难完全避免的事情。工程项目建设是一个通过各方面协作的、复杂的生产过程。因此，建筑质量事故也相应具有复杂性、严重性、可变性及多发性的特点。通过监理工程师的质量控制系统和施工单位的质量保证活动，通常可对事故的发生起到防范作用或控制事故后果的进一步恶化，把危害程度降低到最低限度。鉴于监理工程师在工程建设中所起的中心地位作用，他完全有责任参与并组织事故的分析与处理。

### （一）工程质量事故分类

工程质量事故的分类方式很多，国家现行对工程质量事故通常按造成损失的严重程度进行分类，其基本分类如下：

1. 一般质量事故

有下列情况之一者属一般质量事故：

1）直接经济损失在 5 000 元（含 5 000 元）以上，不满 50 000 元的。

2）影响使用功能和工程结构安全，造成永久质量缺陷的。

2. 严重质量事故

具有下列情况之一者属严重质量事故：

1）直接经济损失在 50 000 元（含 50 000 元）以上，不满 10 万元的。

2）严重影响使用功能或工程结构安全，存在重大质量隐患的。

3）事故性质恶劣或造成 2 人以下重伤的。

3. 重大质量事故

具有下列情况之一者属重大质量事故：

1）工程倒塌或报废。

2）由于质量事故，造成人员死亡或重伤 3 人以上。

3）直接经济损失 10 万元以上。

国家建设行政主管部门将重大质量事故又分为四个等级：

1）凡造成死亡 30 人以上或直接经济损失 300 万元以上为一级。

2）凡造成死亡 10 人以上 29 人以下或直接经济损失 100 万元以上，不满 300 万元为二级。

3）凡造成死亡 3 人以上 9 人以下或重伤 20 人以上或直接经济损失 30 万元以上，不满 100 万元为三级。

4）凡造成死亡 2 人以下，或重伤 3 人以上 19 人以下或直接经济损失 10 万元以上，不满 30 万元为四级。

4. 特别重大事故

凡具备国务院发布的《特别重大事故调查程序暂行规定》所列发生一次死亡 30 人及其以上，或直接经济损失达 500 万元及其以上，或者其他性质特别严重，具备上述影响之一均属特别重大事故。

5. 质量问题

直接经济损失在 5 000 元以下的列为质量问题。

### （二）工程质量事故的分析处理

1. 质量事故分析处理的基本程序

质量事故分析处理的基本程序，可按图 5-9 所示过程进行。

归纳起来，工程质量事故分析处理可分为：下达“工程暂停令”，进行事故调查，分析事故原因，事故处理和检查验收，下达“工程复工令”等基本步骤。

（1）下达“工程暂停令” 在发现质量事故后，总监理工程师应当根据事故的实际情况，首先向施工单位下达“工程暂停令”，要求施工单位立即停止有质量缺陷部位及其关联部位和下道工序的施工，要求施工单位采取必要措施防止事故扩大并保护好现场；同时要求质量事故发生单位迅速按类别和等级向相应的主管部门上报，并在 24h 内进行书面报告。

质量事故报告应包括以下内容：

1）事故发生的单位名称、工程名称、部位、时间和地点。

2）事故概况和初步估计的直接损失。

3）事故发生原因的初步分析。

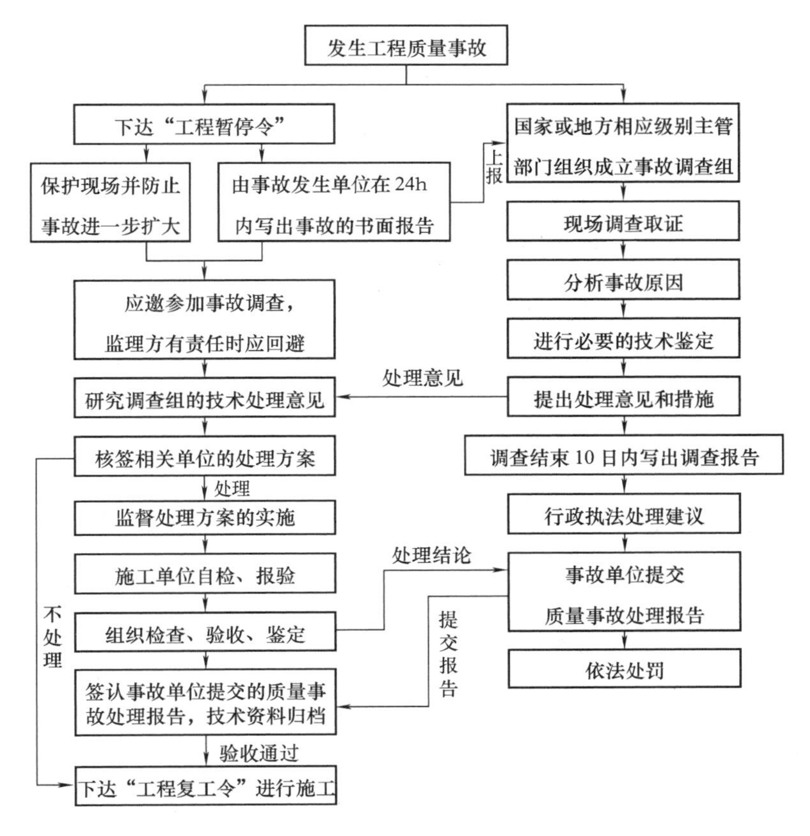


图5-9 质量事故分析处理的基本程序

4）事故发生后采取的措施。

5）相关各种资料（有条件时）。

（2）进行事故的调查　工程事故的调查处理一般要成立质量事故调查组。特别重大事故调查组组成由国务院批准；一、二级重大质量事故由省、自治区、直辖市建设行政主管部门提出组成意见，人民政府批准；三、四级重大质量事故由市、县级行政主管部门提出组成意见，相应级别人民政府批准；严重质量事故调查组由省、自治区、直辖市建设行政主管部门组织；一般质量事故调查组由市、县级建设行政主管部门组织；事故发生单位属国务院部委的由相关主管部门及授权部门会同建设行政主管部门组织调查组。

监理工程师在调查组开展工作后应积极协助，客观地提供相应证据。若监理方无责任，监理工程师可应邀参加调查组参与事故调查；若监理方有责任则应予以回避，并配合调查组工作。

（3）质量事故的处理和检查验收　监理工程师接到质量事故调查组提出的技术处理意见后，可组织相关单位研究，并责成相关单位完成技术处理方案，并予以审核签认。质量事故技术处理方案的制定要征求建设单位意见，一般委托原设计单位提出，或由其他单位提供并经原设计单位同意签认。必要时应委托法定工程质量检测单位进行质量鉴定或请专家论证，以确保方案可靠、可行、保证安全和实用功能。

技术处理方案核签后，监理工程师应要求施工单位制订出详细的施工方案，必要时编制监理实施细则，对关键部位和关键工序旁站监理，并会同设计单位、建设单位检查认可；对施工单位完工自检后报验结果组织有关各方检查验收，必要时进行技术鉴定；要求事故单位编写质量事故处理报告，并在审核签认后归档。

（4）下达“工程复工令”　监理工程师对质量事故处理结果进行检查验收后，若符合处理方案中的标准要求，监理工程师即可下达“工程复工令”，工程可重新复工。

2. 质量事故分析处理的目的

工程建设中质量事故发生以后，应及时进行分析处理，其目的在于查清质量事故的真正原因，区分质量事故责任，选择恰当的处理方法，减少工程事故造成的损失，总结经验教训，预防事故的再次发生，创造正常的施工条件，保证工程质量。

### （三）质量事故处理的原则和方法

1. 质量事故处理的原则

工程质量事故发生后，要坚持责任逐层追究的原则，即从施工人员、班组长到施工队长。根据质量事故的严重程度，由施工单位立即召集有关施工队长、班组长和施工人员，共同分析质量事故发生的原因，查明责任，研究防范措施，对责任者按照有关规定批评教育或处罚，防止质量事故重复发生。

在施工过程中，如果发现工程质量事故，不管其属于何种类型，施工人员均应立即上报，并进行初步检查，若属于一般质量事故，班组应写出质量事故报告，经专职质检员核实签字后，报施工单位技术负责人及监理工程师。若属于重大或特大质量事故，施工单位应立即向监理工程师、建设单位和质量监督部门提出书面报告，并通知设计单位，同时按规定向上级报告，及时填报重大质量事故报告（表），严禁隐瞒不报或虚报。

对因工程质量问题造成的经济损失，应坚持谁承担事故责任谁负担的原则。若是施工单位责任，一切经济损失应由施工单位负责；若责任事故的责任并非施工单位所负，一切经济损失不仅不能由施工单位承担，而且施工单位还有向他方提出索赔的权利。

2. 质量事故处理的方法

对施工中出现的工程质量事故，一般有以下三种处理方法。

（1）责令返工　对于严重未达到规范或标准的质量事故，影响到工程正常使用的安全，且又无法通过修补的方法予以纠正时，必须采取返工的措施。

（2）进行修补　这种方法适用于通过修补可以不影响工程的外观和正常使用的质量事故。它是利用修补的方法对工程质量事故予以补救，这类工程事故在工程施工中是经常发生的。

（3）不作处理　有些出现的工程质量问题虽超出了有关规范规定，已具有质量事故的性质，但可针对具体情况通过分析可不需专门处理，如：

1）不影响结构的安全或使用要求、生产工艺。例如，有的建筑物在施工中发生错位事故，若进行彻底纠正，不仅困难很大，将会造成重大经济损失，经过分析论证后，只要不影响生产工艺和使用要求，可不作处理。

2）轻微的质量缺陷，通过后续工程可以弥补的，可以不作处理。例如，混凝土墙板出现了轻微的蜂窝、麻面等质量问题，该缺陷可通过后续工序抹灰、喷涂进行弥补，则不需对

墙板缺陷作专门的处理。

3）对出现的某些质量事故，经复核验算后，仍能满足设计要求者，可不作处理。例如，结构断面尺寸比设计图纸稍小，经认真验算后，仍能满足设计承载能力者。但必须特别值得注意，这种方法是挖掘设计潜力，对此需要格外慎重。

### （四）质量事故的处理验收和鉴定

质量事故的处理是否达到了预期的目的，是否仍留有隐患，应当通过检查鉴定和验收作出确认。

事故处理的检查鉴定，应严格按施工验收规范及有关标准的规定进行，必要时还应通过实际测量、试验和仪表监测等方法获取必要的数据，才能对事故的处理结果做出确切的结论。检查和鉴定的结论可能有以下几种：

1）事故已排除，可继续施工。

2）隐患已消除，结构安全有保证。

3）经修补处理后，完全能满足使用要求。

4）基本上满足使用要求，但使用时应有附加限制条件，如限制荷载等。

5）对耐久性的结论。

6）对建筑物外观影响的结论。

7）对短期难以作出结论者，可提出进一步观测检验的意见。

事故处理后，监理工程师还必须提交事故处理报告，其内容包括事故情况调查，事故原因分析，事故处理依据，事故处理方案、方法及技术措施，处理施工过程的各种原始记录资料，检查验收记录，事故结论等。

## 六、质量控制案例

### 案例1

【背景】

某框架结构工程，在杯形基础施工过程中，一批水泥已送样复检，由于工期较紧，在没有实验报告的情况下，施工单位负责人未经监理工程师许可指令施工，已浇筑2个杯形基础，之后发现水泥实验报告中某项目质量不合格。如果2个杯形基础返工重做，工期延误3天，经济损失达1.71万元。

【问题】

1. 监理工程师如何处理该问题？

2. 监理工程师对进场原材料、半成品或构配件应如何控制质量？

3. 工程质量事故成因的基本因素主要有哪些方面？

【参考答案】

1. 监理工程师对水泥检测报告中某项目质量不合格的处理：首先应下达该部分工程暂停令，要求采取必要的措施，并经法定检测单位鉴定。如果施工质量达到设计要求，或经原设计单位核算，仍能满足结构安全和使用功能，可不作处理。如果鉴定达不到设计要求，或经原设计单位核算，满足不了结构安全和使用功能要求，应进行事故调查，组织相关单位研究，并责成相关单位完成处理方案，并予以审核签认。监理工程师要求施工单位对工程质量事故进行处理，监理工程师旁站监督，处理、检查、验收、鉴定，签发“工程复工令”。

2. 监理工程师对进场原材料、半成品或构配件应从以下几个方面进行质量控制：

（1）进场的原材料或构配件，进场前应向项目监理机构提交“工程材料/构配件/设备报审表”，同时附有产品出厂合格证及技术说明书，由施工单位按规定进行检验或试验，经监理工程师审查并确认其质量合格后方准进场。凡是没有产品出厂合格证及检验不合格者，不得进场。如果监理工程师对承包单位提交的检验和试验报告，仍不足以证明产品的质量时，监理工程师可以再组织复检或见证取样试验确认其质量。

（2）进口材料的检查、验收应会同国家商检部门进行。

（3）监理工程师对承包单位在材料、半成品、构配件的存放、保管条件及时间也应实施监控。

（4）现场配制材料，要求承包单位事先进行试验，达到要求标准方准施工。

3. 工程质量事故成因的基本因素主要有：

（1）违背建设程序。

（2）违反法规行为。

（3）地质勘查失真。

（4）设计差错。

（5）施工管理不到位。

（6）使用不合格原材料、制品及设备。

（7）自然环境因素。

（8）使用不当。

## 案例2

【背景】

监理工程师在某工业工程施工过程中进行质量控制，控制的主要内容有：

1. 协助承包商完成工序控制。

2. 严格工序间的交接检查。

3. 重要的工程部位或专业工程进行旁站监督与控制，还要亲自试验或技术复核，见证取样。

4. 对完成的分项、分部（子分部）工程按相应的质量检查、验收程序进行验收。

5. 审核设计变更和图纸修改。

6. 按合同行使质量监督权。

7. 组织定期或不定期的现场会议，及时分析、通报工程质量情况，并协调有关单位间的业务活动。

【问题】

1. 分部工程质量如何验收？分部工程质量验收的内容是什么？

2. 监理工程师在工序施工之前应重点控制哪些影响工程质量的因素？

3. 监理工程师现场监督和检查哪些内容？质量检验采用什么方法？

【参考答案】

1. 分部工程应由总监理工程师（建设单位项目负责人）组织施工单位项目负责人和技术、质量负责人等进行验收，由于地基基础、主体结构技术性能要求严格、技术性强关系到整个工程的安全，此两个分部工程相关勘察、设计单位项目负责人和施工单位 技术、质量部门负责人也应参加验收。

分部工程质量验收合格的规定：

① 分部（子分部）工程所含分项工程的质量均应验收合格。

② 质量控制资料应完整。

③ 地基与基础、主体结构和设备安装等分部工程有关安全及功能的检验和抽样检测的结果应符合要求。

④ 观感质量验收应符合要求。

2. 人、机、料、法、环。

3. ①开工前的检查。

②工序施工中跟踪监控。

③重要的部位旁站监控。

质量检验采用：目测法、量测法、试验法。

## 本章小结

建设工程目标控制是建设工程监理的重要管理活动。建设工程目标控制分为投资控制、进度控制和质量控制，其中质量控制是重点。建设工程监理的任务是帮助业主实现其投资目的，即在计划的投资和工期内，按规定质量完成项目建设。目标控制主要是采取主动控制和被动控制两种方式。建设工程目标控制受多种因素的影响，因此，在实现建设项目控制总目标的过程中要综合分析各种影响因素，明确目标控制的主要任务，做好投资、进度、质量控制的主要工作。建设工程目标控制是全过程、全方位的系统性的控制。通过监理工程师的质量控制系统和施工单位的质量保证活动，通常可对事故的发生起到防范作用，控制事故后果的进一步恶化，把危害程度减少到最低限度。

## 综合实训

### 一、单项选择题

1. 目标控制有主动控制和被动控制之分，下列关于主动控制和被动控制的表述中，正确的是（　　）。

A. 仅仅采用主动控制是不现实的　　B. 被动控制比主动控制效果好

C. 主动控制是不经济的　　D. 以主动控制为主，被动控制为辅

2. 控制的基本环节中，紧跟在反馈环节之后的是（　　）。

A. 投入　　B. 转换　　C. 对比　　D. 纠正

3. 将控制类型分为前馈控制和反馈控制的依据是（　　）。

A. 事物发展的过程　　B. 纠正措施和控制信息的来源

C. 控制过程是否形成回路　　D. 制定控制措施的出发点

4. 从主动控制是事前控制的角度来理解，主动控制的主要作用在于（　　）。

A. 及时纠偏　　B. 降低目标偏离的严重程度

C. 避免重蹈覆辙　　D. 防患于未然

5. 对目标控制的控制流程描述正确的是（　　）。

A. 收集项目目标的实际值，将实际值与计划值比较，找出偏差，采取纠偏措施

B. 收集项目目标的实际值，将实际值与计划值比较，找出偏差，进行目标调整

C. 收集项目目标的实际值，将实际值与计划值比较，采取控制措施，进行目标调整

D. 将实际值与计划值比较，采取控制措施，进行目标调整，收集项目目标的实际值

6. 投资、进度、质量控制的基础和前提是（　　）。

A. 目标规划与计划　　B. 管理组织　　C. 统一协调　　D. 组织指挥

7. 质量事故发生后，总监理工程师首先要做的事情是（　　）。

A. 签发“工程暂停令”　　B. 要求施工单位保护现场

C. 要求施工单位 24h 内上报　　D. 发出质量通知单

8. 总监理工程师在施工过程中下达停工及复工令时，应事先（　　）。

A. 向建设单位报告　　B. 通知承包单位

C. 向监理单位报告　　D. 向原工程项目审批部门报告

9. 单价法和实物法编制施工图预算的主要区别是（　　）。

A. 计算工程量的方法不同　　B. 计算利税的方法不同

C. 计算直接费的方法不同　　D. 计算其他直接费、间接费的方法不同

10. 施工阶段监理工程师可应用（　　）等手段进行质量控制。

A. 审核技术文件报告和报表　　B. 向建设单位报告

C. 制约工程款支付　　D. 平行检验、旁站监理、巡视检查

11. 监理工程师对以下（　　）情况不予计量。

A. 达到合同约定的质量标准已完成的施工图内工程量

B. 承包商超出设计图纸范围的工程量

C. 承包商按照总监理工程师审查同意而实施的工程变更

D. 因业主原因造成的返工的工程量

12. 工程设计变更不论由谁提出，都必须征得（　　）同意并且办理设计变更手续。

A. 施工单位　　B. 建设单位　　C. 监理单位　　D. 设计单位

13. 在建设工程施工阶段，承包单位需要将施工进度计划提交给监理工程师审查，其目的是为了（　　）。

A. 听取监理工程师的建设性意见

B. 解除其对施工进度计划的责任和义务

C. 请求监理工程师优化施工进度计划

D. 表明其履行施工合同的能力

14. 工程质量事故分析处理的基本步骤是（　　）。

A. 下达“工程停工令”、进行事故调查、分析事故原因、事故处理和检查验收、下达“工程复工令”

B. 组建事故调查小组、调查事故原因、事故处理、总结报告
C. 报告上级部门、配合上级调查、执行事故处理结果
D. 施工单位自行处理、上报监理工程师、监理工程师批复

15. 下列描述中，属于一般质量事故的是（　　）。
A. 直接经济损失在 50 000 元（含 50 000 元）以上，不满 10 万元的
B. 影响使用功能和工程结构安全，造成永久质量缺陷的
C. 事故性质恶劣或造成 2 人以下重伤的
D. 由于质量事故，造成人员死亡或重伤 3 人以上

## 二、多项选择题

1. 目标控制的具体措施有（　　）。
A. 技术措施　B. 组织措施　C. 经济措施　D. 激励措施
E. 合同措施

2. 主动控制也可以表述为（　　）。
A. 事前控制　B. 反馈控制　C. 前馈控制　D. 开环控制
E. 闭环控制

3. 在下列内容中，属于设计阶段质量控制任务的是（　　）。
A. 配合设计单位优化设计　B. 确定设计质量标准
C. 限额设计　D. 审查阶段性设计成果
E. 对设计方案进行技术经济分析

4. 施工阶段进度控制的主要任务有（　　）。
A. 制订工程建设项目施工总计划
B. 比较项目计划值与实际值，及时纠偏
C. 做好预防措施，预防可能发生的进度偏离事件
D. 协调整个项目中的各单位之间的进度衔接
E. 及时、准确、完整地提供各种技术资料

5. 工程款支付涉及的款项有（　　）。
A. 工程预付款　B. 工程进度款　C. 竣工结算　D. 工程保证金
E. 索赔款

6. 工程质量事故处理依据应包括（　　）。
A. 质量事故的实况资料　B. 有关的合同文件
C. 建设单位和监理单位的意见　D. 相关的建设法规
E. 相关的设计文件

## 三、简答题

1. 主动控制和被动控制的关系是什么？
2. 如何理解投资、进度、质量三大目标控制的关系？
3. 何谓工程项目投资控制？其作用是什么？工程建设各阶段投资控制的具体工作分别有哪些？
4. 进度控制的含义是什么？影响进度控制的因素有哪些？进度控制应重点做好哪些工作？

5. 质量控制的含义是什么？影响质量控制的因素有哪些？质量控制应重点做好哪些工作？

6. 工程事故如何分类？监理工程师应如何处理工程事故？

四、案例分析题

## 案例 1

【背景】

某国际承包工程，经监理工程师核实后的承包商报送的本月报表内容包括：该月完成永久工程价值 12 万元，计日工费 0.3 万元，运到工地的材料设备应预支款额 3 万元。按投标书附件规定，保修金百分比为 10%。本月工程预计款应扣还 2 万元，工程师签发月度付款证书的最小金额为 15 万元。根据合同规定，计算的价格调整系数为 1.2。

【问题】

监理工程师本月将如何签发付款证书？

## 案例 2

【背景】

某大桥工程包括引道总长 15. 762km，是按照双向六车道、行车时速 120km 的高速公路标准设计和修建的。主航道采用 888m 的单跨双绞钢加劲梁悬索桥，辅航道为三跨预应力混凝土连续钢构桥。在工程的施工过程中出现了严重的质量问题：索股制作初期质量存在严重缺陷，锚道锚具铸件全部不合格，索夹裂纹超限等。对此监理工程师积极地采取了各种措施。

【问题】

1. 在施工过程中，施工质量控制的依据有哪些？

2. 简述工程质量问题处理的程序。

# 第六章 建设工程合同管理

## 学习目标：

了解建设工程合同的种类、内容及作用；熟悉委托监理合同管理；掌握建设工程施工合同管理内容及管理方法；具有一般工程建设项目合同管理的基本能力。

## 第一节 概 述

建设工程项目从招标、投标、设计、施工到竣工验收交付使用，涉及建设单位、设计单位、材料设备供应商、材料生产厂家、施工单位、工程监理企业等多个单位。怎样能把工程项目建设各有关单位有机地联系起来，使之相互协调，密切配合，共同实现工程建设项目进度目标、质量目标和投资目标，一个重要的措施就是利用合同手段，运用经济与法律相结合的方法，将建设工程建设项目所涉及的各个单位在平等、合理的基础上建立起相互的权利和义务关系，以保障工程建设项目目标的顺利实现。

合同管理贯穿于项目建设的全过程，是确保合同正常履行，维护合同双方的正当权益，全面实现工程建设项目建设目标的关键性工作。因此，建设单位、施工单位、监理工程师等各方必须树立强烈的合同意识，严格履行合同，按合同约定做好工程建设项目的一切工作。

### 一、合同的概念

合同，又称契约，它是当事人之间设立、变更和终止民事权利和义务关系的协议。当事人可以是双方的，也可以是多方的。合同作为一种法律手段，是法律规范在具体问题中的应用，签订合同属于一种法律行为，依法签订的合同具有法律约束力。

建设工程合同是指在工程建设过程中发包人与承包人依法订立的、明确双方权利和义务关系的协议。建设工程合同是一种义务、有偿合同，当事人双方在合同中都有各自的权利和义务，在享有权利的同时必须履行义务。例如建设工程施工合同，承包人的主要义务是进行工程建设，权利是得到工程价款；发包人的主要义务是支付工程价款，权利是得到完整、符合约定的建筑产品。

与工程建设有关的合同主要有建设工程勘察设计合同、设备和材料采购合同、建设工程施工合同、劳务供应合同、租赁合同、委托监理合同、分包合同、贷款合同、保险合同等。

## 二、合同的分类

工程经济活动中，合同的形式与类别是多种多样的，建设工程合同可以从不同的角度进行分类。

1. 按承发包的工程范围划分

从承发包的不同范围和数量进行划分，可以将建设工程合同分为建设工程总承包合同、建设工程承包合同、分包合同。发包人将工程建设的全过程发包给一个承包人的合同，即建设工程总承包合同。发包人将建设工程的勘察、设计、施工等的每一项分别发包给不同承包人的合同，即建设工程承包合同。经合同约定和发包人认可，从工程承包人承包的工程中承包部分工程而订立的合同，即建设工程分包合同。

2. 按完成承包的内容划分

从完成承包的内容进行划分，建设工程合同可以分为建设工程勘察合同、建设工程设计合同、建设工程施工合同三类。

3. 按付款方式划分

以付款方式的不同，建设工程合同分为总价合同、单价合同和成本加酬金合同。

（1）总价合同　总价合同是指在合同中确定一个完成建设工程的总价，施工单位据此完成项目全部内容的合同。这种合同类型能够使建设单位在评标时易于确定报价最低的施工单位，易于进行支付计算。但这类合同仅适用于工程量不大且能精确计算、工期较短、技术不太复杂、风险不大的项目。因而采用这种合同类型要求建设单位必须准备详细而全面的设计图纸（一般要求施工详图）和各项说明，使施工单位能准确计算工程量。

（2）单价合同　单价合同是施工单位在投标时按照招标文件就分部分项工程所列出的工程量表确定各分部分项工程费用的合同类型。

这类合同适用范围比较宽，其风险可以得到合理的分摊，并且能鼓励施工单位通过提高工效等手段从成本节约中提高利润。这类合同能够成立的关键在于双方对单价和工程量计算方法的确认，在合同履行中需要注意的问题则是双方实际工程量的确认。

（3）成本加酬金合同　成本加酬金合同是建设单位向施工单位支付建设工程的实际成本，并按事先约定的某一种方式支付酬金的合同类型。在这类合同中，建设单位需承担项目实际发生的一切费用，因此也就承担了项目的全部风险。而施工单位由于无风险，其报酬也往往较低。

这类合同的缺点是建设单位对工程总价不易控制，施工单位也往往不注意降低项目成本。这类合同主要适用于以下项目：

1）需要立即开展工作的项目，如地震后的救灾工作。

2）新型的工程建设项目或项目工程内容及技术经济指标未确定。

3）风险很大的项目。

## 三、合同的内容

根据《中华人民共和国合同法》第十二条规定，合同的内容包含以下几个方面：

（1）合同当事人的名称或者姓名和住所

（2）合同的标的　合同标的是当事人双方的权利、义务共指的对象。它可能是实物（如生产资料、生活资料、动产、不动产等）、服务性工作（如劳务、加工）、智力成果（如专利、商标、专有技术）等。例如工程承包合同，其标的是完成工程项目。标的是合同必须具备的条款，无标的或标的不明确，合同是不能成立的，也无法履行。

（3）标的的数量和质量　标的的数量一般以度量衡作计算单位，以数字作为衡量标的的尺度；标的质量是指质量标准、功能技术要求、服务条件等。没有标的数量和质量的定度，合同是无法生效和履行的，发生纠纷也不易分清责任。

（4）合同价款或酬金　合同价款或酬金即取得标的的一方为对方支付的代价，作为对方完成合同义务的补偿。合同中应写明价款数额、付款方式、结算程序。合同应遵循等价互利的原则。

（5）合同期限和履行的地点　合同期限是指履行合同期限，即从合同生效到合同结束时间。履行地点是指合同标的物所在地，如以承包工程为标的的合同，其履行地点是工程计划文件所规定的工程所在地。

由于一切经济活动都是在一定的时间和空间上进行的，离开具体的时间，经济活动是没有意义的，所以合同中应非常具体地规定合同期限和履行地点。

（6）违约责任　违约责任即合同当事人任何一方，不能履行或不能完全履行合同责任，侵犯另一方经济权利时所应负的责任。当事人可以在合同中约定，一方当事人违反合同时，必须向另一方当事人支付一定数额的违约金，或者约定违约损害赔偿的计算方法。规定违约责任，一方面可以促进当事人按时、按约履行义务；另一方面又可对当事人的违约行为进行制裁，弥补守约方因对方违约而遭受的损失。很显然，若没有规定违约责任，则合同对双方难以形成法律约束力，难以确保圆满地履行合同，发生争执也难以解决。

（7）解决争议的方法　在合同的履行过程中，不可避免地会产生争议或纠纷，当合同当事人在履行合同过程中发生纠纷时，首先应通过协商解决，协商不成的，可以调解或仲裁、诉讼。我国新的仲裁制度建立后，仲裁与诉讼成为平行的两种解决争议的最终方式。合同的当事人不能同时选择仲裁和诉讼作为争议解决的方式，如果当事人希望通过仲裁解决争议，则必须在合同中约定仲裁条款，因为仲裁是以自愿为原则的。

## 四、合同的作用

市场经济的确立和完善，为工程建设市场的形成和完善提供了有利条件，工程合同的普遍实行，更加有利于建设市场的规范和发展，加速推进建设监理制度的完善和发展。工程合同的科学性、公平性和法律效力，规范了合同各方的行为，使工程建设活动有章可循，具体作用如下：

1. 合同是双方在工程中各种经济活动的依据

合同在工程实施前签订，它确定了工程所要达到的目标以及和目标相关的所有主要的细节问题。合同确定的工程目标主要有三个方面：

1）工期，包括工程开始、工程结束的具体日期以及工程中的一些主要活动持续时间，由合同协议书、总工期计划、双方一致同意的详细进度计划等决定。

2）工程质量、工程规模和范围，包括详细而具体的质量、技术和功能等方面的要求，如建筑面积、项目要达到的生产能力、建筑材料、设计、施工等质量标准和技术规范等，它们由合同条件、图纸、规范、工程量表、供应清单等定义。

3）价格，包括工程总价格，各分项工程的单价和总价等，由工程量报价单、中标函或合同协议书等定义。这是施工单位按合同要求完成工程责任所应得的报酬。

2. 合同规定了双方的经济关系

合同一经签订，合同双方便结成了一定的经济关系。合同规定了双方在合同实施过程中的经济责任、利益和权利。

签订合同，则说明双方互相承担责任，双方居于一个统一体中，共同完成合同的总目标，双方的利益是一致的。但从另一个角度来看，合同双方的利益又是不一致的：施工单位的目标是，尽可能多地取得工程利润，增加收益降低成本；建设单位的目标是，以尽可能少的费用完成尽可能多的、质量尽可能高的工程。

由于利益的不一致，会导致工程建设过程中的利益冲突，造成工程实施和管理中双方行为的不一致、不协调甚至产生矛盾。

合同是调节这些关系的主要手段。它规定了双方的责任和权益。双方都可以利用合同保护自己的权益，限制和约束对方，所以合同应体现双方经济责任、权利关系的平衡。如果不能保持这种均势，则往往会导致合同一方的失败，或整个工程的失败。

3. 合同是工程建设过程中双方的最高行为准则

工程建设过程中的一切活动都是为了履行合同，都必须按合同办事，双方的行为主要靠合同来约束，所以工程建设过程以合同为核心。

合同一经签订，只要合同合法，双方都必须全面地履行合同规定的责任和义务。如果不能认真履行自己的责任和义务，甚至单方面撕毁合同，则必须受经济的或法律的处罚。除了特殊情况（如不可抗力因素等）使合同不能实施外，合同当事人即使亏本，甚至破产也不能摆脱这种法律的约束力。

4. 合同是工程建设过程中解决双方争议的依据

双方由于经济利益不一致，在工程建设过程中争议是难免的。合同争议是经济利益冲突的表现，它常常起因于双方对合同理解的不一致、合同实施环境的变化、有一方违反合同或未能正确的履行合同等。

合同对争议的解决有两个决定性的作用：

1）争议的判定以合同作为法律依据，即以合同条文判定争议的性质，谁对争议负责，应负什么样的责任等。

2）争议的解决方法和解决的程序有合同规定，所以，对施工单位来说，合同确定了他们在工程中的基本地位，决定着承包工程的盈亏成败。

# 第二节　建设工程合同管理

合同管理是指各级政府工商行政管理机关、建设行政主管机关和金融机构以及工程建设参与单位（如建设单位、施工单位、监理单位等）依据相关法律、法规和规章制度，采取法律的、行政的手段，对合同关系进行组织、指导、协调及监督，保护合同当事人的合法权益，处理合同纠纷，防止和制裁违法行为，保证合同得到贯彻实施的一系列活动。

几十年来的工程建设监理的实践证明：建设工程合同管理的关键是熟悉合同、掌握合同，利用合同对建设工程进行进度、质量和投资实施管理和控制。

## 一、建设工程监理合同的管理

建设工程监理合同是建设单位与工程监理企业签订，为了委托监理企业承担监理业务而明确双方权利与义务关系的协议。

1. 建设工程监理合同示范文本

建设工程监理合同的签订以《建设工程监理合同（示范文本）》（GF—2012—0202）为依据。该示范文本包括“协议书”（详见附录B建设工程监理合同示例）、“通用条件”、“专用条件”三部分组成，并附有附录A、B。其内容完整、严密，意思表达准确，使用该示范文本，可以提高监理合同签订的质量，减少扯皮和合同纠纷。

（1）协议书　“协议书”是一个纲领性的法律文件，其中明确了当事人双方确定的委托监理工程的概况（工程名称、地点、规模、总投资）；委托人向监理人支付的报酬数额；合同签订及完成时间；双方履行约定的承诺；工程监理企业确定的负责该工程项目的总监理工程师以及组成本合同的文件和词语限定。

（2）通用条件　建设工程监理合同通用条件，其内容涵盖了合同中所用词语定义，适用范围和法规，签约双方的责任、权利和义务，合同生效变更与终止，监理报酬，争议的解决，以及其他一些情况。它是委托监理合同的通用文件，适用于各类建设工程项目监理。

（3）专用条件　由于通用条件适用于各种行业和专业项目的建设工程监理，因此其中的某些条款规定得比较笼统，需要在签订具体工程项目监理合同时，结合地域特点、专业特点和委托监理项目的工程特点，对通用条件中的某些条款进行补充、修正。

所谓补充是指通用条件中的条款明确规定，在该条款确定的原则下，专用条件的条款中进一步明确具体内容，使两个条件中相同序号的条款共同组成一条内容完备的条款。如通用条件中规定“建设工程委托监理合同适用的法律是国家法律、行政法规，以及专用条件中议定的部门规章或工程所在地的地方法规、章程”。就具体工程监理项目来说，就要求在专用条件的相同序号条款内写入履行本合同必须遵循的部门地方法规的名称，作为双方都必须遵守的条件。

所谓修改是指通用条件中规定的程序方面的内容，如果双方认为不合适，可以协议修改。如通用条件中规定“委托人对监理人提交的支付通知书中酬金或部分酬金项目提出异议，应在收到支付通知书24h内向监理人发出异议的通知”。如果委托人认为这个时间太短，在与监理人协商达成一致意见后，可在专用条件的相同序号条款内另行写明具体的延长时间，如改为48h。

2. 签订委托监理合同应注意的问题

（1）必须坚持法定程序　委托监理合同的签订，意味着委托代理关系的形成，委托与被委托方的关系也将受到合同的约束。在合同签订过程中，要认真注意合同签订的有关法律问题，对于这些问题，一般由通晓法律的专家或聘请法律顾问指导和协助完成。合同开始执行时，建设单位应当将自己的授权执行人以及所授予的权力以书面的形式通知监理企业，监理企业也应当将派往该项目的总监理工程师及其助手情况告知建设单位。委托监理合同签署以后，建设单位应当将授予监理工程师的权限体现在与施工单位签订的工程合同中，至少在施工单位动工之前要将监理工程师的有关权限书面转达施工单位，为监理工程师的工作创造条件。

（2）合同的修改和变更　工程建设中难免出现许多不可预见的事情，因而经常会出现要求修改或变更合同条件的情况，如改变工作服务范围、工作深度、工作进程、费用支付或委托和被委托方各自承担的责任等。特别是当出现需要改变服务和费用问题时，监理企业应该坚持要求修改合同，口头协议或临时性交换函件等都是不可取的。可以采取几种方式对合同进行修改：正式文件、信件协议或委托单。如果变动范围太大，应重新制定一个新的合同来取代原有合同，这对于双方来说都是好办法。不论采取什么方法，修改之处一定要便于执行，这是避免纠纷、节约时间和资金的需要。如果忽视了这一点，仅仅是表面上通过修改，就有可能缺乏合法性和可行性。

（3）其他问题　在委托监理合同的签署过程中，双方都应认真注意，涉及合同的每一份文件都是双方在执行合同过程中对各自承担义务相互理解的基础。一旦出现争议，这些文件也是保护双方权利的法律基础。因此，第一，要注意合同文字的简洁、清晰，每个措词都应该是经过双方充分讨论，以保证工作范围、工作方法以及双方相互之间的权利和义务确切理解。如果一份写得很清楚的合同，未经充分讨论，只是一厢情愿的东西，双方的理解不可能完全一致。第二，对于一项时间要求特别紧迫的任务在委托方选择了监理企业之后，在签订委托监理合同之前，双方可以通过意图性信件进行交流，监理企业对意图性信件的用词要认真审查，尽量使对方容易理解和接受，否则，就可能在忙乱中使合同谈判失败或者遭受其他以外的损失。第三，监理企业在合同事务中要注意充分利用有效的法律服务。委托监理合同的法律性很强，监理企业必须配备这方面的专家，这样在准备监理合同格式、检查其他人提供的合同文件及研究意图性信件时，才不至于出现失误。

## 二、建设工程施工合同的管理

建设工程施工合同，即建筑安装工程承包合同，是发包人和承包人为完成商定的建筑安装工程，明确相互权利、义务关系的合同。

### （一）建设工程施工合同示范文本

住建部、国家工商行政管理总局于2013年颁布了《建设工程施工合同（示范文本）》（GF—2013—0201），由“合同协议书”（详见建设工程施工合同示例）、“通用合同条款”“专

用合同条款”三部分组成，并附有11个附件。

（1）合同协议书　合同协议书是施工合同的总纲性法律文件，共计13条，主要包括：工程概况、合同工期、质量标准、签约合同价和合同价格形式、项目经理、合同文件构成、承诺以及合同生效条件等重要内容，集中约定了合同当事人基本的合同权利与义务。标准化的协议书格式文字量不大，需要结合承包工程特点填写。

（2）通用合同条款　“通用”的含义是所列条款的约定不区分具体工程的行业、地域、规模等特点，只要属于建筑安装工程均可使用。通用合同条款是在广泛总结国内工程实施中成功经验和失败教训基础上，参考FIDIC编写的《土木工程施工合同条件》相关内容的规定，编制的规范承发包双方履行合同义务的标准化条款。通用合同条款共计20条，具体条款分别为：一般约定、发包人、承包人、监理人、工程质量、安全文明施工与环境保护、工期和进度、材料与设备、试验与检验、变更、价格调整、合同价格、计量与支付、验收和工程试车、竣工结算、缺陷责任与保修、违约、不可抗力、保险、索赔和争议解决。前述条款安排既考虑了现行法律、法规对工程建设的有关要求，也考虑了建设工程施工管理的特殊需要。

（3）专用合同条款　由于具体实施工程项目的工作内容各不相同，施工现场和外部环境条件各异，因此还必须有反映招标工程具体特点和要求的专用合同条款的约定。专用合同条款是对通用合同条款原则性约定的细化、完善、补充、修改或另行约定的条款。合同当事人可以根据不同建设工程的特点及具体情况，通过双方的谈判、协商对相应的专用合同条款进行修改补充。在使用专用合同条款时，应注意以下事项：

1）专用合同条款的编号应与相应的通用合同条款的编号一致。

2）合同当事人可以通过对专用合同条款的修改，满足具体建设工程的特殊要求，避免直接修改通用合同条款。

3）在专用合同条款中有横道线的地方，合同当事人可针对相应的通用合同条款进行细化、完善、补充、修改或另行约定；如无细化、完善、补充、修改或另行约定，则填写“无”或划“/”。

（4）附件　范本中为使用者提供了“承包人承揽工程项目一览表”“发包人供应材料设备一览表”和“房屋建筑工程质量保修书”等11个标准化附件。如果具体项目的实施为包工包料承包，则可以不使用发包人供应材料设备表。

### （二）建设工程施工合同管理

建设工程施工合同管理可从以下几个方面入手：

#### 1. 材料和设备的质量控制

为了保证工程项目达到投资建设的预期目的，确保工程质量至关重要。对工程质量进行严格控制，应从使用的材料质量控制开始。

（1）材料设备的到货检验　工程项目使用的建筑材料和设备按照专用条款约定的采购供应责任，可以由承包人负责，也可以由发包人提供全部或部分材料和设备。

1）发包人供应的材料设备：发包人应按照专用条款的材料设备供应一览表，按时、按质、按量将采购的材料和设备运抵施工现场，与承包人共同进行到货清点。

发包人应当向承包人提供其供应材料设备的产品合格证明，并对这些材料设备的质量负责。发包人在其所供应的材料设备到货前24h，应以书面形式通知承包人，由承包人派人与发包人共同清点。清点的工作主要包括外观质量检查；对照发货单证进行数量清点（检斤、检尺）；大宗建筑材料进行必要的抽样检验（物理、化学试验）等。

发包人供应的材料设备经双方共同清点接收后，移交由承包人妥善保管，发包人支付相应的保管费用。因承包人的原因发生损坏丢失，由承包人负责赔偿。发包人不按规定通知承包人验收，发生的损坏丢失由发包人负责。

发包人供应的材料设备与约定不符时，应当由发包人承担有关责任。

2）承包人采购的材料设备：承包人负责采购材料设备的，应按照合同专用条款约定及设计要求和有关标准采购，并提供产品合格证明，对材料设备质量负责；承包人在材料设备到货前 24h 应通知监理工程师共同进行到货清点；承包人采购的材料设备与设计或标准要求不符时，承包人应在监理工程师要求的时间内运出施工现场，重新采购符合要求的产品，承担由此发生的费用，延误的工期不予顺延。

（2）材料和设备的使用前检验　为了防止材料和设备在现场储存时间过长或保管不善而导致质量的降低，应在用于永久工程施工前进行必要的检查试验。按照材料设备的供应义务，对合同责任作了如下区分：

1）发包人供应的材料设备进入施工现场后需要在使用前检验或者试验的，由承包人负责检查试验，费用由发包人负责。按照合同对质量责任的约定，此次检查试验通过后，仍不能解除发包人供应材料设备存在的质量缺陷责任。即承包人检验通过之后，如果又发现材料设备有质量问题时，发包人仍应承担重新采购及拆除重建的追加合同价款，并相应顺延由此延误的工期。

2）承包人负责采购的材料设备在使用前，承包人应按监理工程师的要求进行检验或试验，不合格的不得使用，检验或试验费用由承包人承担；监理工程师发现承包人采购并使用不符合设计或标准要求的材料设备时，应要求由承包人负责修复、拆除或重新采购，并承担发生的费用，由此延误的工期不予顺延；承包人需要使用代用材料时，应经监理工程师认可后才能使用，由此增减的合同价款双方以书面形式议定；由承包人采购的材料设备，发包人不得指定生产厂或供应商。

2. 施工质量管理

监理工程师在施工过程中应采用巡视、旁站、平行检验等方式监督检查承包人的施工工艺和产品质量，对建筑产品的生产过程进行严格控制。

承包人应认真按照标准、规范和设计要求以及监理工程师依据合同发出的指令施工，随时接受监理工程师及其委派人员的检查检验，并为检查检验提供便利条件。工程质量达不到约定标准的部分，监理工程师一经发现，可要求承包人拆除和重新施工，承包人应按监理工程师的要求拆除和重新施工，承担由于自身原因导致拆除和重新施工的费用，工期不予顺延。经过监理工程师检查检验合格后，又发现因承包人原因出现的质量问题，仍由承包人承担责任，赔偿发包人的直接损失，工期不应顺延。

不论何时，监理工程师一经发现质量达不到合同约定标准的工程部分，均可要求承包人返工。承包人应当按照监理工程师的要求返工，直到符合约定标准。因承包人的原因达不到约定标准，由承包人承担返工费用，工期不予顺延。因发包人的原因达不到约定标准，由发包人承担返工的追加合同价款，工期相应顺延。因双方原因达不到约定标准，责任由双方分别承担。

如果双方对工程质量有争议，由专用条款约定的工程质量监督部门鉴定，所需费用及因此造成的损失，由责任方承担。双方均有责任的，由双方根据其责任分别承担。

监理工程师的检查检验原则上不应影响施工正常进行，如果实际影响了施工的正常进行，其后果责任由检验结果的质量是否合格来区分合同责任。检查检验不合格时，影响正常施工的费用由承包人承担，除此之外，影响正常施工的追加合同价款由发包人承担，相应顺延工期。

对于隐蔽工程，由于在施工中一旦完成隐蔽，将很难再对其进行质量检查，因此必须在隐蔽前进行检查验收，即所谓中间验收。对于中间验收，应在专用条款中约定，对需要进行中间验收的单项工程和部位进行检查、试验，不能影响后续工程的施工。隐蔽工程按下列程序进行检验：

1）承包人自检。当工程具备隐蔽条件或达到专用条款约定的中间验收部位时，承包人先进行自检，并在隐蔽或中间验收前 48h 以书面形式通知监理工程师验收。通知包括隐蔽和中间验收的内容、验收时间和地点。承包人准备验收记录。

2）共同检验。监理工程师接到承包人的请求验收通知后，应在通知约定的时间与承包人共同进行检查或试验。检测结果表明质量验收合格，经监理工程师在验收记录上签字后，承包人可进行工程隐蔽和继续施工。验收不合格，承包人应在监理工程师限定的时间内修改后重新验收。如果监理工程师不能按时进行验收，应在承包人通知的验收时间前 24h，以书面形式向承包人提出延期验收要求，但延期不能超过 48h。

如果监理工程师未能按以上时间提出延期要求，又未按时参加验收，承包人可自行组织验收。承包人经过验收的检查、试验程序后，将检查、试验记录送交监理工程师。本次检验视为监理工程师在场情况下进行的验收，监理工程师应承认验收记录的正确性。

经监理工程师验收，工程质量符合标准、规范和设计图纸等要求，验收 24h 后，监理工程师不在验收记录上签字，视为监理工程师已经认可验收记录，承包人可进行隐蔽或继续施工。

不管监理工程师是否参加了验收，当其对某部分的工程质量有怀疑时，均可要求承包人对已被隐蔽的工程进行重新检验。承包人接到通知后，应按要求进行剥离或开孔，并在检验后重新覆盖或修复。

如果重新检验表明质量合格，发包人承担由此发生的全部追加合同价款，赔偿承包人损失，并相应顺延工期；检验不合格，承包人承担发生的全部费用，工期不予顺延。

3. 施工进度管理

开工后，承包人应按照监理工程师确认的进度计划组织施工，接受监理工程师对进度的检查、监督。一般情况下，监理工程师每月均应检查一次承包人的进度计划执行情况，由承包人提交一份上月进度计划执行情况和本月的施工方案和措施。同时，监理工程师还应进行必要的现场实地检查。

施工过程中，由于受到外界环境条件、人为条件、现场情况等的限制，经常出现与承包人开工前编制施工进度计划时预计的施工条件有出入的情况，导致实际施工进度与计划进度不符，不管实际进度是超前还是滞后于计划进度，只要与计划进度不符时，监理工程师都有权通知承包人修改进度计划，以便更好地进行后续施工的协调管理。承包人应当按照监理工程师的要求修改进度计划并提出相应措施，经监理工程师确认后执行。

因承包人自身的原因造成工程实际进度滞后于计划进度，所有的后果均应由承包人自行承担，监理工程师不对确认后的改进措施效果负责，因为这种确认并不是监理工程师对工程延期的批准，而仅仅是要求承包人在合理的状态下施工。因此，如果修改后的进度计划不能按期完工，承包人仍应承担相应的违约责任。

监理工程师在下列情况下可以指示承包人暂停施工：

1）外部条件的变化。例如，法规政策的变化导致工程停、缓建，地方法规要求不允许在某一时段内施工等。

2）发包人的原因。例如，发包人未能及时提供图纸；发包人未能按时完成后续施工的现场或通道的移交工作；施工中遇到了有考古价值的文物或古迹需要进行现场保护等。

3）协调管理的原因。例如，在现场的几个独立承包人之间出现施工交叉干扰，工程师需要进行必要的协调。

4）承包人的原因。例如，发现施工质量不合格，施工作业方法可能危及现场或毗邻地区建筑物或人身安全等。

不论发生上述哪种情况，监理工程师应当以书面形式通知承包人暂停施工，并在发出暂停施工通知后的48h内提出书面处理意见。承包人应当按照监理工程师的要求停止施工，并妥善保护已完工工程。承包人实施监理工程师做出的处理意见后，可提出书面复工要求，监理工程师应当在收到复工通知后的48h内给予相应的答复；如果监理工程师未能在规定的时间内提出处理意见或收到承包人复工要求后48 h内未予答复，承包人可以自行复工。

施工过程中，由于社会条件、人为条件、自然条件和管理水平等因素的影响，可能导致工期延误不能按时竣工。是否应给承包人合理延长工期，应依据合同责任来判定。按照施工合同范本通用条件的规定，以下原因造成的工期延误，经监理工程师确认后工期相应顺延。

1）发包人不能按合同的约定提供开工条件。

2）发包人不能按合同约定日期支付工程预付款、进度款，致使工程不能正常进行。

3）监理工程师未能按合同约定提供所需指令、批准等，致使施工不能正常进行。

4）设计变更和工程量增加。

5）一周内非承包人原因停水、停电、停气造成停工累计超过8h。

6）不可抗力。

以上这些情况工期可以顺延的根本原因在于：这些情况属于发包人违约或者是应当由发包人承担的风险；反之，如果造成工期延误的原因是承包人的违约或者应当由承包人承担的风险，则工期不能顺延。

工期顺延的确认程序是：承包人在工期可以顺延的情况发生后14天内，应将延误的工期向监理工程师提出书面报告。监理工程师在收到报告后14天内予以确认答复，逾期不予答复，视为报告要求已经被确认。监理工程师确认工期是否应予顺延，应当首先考察事件实际造成的延误时间，然后依据合同、施工进度计划、工期定额等进行判定。经监理工程师确认顺延的工期应纳入合同工期，作为合同工期的一部分。如果承包人不同意监理工程师的确认结果，则按合同规定的争议解决方式处理。

4. 支付管理

监理工程师对工程进度支付款的管理是施工合同管理的重要内容之一，同时，也是投资控制的重要手段。确定工程进度支付款最直接的依据是工程量。

（1）工程量的确认　发包人支付工程进度款前，应由监理工程师对承包人完成的实际工程量予以确认或核实，工程量的计量程序、原则和方法详见第五章第二节。

需要注意的是，对于承包人已完的工程，并不是全部进行计量。监理工程师应以设计图纸为依据，只对承包人完成的合格工程的工程量进行计量。因此，属于承包人超出设计图纸范围（包括超挖、涨线）的工程量不予计量；因承包人原因造成返工的工程量不予计量；承包人为保证施工质量自行采取措施而增加的工程量不予计量。

（2）工程进度款的计算　工程量确定以后，即可进行工程进度款的计算。本期应支付承包人的工程进度款的款项计算内容包括以下几项：

1）经过确认核实的完成工程量对应工程量清单或报价单的相应价格计算应支付的工程款。

2）设计变更应调整的合同价款。

3）本期应扣回的工程预付款。

4）根据合同允许调整合同价款原因应补偿承包人的款项和应扣减的款项。

5）经过监理工程师批准的承包人索赔款等。

（3）工程进度款的支付　发包人应在进度款支付证书或临时进度款支付证书签发后14天内完成支付，发包人逾期支付进度款的，应按照中国人民银行发布的同期同类贷款基准利率支付违约金。详见第五章第二节。

（4）合同价款的调整　采用可调价合同，通用条款规定，施工中如果遇到以下四种情况时，可以对合同价款进行相应的调整：

1）法律、行政法规和国家有关政策变化影响到合同价款，如施工过程中地方税的某项税费发生变化，按实际发生与订立合同时的差异进行增加或减少合同价款的调整。

2）工程造价部门公布的价格调整。当市场价格浮动变化时，按照专用条款约定的方法对合同价款进行调整。

3）一周内非承包人原因停水、停电、停气造成停工累计超过8 h。

4）双方约定的其他因素。

发生上述事件后，承包人应当在情况发生后的14天内，将调整的原因、金额以书面形式通知监理工程师，监理工程师确认调整金额后作为追加合同价款，与工程款同期支付。监理工程师收到承包人通知后14天内不予确认也不提出修改意见，视为已经同意该项调整。

5. 变更管理

（1）变更的范围　除专用合同条款另有约定外，合同履行过程中发生以下情形的，应按照下述变更程序规定进行变更：

1）增加或减少合同中任何工作，或追加额外的工作。

2）取消合同中任何工作，但转由他人实施的工作除外。

3）改变合同中任何工作的质量标准或其他特性。

4）改变工程的基线、标高、位置和尺寸。

5）改变工程的时间安排或实施顺序。

（2）变更程序

1）发包人提出变更。发包人提出变更的，应通过监理人向承包人发出变更指示，变更指示应说明计划变更的工程范围和变更的内容。

2）监理人提出变更建议。监理人提出变更建议的，需要向发包人以书面形式提出变更计划，说明计划变更工程范围和变更的内容、理由，以及实施该变更对合同价格和工期的影响。发包人同意变更的，由监理人向承包人发出变更指示。发包人不同意变更的，监理人无权擅自发出变更指示。

3）承包人的合理化建议。承包人提出合理化建议的，应向监理人提交合理化建议说明，说明建议的内容和理由，以及实施该建议对合同价格和工期的影响。

除专用合同条款另有约定外，监理人应在收到承包人提交的合理化建议后 7 天内审查完毕并报送发包人，发现其中存在技术上的缺陷，应通知承包人修改。发包人应在收到监理人报送的合理化建议后 7 天内审批完毕。合理化建议经发包人批准的，监理人应及时发出变更指示，由此引起的合同价格调整按照有关条款约定执行（详见第五章第二节）。发包人不同意变更的，监理人应书面通知承包人。

（3）变更执行　承包人收到监理人下达的变更指示后，认为不能执行，应立即提出不能执行该变更指示的理由。承包人认为可以执行变更的，应当书面说明实施该变更指示对合同价格和工期的影响，且合同当事人应当按照有关条款约定确定变更估价（详见第五章第二节）。

（4）变更引起的工期调整　因变更引起工期变化的，合同当事人均可要求调整合同工期，由合同当事人按照有关条款并参考工程所在地的工期定额标准确定增减工期天数。

6. 不可抗力

不可抗力是指合同当事人不能预见、不能避免并且不能克服的客观情况。建设工程施工中的不可抗力包括因战争、动乱、空中飞行物坠落或其他非发包人和承包人责任造成的爆炸、火灾以及专用条款约定的风、雨、雪、洪水、地震等自然灾害。对于自然灾害形成的不可抗力，当事人双方订立合同时可在专用条款内约定，如多少级以上的地震、多少级以上持续多少天的大风等。

不可抗力事件发生后，对施工合同的履行会造成较大的影响。监理工程师应当有较强的风险意识，包括及时识别可能发生不可抗力风险的因素；督促当事人转移或分散风险（如投保等）；监督承包人采取有效的防范措施（如减少发生爆炸）等。

不可抗力事件发生后，承包人应当在力所能及的条件下迅速采取措施，尽量减少损失，并在不可抗力事件结束后 48h 内向监理工程师通报受灾情况和损失情况，及预计清理修复的费用，发包人应尽力协助承包人采取措施。如果不可抗力事件继续发生，承包人应每隔 7 天向监理工程师报告一次受灾情况，并于不可抗力事件结束后 14 天内，向监理工程师提交清理和修复费用的正式报告及有关资料。

对于合同约定工期内发生的不可抗力，《建设工程施工合同（示范文本）》（GF—2013—0201）通用条款规定，因不可抗力事件导致的费用及延误的工期由双方按以下方法分别承担：

1）工程本身的损害、因工程损害导致第三方人员伤亡和财产损失以及运至施工场地用于施工的材料和待安装的设备的损害，由发包人承担。

2）承发包双方人员的伤亡损失，分别由各自负责。

3）承包人机械设备损坏及停工损失，由承包人承担。

4）停工期间，承包人应监理工程师要求留在施工场地的必要的管理人员及保卫人员的费用由发包人承担。

5）工程所需清理、修复费用，由发包人承担。

6）延误的工期相应顺延。

按照合同法规定的基本原则，因合同一方迟延履行合同后发生不可抗力，不能免除迟延履行方的相应责任。

7. 施工环境管理

监理工程师应监督现场的正常施工工作符合行政法规和合同的要求，同时，还要做到文明施工，安全施工。

（1）文明施工

1）施工应遵守政府有关主管部门对施工场地、施工噪声以及环境保护和安全生产等的管理规定。承包人按规定办理有关手续，并以书面形式通知发包人，发包人承担由此发生的费用。

2）承包人应保证施工场地清洁，符合环境卫生管理的有关规定。交工前清理现场，达到专用条款约定的要求。

（2）安全施工

1）承包人应遵守安全生产的有关规定，严格按安全标准组织施工，采取必要的安全防护措施，消除事故隐患。因承包人采取安全措施不力造成事故的责任和因此发生的费用，由承包人承担。

2）发包人应对其在施工场地的工作人员进行安全教育，并对他们的安全负责。发包人不得要求承包人违反安全管理规定进行施工。因发包人原因导致的安全事故，由发包人承担相应责任及发生的费用。

3）承包人在动力设备、输电线路、地下管道、密封防震车间、易燃易爆地段以及临街交通要道附近施工时，施工开始前应向监理工程师提出安全防护措施。经监理工程师认可后实施。防护措施费用，由发包人承担。

4）实施爆破作业，在放射、毒害性环境中施工，以及使用毒害性、腐蚀性物品施工时，承包人应在施工前 14 天内以书面形式通知监理工程师，并提出相应的防护措施。经监理工程师认可后实施，由发包人承担安全防护措施费用。

## 三、合同管理案例

【背景】

某钢结构厂房工程，建设单位通过公开招标选择了一家施工总承包单位，并将施工阶段的监理工作委托给了某家工程监理企业。施工总承包单位将其中钢结构的安装工程分包给某分包单位，安装人员在安装时发现设计图纸标明的安装尺寸等多处地方有明显问题和错误，必须进行设计修改，于是总监理工程师要求安装单位向其提交书面工程变更，安装人员即停止了该部位施工并书面向监理人员作了报告，报告中测算设计修改将可能导致直接费增加 15 万元，工期增加 2 天，25 名工人窝工，1 台设备闲置。总监理工程师组织专业监理工程师查阅了总承包施工合同条款，双方约定安装人员窝工费用补偿 15 元 /（人· 日），该台设备闲置补偿 1000 元 / 天，间接费费率 1%，利润率 5%，税金 3.41%，且设计变更应计算利润，索赔费用单独计算，不能进入直接费计算利润，总监理工程师审核了该工程变更，同意后与建设单位和设计单位进行了协商，他们也无异议，于是总监理工程师通知安装单位照此变更继续施工。

【问题】

1. 总监理工程师处理该工程变更是否妥当？说明理由。

2. 若分包安装单位评估的情况与实际情况一样，该工程设计变更价款费用各为多少？（计算至小数点两位，四舍五入）

【参考答案】

1. 不妥当；该工程变更应由施工总承包单位向工程监理企业提出，工程监理企业审核同意后应由建设单位转交原设计单位编制设计变更文件，并由总监理工程师就工程变更费用及工期的评估情况与建设单位和施工总承包单位进行协商，一致后由总监理工程师签发工程变更督促施工总承包单位执行；

2. 工程设计变更价款：

（1）直接费 =15 万元

（2）间接费 =(1)×10%=15 万元 ×10%=1.5 万元

（3）利润 =[(1)+(2)]×5%=(15 万元 +1.5 万元 )×5%=16.5 万元 ×5%=0.83 万元

（4）税金 =[(1)+(2)+(3)]×3.41%=(15 万元 +1.5 万元 +0.83 万元 )×3.41%=0.59 万元

（5）工程设计变更价款 =(1)+(2)+(3)+(4)=15 万元 +1.5 万元 +0.83 万元 +0.59 万元 =17.92 万元

## 本章小结

合同是当事人之间设立、变更和终止民事权利和义务关系的协议。它是作为一种法律手段在具体问题中对签订合同的双方实行必要的约束。建设工程监理合同是建设单位与工程监理企业签订，为了委托工程监理企业承担监理业务而明确双方权利与义务关系的协议。建设工程施工合同是发包人和承包人为完成商定的建筑安装工程，明确相互权利、义务关系的合同。依照工程施工合同，承包方应完成一定的建筑、安装工程任务，发包方应提供必要的施工条件并支付工程价款。合同在订立时双方应遵守自愿、公平、诚实、信用等原则。建设工程施工合同管理工作主要有：材料和设备的质量控制、施工质量管理、施工进度管理、支付管理、设计变更管理、不可抗力及施工环境管理等。

## 综合实训

### 一、单项选择题

1. 监理工程师应监督现场的正常施工工作符合行政法规和合同的要求，同时，还要做到（　　）。

A. 文明施工　　　　B. 安全施工

C. 文明施工和安全施工　　　　D. 环境保护

2. 监理工程师通知承包人进行工程计量后，承包人在约定时间未派人参加计量，则（　　）。

A. 监理工程师应推迟计量时间　　　　B. 监理工程师单独计量无效

C. 监理工程师单独计量有效　　　　D. 监理工程师可不必再计量

3. 将合同分为总价合同、单价合同、成本加酬金合同是按照（　　）来进行分类。

A. 承发包的工程范围分　　B. 完成承包的内容划分

C. 付款方式划分　　D. 以上皆不是

4. 下列（　　）不是合同的作用。

A. 合同是双方在工程建设中各种经济活动的依据

B. 合同规定了双方的法律关系

C. 合同是工程建设过程中双方的最高行为准则

D. 合同是工程建设过程中解决双方争议的依据

5. 下列（　　）不属于签订委托监理合同应注意的问题。

A. 必须坚持按法定程序

B. 当出现需要改变服务和费用问题时，监理企业可以与建设单位先进行口头协议

C. 要注意合同文字的简洁、清晰，每个措词都应该是经过双方充分讨论

D. 监理企业在合同事务中要注意充分利用有效的法律服务

6. 一旦发生工程变更，应由（　　）下达工程变更指令，（　　）据此组织工程变更的实施。

A. 建设单位 施工单位　　B. 监理工程师 施工单位

C. 设计单位 监理工程师　　D. 建设单位 监理工程师

7. 合同协议书是施工合同的（　　）文件，集中约定了合同当事人基本的合同权利与义务。

A. 总纲性法律文件　　B. 基本法律文件

C. 简略条款文件　　D. 详细条款文件

8. 为了保证工程项目达到投资建设的预期目的，确保工程质量至关重要。对工程质量进行严格控制，应从（　　）开始。

A. 使用的设备质量控制　　B. 使用的材料质量控制

C. 人员技术水平控制　　D. 使用的材料和设备质量控制

9. 施工阶段监理工程师可应用（　　）等手段进行质量控制。

A. 审核技术文件报告和报表　　B. 向建设单位报告

C. 制约工程款支付　　D. 平行检验、旁站监理、巡视检查

10. 在工程施工中由于（　　）原因导致的工期延误，承包人应当自行承担所有责任。

A. 不可抗力　　B. 承包人的设备损坏

C. 设计变更　　D. 工程量变化

## 二、多项选择题

1. 建设工程委托监理合同的签订以《建设工程委托监理合同（示范文本）》（GF—2012—0202）为依据。该示范文本包括（　　）组成，并附有附录 A、B。

A. 协议书　　B. 说明

C. 项目表　　D. 通用条件

E. 专用条件

2.《建设工程施工合同（示范文本）》（GF—2013—0201），由（　　）组成，并附有 11 个附件。

A. 协议书　　B. 说明

C. 合同协议书　　D. 通用合同条款

E. 专用合同条款

3. 建设工程施工合同的当事人包括（　　）。

A. 建设行政主管部门　　B. 建设单位

C. 监理单位　　D. 施工单位

E. 材料供应商

4. 对于合同约定工期内发生的不可抗力，《建设工程施工合同（示范文本）》（GF—2013—0201）通用条款规定，因不可抗力事件导致的费用及延误的工期由双方按以下方法分别承担：（　　）。

A. 承发包双方人员的伤亡损失，分别由各自负责

B. 承包人机械设备损坏及停工损失，由承包人承担

C. 停工期间，承包人应监理工程师要求留在施工场地的必要的管理人员及保卫人员的费用由发包人承担

D. 工程所需清理、修复费用，由发包人承担

E. 延误的工期相应顺延

## 三、简答题

1. 什么是建设工程合同？什么是合同管理？

2. 建设工程合同由哪些内容组成？

3. 建设工程合同有哪些作用？

4. 建设工程施工合同管理主要有哪几方面工作？

## 四、案例分析题

【背景】

某施工单位根据领取的某 2 000 ㎡两层厂房的工程项目招标文件和全套施工图纸，采用低价策略编制了投标文件，并获得中标。该施工单位（乙方）于某年某月某日与建设单位（甲方）签订了该工程项目的总价合同。合同工期为 8 个月。甲方在乙方进入施工现场后，因资金短缺，无法如期支付工程款，口头要求乙方暂停施工一个月，乙方亦口头答应。工程按合同规定期限验收时，甲方发现工程质量有问题，要求返工。两个月后，返工完毕。结算时甲方认为乙方迟延交付工程，应按合同约定偿付逾期违约金。乙方认为临时停工是甲方要求的。乙方为抢工期，加快施工进度才出现了质量问题，因此延迟交付的责任不在乙方。甲方则认为临时停工和不顺延工期是当时乙方答应的。乙方应履行承诺，承担违约责任。

在工程施工过程中，还遭受到了多年不遇的强暴风雨的袭击，造成了相应的损失，施工单位及时向监理工程师提出索赔要求，并附有与索赔有关的资料和证据。索赔报告中的基本要求如下：

1）遭受多年不遇的强暴风雨的袭击属于不可抗力事件，不是因施工单位原因造成的损失，故应由业主承担赔偿责任。

2）给已建部分工程造成破坏损失 18 万元，应由业主承担修复的经济责任，施工单位不承担修复的经济责任。

3）施工单位人员因此灾害导致数人受伤，处理伤病医疗费用和补偿总计 3 万元，业主

应给予赔偿。

4）施工单位进场的机械、设备受到损坏，造成损失 8 万元，由于现场停工造成台班费损失 4.2 万元，业主应负担赔偿和修复的经济责任。工人窝工费 3.8 万元，业主应预支付。

5）因暴风雨造成的损失现场停工 8 天，要求合同工期顺延 8 天。

6）由于工程破坏，清理现场需费用 2.4 万元，业主应预支付。

【问题】

1. 该工程采用总价合同是否合适？

2. 该工程施工中所发生的工程变更处理的是否妥当？请说明理由。

3. 因不可抗力发生的费用和工程延期，发包方和承包方应如何承担？施工单位提出的索赔要求是否合理？

# 第七章 建设工程风险管理

**学习目标：**

了解建设工程风险管理的概念；熟悉风险的类别、风险的管理内容、风险识别的过程；掌握风险的评价方法和采用的相应对策。

## 第一节 概　述

### 一、风险的定义

风险的概念可以从经济学、保险学、风险管理等不同的角度给出不同的定义，至今尚无统一的定义。其中，一种较为普遍接受的表述为：风险是指在特定情况和特定时间内，可能发生的结果之间的差异（或实际结果与预期结果之间的差异）。差异越大则风险越大。这个定义强调的是结果的差异。另一种表述为：风险是与出现损失有关的不确定性。它强调不利事件发生的不确定性。

由上述定义可知，所谓风险要具备两方面的条件：一是不确定性；二是产生损失后果，否则就不能称为风险。因此肯定发生损失后果的事件不是风险，没有损失后果的不确定性事件不是风险。

### 二、风险的相关概念

与风险相关的概念有风险因素、风险事件、损失、损失机会。

1. 风险因素

风险因素是指能产生或增加损失概率和损失程度的条件或因素，它是风险事件发生的潜

在原因，是造成损失的内在或间接原因。风险因素通常可分为以下三种：

（1）自然风险因素 它是指能直接导致某种风险的事物，如雨、冰雪路面、汽车发动机性能不良或制动系统故障等均可能引发车祸而导致人员伤亡。

（2）道德风险因素 它是指与人的品德修养有关的，能导致某种风险的因素，如人的品质缺陷或欺诈行为。

（3）心理风险因素 它是指与人的心理状态有关的，能导致某种风险的因素，如投保后疏于对损失的防范，自认为身强力壮而不注意健康。

2. 风险事件

风险事件是指造成损失的偶发事件，是造成损失的外在原因或直接原因，如失火、地震、雷电、抢劫等事件。要注意把风险事件与风险因素区分开来。例如，汽车的制动系统失灵导致车祸使人员伤亡，这里制动系统失灵是风险因素，而车祸是风险事件。

3. 损失

损失是指非故意的、非计划的和非预期的经济价值的减少，通常以货币单位来衡量。损失可分为直接损失和间接损失两种。

4. 损失机会

损失机会是指损失出现的概率。概率分为客观概率和主观概率两种。客观概率是指某事件在长时期内发生的频率；而主观概率是指个人对某事件发生可能性的估计。

风险因素、风险事件、损失、风险四者之间的关系如图 7-1 所示。风险因素引发风险事件，风险事件导致损失，而损失所形成的结果就是风险。有学者形象地用“多米诺骨牌理论”来描述各张“骨牌”之间的关系：一旦风险因素这张“骨牌”倾倒，其他“骨牌”都将相继倾倒。因此，为了预防风险、降低风险损失，就需要从源头抓起，力求使风险因素这张“骨牌”不倾倒，同时尽可能提高其他“骨牌”的稳定性，即在前一张“骨牌”倾倒的情况下，其后的“骨牌”仅仅是倾斜而不倾倒或即使倾倒，表现为缓慢倾倒而不是迅即倾倒。

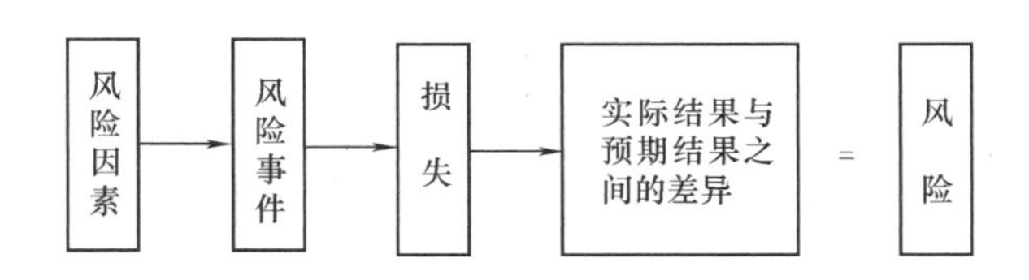


图7-1 风险因素、风险事件、损失、风险四者之间的关系

## 三、风险的分类

风险可以从不同的角度进行分类，常见的风险分类方式主要有以下几种：

1. 按风险的后果分类

按照风险所造成的不同后果，可以将风险分为纯风险和投机风险两种。

（1）纯风险 纯风险是指只会造成损失而不会带来收益的风险。例如自然灾害，一旦发生，将会导致重大损失，甚至人员伤亡；如果不发生，不会造成损失，也不会带来额外的收益。

（2）投机风险 投机风险是指既可能造成损失也可能创造额外收益的风险。例如，一项投资决策可能带来巨大的投资收益，也可能由于决策失误造成损失。

2. 按风险产生的原因分类

按照风险产生原因的性质不同，可将风险分为政治风险、经济风险、自然风险、技术风险、商务风险、信用风险和其他风险。

（1）政治风险　政治风险是指工程项目所在地的政治背景及其变化可能带来的风险，不稳定的政治环境可能给各市场主体带来风险。

（2）经济风险　经济风险是指国家或社会一些大的经济因素的变化带来的风险，如通货膨胀导致材料价格上涨、汇率变化带来的损失等。

（3）自然风险　自然风险是指自然因素带来的风险，如工程实施过程中出现地震、洪水等造成损失。

（4）技术风险　技术风险是指一些技术的不确定性可能带来的风险，如设计文件的失误、采用新技术的失误等。

（5）商务风险　商务风险是指合同条款中有关经济方面的条款和规定可能带来的风险，如风险分配、支付等方面的条款明示或隐含的风险。

（6）信用风险　信用风险是指合同一方的业务能力、管理能力、财务能力等有缺陷或者没有圆满履行合同而给合同另一方带来的风险。

（7）其他风险　上述六项中未包括，但建设工程可能面临的风险，如当地民俗可能带来的风险。

3. 按风险的影响范围分类

按照风险的影响范围大小，可以将风险分为基本风险和特殊风险。

（1）基本风险　基本风险是指作用于整个经济或大多数人群的风险。这种风险具有影响范围大，后果严重，如战争、自然灾害、通货膨胀带来的风险。

（2）特殊风险　特殊风险是指仅作用于某一个特定单体（如个人或企业）的风险。这种风险不具有普遍性，如失火、抢银行、车被盗等。

## 四、建设工程风险管理

1. 建设工程风险管理的概念

所谓风险管理，就是人们对潜在的意外损失进行辨识与评估，并根据具体情况采取相应措施进行处理的过程，从而在主观上尽可能做到有备无患，或在客观上无法避免时，能寻求切实可行的补救措施，减少或避免意外损失的发生。

建设工程风险管理是指参与工程项目建设的各方，如承包方和勘察单位、设计单位、监理企业等在工程项目的筹划、勘察设计、工程施工各阶段采取的辨识、评估、处理工程项目风险的管理过程。

由于建设工程风险大，参与工程建设的各方均有风险，但各方的风险不尽相同。因此，在对建设工程风险进行具体分析时，必须首先明确从哪一方面进行分析。由于监理企业是受业主委托，代表业主的利益来进行项目管理，因此，本章主要考虑业主在建设工程实施阶段的风险及其相应的风险管理问题。同时，由于特定的工程项目风险，各方预防和处理的难易程度不同，通过平衡、分配，由最适合的当事人进行风险管理，可大大降低发生风险的可能

性和风险带来的损失。由于业主在工程建设的过程中处于主导地位，因此，业主可以通过合理选择承发包模式、合同类型和合同条款，进行风险的合理分配。

2. 建设工程风险管理过程

风险管理就是一个识别、确定和度量风险，并制订、选择和实施风险处理方案的过程，通常包括风险识别、风险评价、风险对策决策、实施决策、检查五个环节性内容。

（1）风险识别　风险识别是风险管理中的首要步骤，是指通过一定的方式，系统而全面地识别出影响建设工程目标实现的风险事件并加以适当归类的过程，必要时，还需对风险事件的后果作出定性的估计。

（2）风险评价　风险评价是将建设工程风险事件的发生可能性和损失后果进行量化的过程。这个过程在系统地识别建设工程风险与合理地作出风险对策决策之间起着重要的桥梁作用。风险评价的结果主要在于确定各种风险事件发生的概率及其对建设工程目标影响的严重程度，如投资增加的数额、工期延误的天数等。

（3）风险对策决策　风险对策决策是确定建设工程风险事件最佳对策组合的过程。一般来说，风险管理中所运用的对策有以下四种：风险回避、损失控制、风险自留和风险转移。这些风险对策的适用对象各不相同，需要根据风险评价的结果，对不同的风险事件选择最适宜的风险对策，从而形成最佳的风险对策组合。

（4）实施决策　对风险对策所作出的决策还需要进一步落实到具体的计划和措施，如制订预防计划、灾难计划、应急计划等。又如，在决定购买工程保险时，要选择保险公司，确定恰当的保险范围、免赔额、保险费等。这些都是实施风险对策决策的重要内容。

（5）检查　在建设工程实施过程中，要对各项风险对策的执行情况不断地进行检查，并评价各项风险对策的执行效果；在工程实施条件发生变化时，要确定是否需要提出不同的风险处理方案。除此之外，还需要检查是否有被遗漏的工程风险或者发现新的工程风险，也就是进入新一轮的风险识别，开始新一轮的风险管理过程。

3. 建设工程风险管理的目标

风险管理是一项有目的的管理活动，只有目标明确，才能进行评价与考核，从而起到有效的作用。在确定风险管理的目标时，通常要考虑风险管理目标与风险管理主体的总体目标相一致；要使目标具有实现的客观可能性，同时目标必须明确，以便于正确选择和实施各种方案，并对其实施效果进行客观评价；此外，目标必须具有层次性，以利于区分目标的主次，提高风险管理的综合效果。

从风险管理目标与风险管理主体的总体目标相一致的角度出发，建设工程风险管理的目标可具体地表述为：

1）实际投资不超过计划投资。

2）实际工期不超过计划工期。

3）实际质量满足预期的质量要求。

4）建设过程安全。

因此，从风险管理目标的角度分析，建设工程风险可分为投资风险、进度风险、质量风险和安全风险。

## 第二节 建设工程风险识别

建设工程风险识别具有个别性、主观性、复杂性和不确定性的特点，风险识别本身也是风险。大部分情况下风险并不是显而易见的，或隐藏在工程项目实施的各个环节，或被种种假象所掩盖。因此识别风险要讲究方法，特别要根据工程项目风险的特点，采用具有针对性的识别方法和手段。

### 一、风险识别的原则

在风险识别过程中应遵循以下原则：

（1）由粗及细，由细及粗　由粗及细是指对风险因素进行全面分析，并通过多种途径对工程风险进行分解，逐渐细化，以获得对工程风险的广泛认识，从而得到工程初始风险清单。而由细及粗是指从工程初始风险清单的众多风险中，根据同类建设工程的经验以及对拟建建设工程具体情况的分析和风险调查，确定那些对建设工程目标实现有较大影响的工程风险，作为主要风险，即作为风险评价以及风险对策决策的主要对象。

（2）严格界定风险内涵并考虑风险因素之间的相关性　对各种风险的内涵要严格加以界定，不要出现重复和交叉现象。另外，还要尽可能考虑各种风险因素之间的相关性，如主次关系、因果关系、互斥关系、正相关关系、负相关关系等。应当说，在风险识别阶段考虑风险因素之间的相关性有一定的难度，但至少要做到严格界定风险内涵。

（3）先怀疑，后排除　对于所遇到的问题都要考虑其是否存在不确定性，不要轻易否定或排除某些风险，要通过认真的分析进行确认或排除。

（4）排除与确认并重　对于肯定可以排除和肯定可以确认的风险应尽早予以排除和确认。对于一时既不能排除也不能确认的风险再作进一步的分析，予以排除或确认。最后，对于肯定不能排除但又不能肯定予以确认的风险按确认考虑。

（5）必要时，可做实验论证　对于某些按常规方式难以判定其是否存在，也难以确定其对建设工程目标影响程度的风险，尤其是技术方面的风险，必要时可做实验论证，如抗震实验、风洞实验等。这样做的结论可靠，但要以付出费用为代价。

### 二、风险识别的过程

建设工程自身及其外部环境的复杂性，给人们全面地、系统地识别工程风险带来了许多具体的困难，同时也要求明确建设工程风险识别的过程。由于建设工程风险识别的方法与风险管理理论中提出的一般的风险识别方法有所不同，因而其风险识别的过程也有所不同。建设工程的风险识别往往是通过对经验数据的分析、风险调查、专家咨询以及实验论证等方式，对建设工程风险进行多维分解。通过风险分解，不断找出新的风险，最终形成建设工程风险清单，作为风险识别过程的结束。

建设工程风险识别过程如图 7-2 所示。其核心工作是建设工程风险分解和识别建设工程风险因素、风险事件及后果。

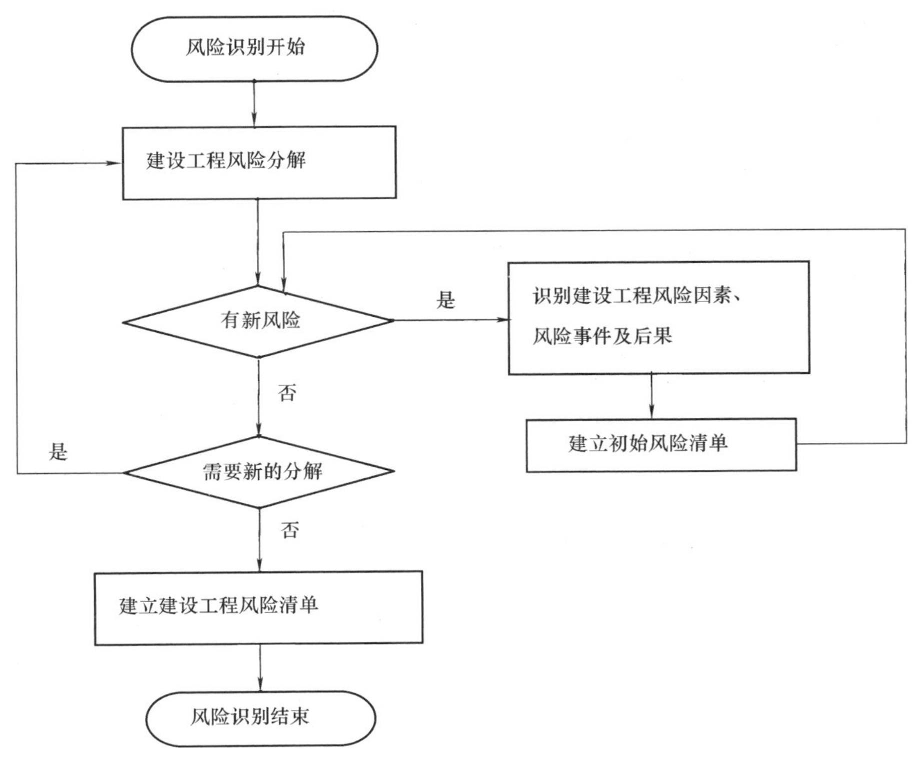


图7-2 建设工程风险识别过程

## 三、建设工程风险分解

建设工程风险分解是指根据工程风险的相互关系将其分解成若干个子系统。分解的程序要足以使人们容易地识别出建设工程的风险，使风险识别具有较好的准确性、完整性和系统性。

通常根据建设工程的特点，可以从以下方面进行建设工程的风险分解：

（1）目标维 它是指按照所确定的建设工程目标进行分解，即考虑影响建设工程投资、进度、质量和安全目标实现的各种风险。

（2）时间维 它是指按照基本建设程序的各个阶段进行分解，也就是分别考虑决策阶段、设计阶段、招标阶段、施工阶段、竣工验收阶段等各个阶段的风险。

（3）结构维 它是指按建设工程组成内容进行分解，如按照不同的单项工程、单位工程分别进行风险识别。

（4）因素维 它是指按照建设工程风险因素的分类进行分解，如政治、社会、经济、自然、技术和信用等方面的风险。

在风险分析过程中，往往需要将几种分解方式组合起来使用，才能达到目的。常用的一种组合方式是由时间维、目标维、结构维三方面从总体上进行建设工程风险的分解。

## 四、风险识别的方法

建设工程风险识别的方法主要有专家调查法、财务报表法、流程图法、初始风险清单法、经验数据法和风险调查法。

1. 专家调查法

专家调查法是指向有关专家提出问题，了解相关风险因素，并获得各种信息。调查的方式通常有两种：一种是召集有关专家开会，让专家充分发表意见，起到集思广益的作用；另一种方法是采用问卷式调查，各专家根据自己的看法单独填写问卷。在采用专家调查法时，首先应注意所提出的问题应当具有指导性和代表性，并具有一定的深度，还要尽量具体一些；其次，应注意专家的面应尽可能广泛些，有一定代表性；最后，对专家发表的意见要由风险管理人员归纳、整理并分析专家意见。

2. 财务报表法

财务报表法是指通过分析财务报表来识别风险的方法。财务报表法有助于确定一个特定企业或特定的建设工程可能遭受哪些损失以及在何种情况下遭受这些损失。因此，通过分析资产负债表、现金流量表、营业报表及有关补充资料，可以识别企业当前的所有资产、责任及人身损失风险。将这些报表与财务预测、预算结合起来，可以发现企业或建设工程未来的风险。

采用财务报表法进行风险识别时，要对财务报表中所列的各项会计科目作深入的分析研究，并提出分析研究报告，以确定可能产生的损失。同时，还应通过一些实地调查以及其他信息资料来补充财务记录。

3. 流程图法

流程图法是将一项特定的生产或经营活动按步骤或阶段顺序以若干个模块形式组成一个流程图系列，在每个模块中都标出各种潜在的风险因素或风险事件，从而给决策者一个清晰的总体印象。对于建设工程，可以按时间维划分各个阶段，再按照因素维识别各个阶段的风险因素或风险事件。

4. 初始风险清单法

由于建设工程面临的风险有些是共同的，因此，对于每一个建设工程风险的识别不必要均从头做起。只要采取适当的风险分解方式，就可以找出建设工程中经常发生的典型的风险因素和相应的风险事件，从而形成初始风险清单。在风险识别时可以从初始风险清单入手，这样做既可以提高风险识别的效率，又可以降低风险识别的主观性。

初始风险清单的建立途径有两种：一种是采用保险公司或风险管理学会（协会）公布的潜在损失一览表作为基础，风险管理人员再结合本企业所面临的潜在损失予以具体化，从而建立特定企业的风险一览表。但是，目前潜在损失一览表都是对企业风险进行公布的，还没有针对建设工程风险的一览表，因此，这种方法对建设工程风险的识别作用不大。另一种方法是通过适当的风险分解方式来识别风险，这是建立建设工程初始风险清单的有效途径。对于大型、复杂的建设工程，通常可以按照单项工程、单位工程分解，再将其按照时间维、目标维和因素维进行分解，从而形成建设工程初始风险清单。表 7-1 为建设工程初始风险清单的一个示例。

表 7-1 建设工程初始风险清单

| 风险因素 | | 典型风险事件 |
|---|---|---|
| 技术风险 | 设计 | 设计内容不全、设计缺陷、错误和遗漏，应用规范不恰当，地质条件考虑不周，未考虑施工可能性等 |
| | 施工 | 施工工艺落后，施工技术和方案不合理，施工安全措施不当，应用新技术失败，未考虑场地情况，技术措施不合理 |
| | 其他 | 工艺设计未达到先进性指标，工艺流程不合理，未考虑操作安全性 |
| 非技术风险 | 自然与环境 | 洪水、地震等自然灾害，不明的水文地质条件，复杂的地质条件，恶劣气候 |
| | 政治法律 | 法律及规章的变化，战争和骚乱、罢工、经济制裁或禁运等 |
| | 经济 | 通货膨胀或紧缩，汇率变动，市场动荡，社会各种摊派和征费的变化，资金不到位，资金短缺等 |
| | 合同 | 合同条款表述错误，合同类型选择不当，合同纠纷处理不利 |
| | 人员 | 工人、业主、设计人员、技术员、管理人员素质（能力、效率、责任心、品德）差 |
| | 材料设备 | 材料和设备供货不及时，质量差，设备不配套，安装失误，选型不当等 |
| | 组织协调 | 业主与设计方的协调不充分，业主方与政府相应管理部门未协调好，监理与施工单位未协调好等 |

在使用初始风险清单法时必须明确一点，那就是初始风险清单并不是风险识别的最终结论，它必须结合特定建设工程的具体情况进一步识别风险，修正初始风险清单。因此，这种方法必须与其他方法结合起来使用。

5. 经验数据法

经验数据法又称为统计资料法。它是根据已建各类建设工程与风险有关的统计资料来识别拟建工程的风险。

统计资料的来源主要是参与项目建设的各方主体，如房地产开发商、施工单位、设计单位、监理企业，以及从事建设工程咨询的咨询单位等。虽然不同的风险管理主体从各自的角度保存着相应的数据资料，其各自的初始风险清单一般会有所差异，但是，当统计资料足够多时，借此建立的初始风险清单基本可以满足对建设工程风险识别的需要，因此这种方法一般与初始风险清单法结合使用。

6. 风险调查法

虽然建设工程会面临一些共同的风险，但是不同的建设工程不可能有完全一致的工程风险。因此在建设工程风险识别的过程中，花费人力、物力和财力进行风险调查则是必不可少的。

风险调查法就是从分析具体建设工程的特点入手，一方面对通过其他方法已经识别出的风险进行鉴别和确认；另一方面，通过风险调查，有可能发现此前尚未识别出的重要的工程风险。

风险调查可以从组织、技术、自然及环境、经济、合同等方面分析拟建建设工程的特点以及相应的潜在风险；也可采用现场直接考察结合向有关行业或专家咨询等形式进行风险调查。例如，工程投标报价前施工单位进行现场踏勘，可以取得现场及周围环境的第一手资料。

应当注意，风险调查不是一次性的行为，而应当在建设工程实施全过程中不断地进行，这样才能随时了解不断变化的条件对工程风险状态的影响。当然，随着工程的进展，风险调查的内容和重点会有所不同。

综上所述，风险识别的方法有很多，但是在识别建设工程风险时，不能仅仅依靠一种方法，必须将若干种方法综合运用，才能取得较为满意的结果。而且不论采用何种风险识别的方法，风险调查法都是必不可少的风险识别方法。

## 第三节　建设工程风险评价

系统而全面地识别建设工程风险只是风险管理的第一步，只有对风险有一个确切的风险评价，才有可能作出正确的风险对策决策。风险评价可以采用定性和定量两种方法来进行。

定性风险评价方法有专家打分法、层次分析法等，其作用在于区分出不同风险的相对严重程度以及根据预先确定的可接受的风险水平（有文献称为“风险度”）作出相应的决策。

从广义上讲，定量风险评价方法也有许多种，如敏感性分析、盈亏平衡分析、决策树、随机网络等。但是，这些方法大多有较为确定的适用范围，如敏感性分析用于项目财务评价，随机网络用于进度计划。本节将以风险量函数理论为出发点，说明如何定量评价建设工程风险。

### 一、风险衡量

识别工程项目所面临的各种风险以后，就应当分别对各种风险进行衡量，从而进行比较，以确定各种风险的相对重要性。根据风险的基本概念可知，损失发生的概率和这些损失的严重性是影响风险大小的两个基本因素。因此，在定量评价建设工程风险时，首要工作是将各种风险的发生概率及其潜在损失定量化，这一工作就称为风险衡量。

### 二、风险量函数

风险量是指各种风险的量化结果，其数值大小取决于各种风险的发生概率及其潜在损失。以 $R$ 代表风险量，以 $p$ 表示风险的发生概率，以 $q$ 表示潜在损失，则 $R$ 可以表示为 $p$ 和 $g$ 的函数，即：

$$R=f(p,q) \tag{7-1}$$

式（7-1）反映了风险量的基本原理，具有一定的通用性，其应用前提是能通过适当的方式建立关于 $p$ 和 $q$ 的连续性函数。但是，这一点很难做到。在大多数情况下，以离散形式来定量表示风险的发生概率和潜在损失，此时，风险量函数可用式（7-2）表示为：

$$R=\sum p_i q_i \tag{7-2}$$

式中　$i$——风险事件的数量，$i=1，2，\cdots，n$。

如果用横坐标表示潜在损失，用纵坐标表示风险发生的概率 $p$，就可以根据风险量函数，在坐标上标出各种风险事件的风险量的点，将风险量相同的点连接而成的曲线，称为等风险量曲线，如图 7-3 所示。在图 7-3 中 $R_1$、$R_2$、$R_3$ 为三条不同的等风险曲线。不同的等风险量曲线所表示的风险量大小与风险坐标原点的距离成正比，即离原点越近，风险量曲线上的风险越小；反之越大。由此就可以将各种风险根据风险量排出大小顺序（$R_1 < R_2 < R_3$），作为风险决策的依据。

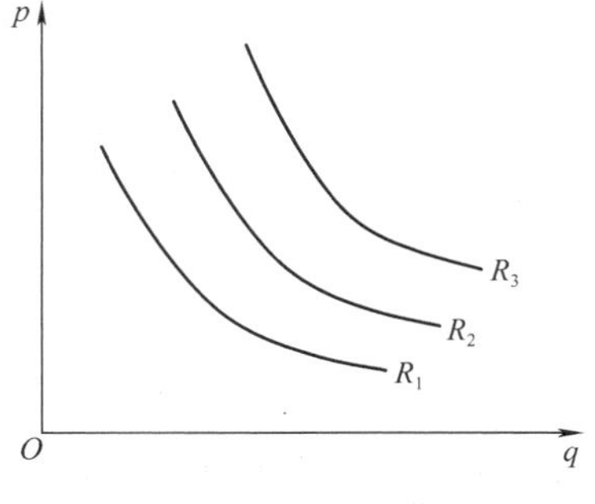

图7-3 等风险量曲线

## 三、风险损失的衡量

风险损失的衡量就是定量确定风险损失值的大小。建设工程风险损失包括以下几个方面：

1. 投资风险损失

投资风险直接用货币形式来表现，即价格、汇率和利率变化或资金使用安排不当等风险事件所引起的实际投资超出计划投资的数额。

2. 进度风险损失

它通常是由于进度的拖延而导致的风险损失，虽然表现形式上属于时间范畴，但损失的实质是经济损失。进度风险损失具体由以下几个部分内容组成：

（1）货币的时间价值 进度风险的发生可能会对现金流动造成影响，在利率的作用下，引起经济损失。

（2）为赶上计划进度所需的额外费用 这部分费用包括加班的人工费、机械使用费、管理费、夜间施工照明费等一切因赶进度所发生的非计划费用。

（3）延期投入使用的收入损失 这种损失不仅仅是延期期间的收入损失，还可能由于产品投入市场过迟而失去商机，从而大大降低市场份额的损失，因而这方面的损失有时是相当大的。

3. 质量风险损失

质量风险导致的损失包括事故引起的直接经济损失，以及修复和补救等措施发生的费用以及第三者责任损失等，可分为以下几个方面：

1）建筑物、构筑物或其他结构倒塌所造成的直接经济损失。

2）复位纠偏、加固补强等补救措施和返工的费用。

3）造成的工期延误的损失。

4）永久性缺陷对于建设工程使用造成的损失。

5）第三者责任的损失。

4. 安全风险损失

安全风险损失是由于安全事故所造成的人身财产损失、工程停工等遭受的损失，还可能包括法律责任。具体包括以下几个部分：

1）受伤人员的医疗费用和补偿费用。

2）财产损失，包括材料、设备等财产的损毁或被盗。

3）因引起工期延误而带来的损失。

4）为恢复建设工程的正常实施所发生的费用。

5）第三者责任损失。第三者责任损失是建设工程在实施期间，因意外事故可能导致的第三者的人身伤亡和财产损失所作的经济赔偿及必须承担的法律责任。

由以上四个方面风险损失可知，投资增加或减少可以用货币来衡量；进度的快慢属于时间范畴，同时也会导致经济损失；而质量和安全事故既会产生经济影响，又可能导致工期延长和第三者责任，使风险更加复杂。因此，不论是投资风险损失，还是进度风险损失、质量风险损失，或者是安全风险损失，最终都可以归结为经济损失。除了第三者要负法律责任外，其他都是以经济赔偿的形式来实现的。

## 四、风险概率的衡量

衡量建设工程风险概率通常有两种方法：一种是主要依据主观概率的相对比较法；另一种是接近于客观概率的概率分布法。

1. 相对比较法

相对比较法是由美国的风险管理专家理查德·普劳蒂（Richard Prouty）提出的方法。这种方法是估计各种风险事件发生的概率，将其分为以下四种情况：

（1）几乎为0　这种风险事件可认为不会发生。

（2）很小的　这种风险事件虽然有可能发生，但现在没有发生，并且将来发生的可能性也不大。

（3）中等的　这种风险事件偶尔会发生，并且能预期将来有时会发生。

（4）一定的　这种风险事件一直在有规律地发生，并且能够预期也是有规律地发生。因此，认为在这种情况下风险事件发生的概率较大。

2. 概率分布法

概率分布法可以较为全面地衡量建设工程风险。因为通过潜在损失的概率分布，有助于确定在一定情况下采用哪种风险对策或采用哪种风险对策组合最佳。

概率分布法的常见形式是建立概率分布表。建立概率分布表时应参考相关的历史资料，依据理论上的概率分布，并借鉴其他的经验对自己的判断进行调整和补充。历史资料可以是外界资料，也可以是本企业历史资料。外界资料主要是保险公司、行业协会、统计部门等的资料。利用这些资料时应注意一点，那就是这些资料通常反映的是平均数字，且综合了众多企业或众多建设工程的损失经历，因而在许多方面不一定与本企业或本建设工程的情况相吻合，使用时必须作客观分析。本企业的历史资料比较有针对性，但应注意资料的数量可能偏少，甚至缺乏连续性，不能满足概率分析的需要。另外，即使本企业历史资料的数量、连续性均满足要求，其反映的也只是本企业的平均水平，在运用时还应当充分考虑资料的背景和拟建建设工程的特点。由此可见，概率分布表中的数字是因工程而异的。

## 五、风险评价

风险评价是指运用各种风险分析技术，用定量、定性或两者相结合的方式处理不确定的过程，其目的是评价风险的可能影响。

1. 风险分析的主要内容

通常对风险应从以下几个方面进行分析：

（1）风险存在和发生的时间分析　它主要是分析各种风险可能在建设工程的哪个阶段发生，具体在哪个环节发生。

（2）风险的影响和损失分析　它主要是分析风险的影响面和造成的损失大小。例如通货膨胀引起物价上涨，就不仅会影响后期采购的材料、设备费支出，可能还会影响工人的工资，最终影响整个工程费用。

（3）风险发生的可能性分析　它是指分析各种风险发生的概率情况。

（4）风险级别分析　建设工程有许多风险，风险管理者不可能对所有风险采取同样的重视程度进行风险控制。这样做既不经济，也不可能办到。因此，在实际中必须对各种风险进行严重性排队，只对其中比较严重的风险实施控制。

（5）风险起因和可控性分析　风险起因分析是为进行风险预测、制定防范对策和事故责任分析服务的。可控性分析主要是对风险影响进行控制的可能性和控制成本的分析。如果是人力无法控制的风险，或控制成本十分巨大的风险是不能采取控制的手段来进行风险管理的。

2. 风险评价的主要方法

风险评价的方法有很多种，本书只对其中的几种作一简单介绍。

（1）专家打分法　专家打分法是向专家发放风险调查表，由专家根据经验对风险因素的重要性进行评价，并对每个风险因素的等级值进行打分，最终确定风险因素总分的方法。具体步骤如下：

1）识别出某一特定建设工程项目可能会遇到的所有风险，列出风险调查表。

2）选择专家，利用专家经验，对可能的风险因素的重要性（$W$）进行评价，确定每个风险因素的权重，以表征其对项目风险的影响程度。

3）确定每个风险因素发生可能性（$C$）的等级值，即可能性很大、比较大、中等、不大、较小五个等级对应的分数为 1.0、0.8、0.6、0.4、0.2。由专家给出各个风险因素的分值。

4）将每项风险因素的权数与等级值相乘，求出该项风险因素的得分，即风险度 $W\times C$。再求出此工程项目风险因素的总分 $\sum W\times C$。总分越高，则风险越大。表 7-2 是一个风险调查表的简单示例。

表 7-2　风险调查表

| 可能发生的风险因素 | 权重 $W$ | 风险因素发生可能性 $C$ | | | | | $W\times C$ |
|---|---|---|---|---|---|---|---|
| | | 很大 1.0 | 比较大 0.8 | 中等 0.6 | 不大 0.4 | 较小 0.2 | |
| 物价上涨 | 0.25 | √ | | | | | 0.25 |
| 融资困难 | 0.10 | | √ | | | | 0.08 |
| 新技术不成熟 | 0.15 | | | √ | | | 0.09 |
| 工期紧迫 | 0.20 | | √ | | | | 0.16 |
| 汇率浮动 | 0.30 | | | | √ | | 0.12 |
| 总分 $\sum W\times C$ | | | | | | | 0.7 |

利用这种方法可以对建设工程所面临的风险按照总分从大到小进行排队，从而找出风险管理的重点。这种方法适用于决策前期，因为决策前期往往缺乏建设工程的一些具体的数据

资料，借助于专家的经验以得出一个大致的判断。

（2）风险量函数法　根据风险量函数，可以在坐标图上画出许多等风险量曲线，如图 7-3 所示。据此，将风险发生概率（$p$）和潜在损失（$q$）分别分为 L（小）、M（中）、H（大）三个区间，从而将等风险量图分为 LL、ML、HL、MM、HM、LH、MH、HH 九个区域。在这九个区域中，有些区域的风险量是大致相等的，例如，如图 7-4 所示，可以将风险量的大小分为五个等级：

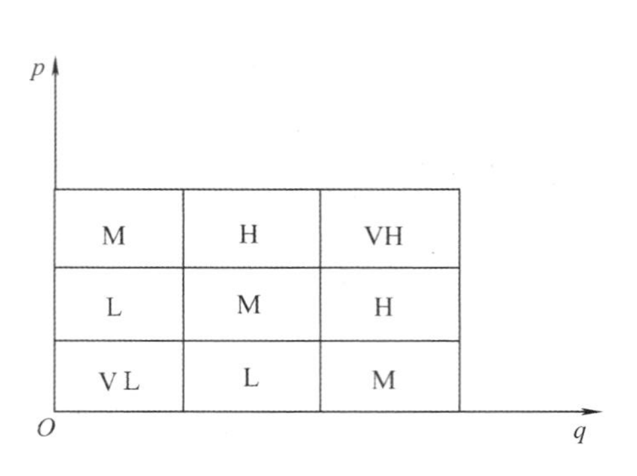

图7-4　风险等级图

1）VL（很小），即发生概率和潜在损失均为小（LL）。

2）L（小），即发生概率为中，但潜在损失为小（ML）；或发生概率为小，但潜在损失为中（LM）。

3）M（中等），即发生概率和潜在损失为中（MM）；或发生概率为大，但潜在损失为小（HL）；或发生概率为小，但潜在损失为大（LH）。

4）H（大），即发生概率为中，但潜在损失为大（MH）；或发生概率为大，但潜在损失为中（HM）。

5）VH（很大），即发生概率和潜在损失均为大（HH）。

## 第四节　建设工程风险对策

风险对策也称为风险防范手段或风险管理技术。建设工程风险的对策可以划分为两大类：一类是风险控制的对策；另一类是风险的财务对策。具体可分为风险回避、损失控制、风险自留和风险转移四种。

### 一、风险回避

风险回避是指以一定的方式中断风险源，使其不发生或不再发生或不再发展，从而避免可能产生的潜在损失。回避风险的途径有两种：一种是拒绝承担风险。例如，了解到某种新设备性能不够稳定，则决定不购置此种设备。另一种是放弃以前所承担的风险。例如，发现因市场环境的变化，使得正在建设的某个项目建成后将面临没有市场前景的风险，则决定中止项目以避免后续的风险。

风险回避虽然是一种风险防范措施，但它是一种消极的防范手段。因为风险是广泛存在的，要想完全回避也是不可能的。而且很多风险属于投机风险，如果采用风险回避的对策，在避免损失的同时，也失去了获利的机会。因此，在采取这种对策时，必须对这种对策的消极性有一个清醒的认识。同时，还应当注意到这样一点，那就是当回避一种风险的同时，可能会产生另一种新的风险。例如在施工招标时，某施工单位害怕工程报价报低了会亏损，于是决定回避这种风险，采用高价投标的策略。但是采用高价投标策略的同时，它又会面临

中不了标的风险。此外，在许多情况下，风险回避是不可能或不实际的。因为，工程建设过程中会面临着许多风险，无论是业主还是承包商，或者是监理企业，都必须承担某些风险，因此，除了回避风险之外，各方还需要适当运用其他的风险对策。

## 二、风险损失控制

1. 风险损失控制的概念

风险损失控制是指在风险损失不可避免地要发生的情况下，通过各种措施以遏制损失继续扩大或限制其扩展的范围。风险损失控制是一种积极主动的风险处理对策，实现的途径有两种，即预防损失和减少损失。预防损失措施的主要作用是降低或消除损失发生的概率，而减少损失措施的作用在于降低损失的严重性或遏制损失的进一步发展，使损失最小化。

2. 制订损失控制措施的依据和代价

在采用损失控制的对策时，应当注意两个方面的问题：一个是必须以定量风险评价的结果作为依据，因为只有这样才能确保损失控制措施具有针对性，也才能衡量取得的效果。另外一个就是一定要考虑损失控制措施的代价。因为实施损失预防和减少的措施本身是要花费时间和成本的，如果代价高于风险发生的损失，当然就不应当采取损失控制的措施。因此，在选择控制措施时应当进行多方案的技术经济分析和比较，尽可能选择代价小且效果好的损失控制措施。

3. 损失控制计划系统

在采用损失控制的风险处理对策时，所制订的措施应当形成一个周密的损失控制计划系统。在施工阶段，该系统应当由预防计划、灾难计划和应急计划三部分组成。

（1）预防计划　预防计划是指为预防风险损失的发生而有针对性地制订的各种措施。它包括组织措施、技术措施、合同措施和管理措施。

组织措施是指建立损失控制的责任制度，明确各部门和人员在损失控制方面的职责分工和协调方式，以使各方人员都能为实施预防计划而认真工作和有效配合；同时建立相应的工作制度和会议制度，可能还包括必要的人员培训等。

技术措施是在建设工程施工过程中常用的预防措施，如在深基础施工时作好切实的深基础支护措施。技术措施通常都要花费时间和成本方面的代价，必须慎重比较后作出选择。

合同措施包括选择合适的合同结构，严密每一合同条款，且作出特定风险的相应规定，如要求承包商提供履约担保等。

管理措施包括风险分离和风险分散。所谓风险分离，是指将各风险单位间隔开，以避免发生连锁反应或互相牵连。这种处理方式可以将风险局限在一定范围内，从而达到减少损失的目的。例如，在进行设备采购时，为尽量减少因汇率波动而导致的汇率风险，在若干个不同的国家采购设备，就属于风险分离的措施。所谓风险分散，是指通过增加风险单位以减轻总体风险压力，达到共同分摊集体风险的目的。例如施工承包时，对于规模大、施工复杂的项目采取联合承包的方式就是一种分散承包风险的方式。

（2）灾难计划　灾难计划是指预先制订的一组应对各种严重的、恶性的紧急事件发生时，现场人员应当采取的工作程序和具体措施。有了灾难计划，现场人员在紧急事件发生后，就有了明确的行动指南，从而不至于惊慌失措，也不需要临时讨论研究应对措施，也就可以及时、妥善地进行事故处理，减少人员伤亡以及财产损失。

灾难计划是针对严重风险事件制订的，其内容主要有以下几个方面：

1）安全撤离现场人员方案。

2）援救及处理伤亡人员。

3）控制事故的进一步发展，最大限度地减少资产和环境损害。

4）保证受影响区域的安全，尽快恢复正常。

灾难计划通常是在严重风险事件发生时或即将发生时付诸实施。

（3）应急计划　应急计划是在风险损失基本确定后的处理计划。其目的是要使因严重风险事件而中断的工程实施过程尽快全面恢复，并减少进一步的损失，将事故的影响降低到最小。

应急计划中不仅要制订所要采取的措施，而且还要规定不同工作部门的工作职责。其内容一般应包括：

1）调整整个建设工程的进度计划，并要求各承包商相应调整各自的进度计划。

2）调整材料、设备的采购计划，并及时与供应商联系，必要时，签订补充协议。

3）准备保险索赔依据，确定保险索赔额，起草保险索赔报告。

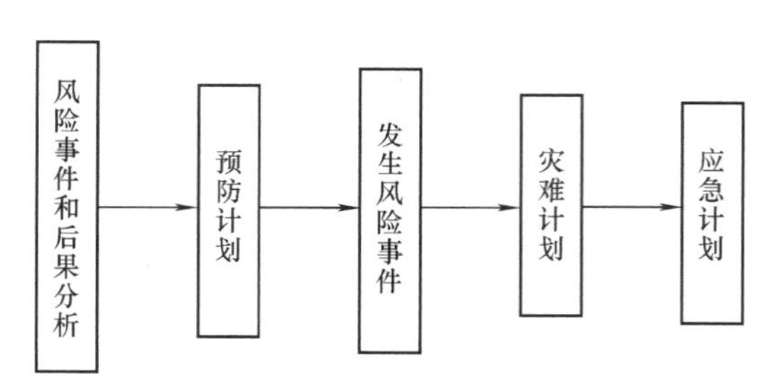


图7-5　损失控制计划之间的关系

4）全面审查可使用资金的情况，必要时需调整筹资计划等。

三种损失控制计划之间的关系，如图 7-5 所示。

## 三、风险自留

### 1. 风险自留的概念

工程项目风险自留是指由项目主体自行承担风险后果的一种风险应对策略。这种策略意味着工程项目主体不改变项目计划去应对某一风险，或项目主体不能找到其他适当的风险应对策略，而采取的一种应对风险的方式。这种对策有时是无意识的，有时是有计划的风险处理对策，它是整个建设工程风险对策计划的一个组成部分。这种情况下，风险承担人通常做好了处理风险的准备。

### 2. 风险自留的种类

风险自留分为非计划性风险自留和计划性风险自留。

（1）非计划性风险自留　由于风险管理人员没有意识到建设工程某些风险的存在，或者不曾有意识地采取有效措施，以致风险发生后只好自己承担。这样的风险自留是非计划性和被动的。导致非计划性风险自留的主要原因有：缺乏风险意识、风险识别失误、风险评价失误、风险决策失误或是风险决策实施延误等。事实上，对于大型、复杂的建设工程来说，风险管理人员几乎不可能识别出所有的工程风险，因此，非计划性风险自留有时是无可厚非的，因而也是一种适用的风险处理策略。但是，风险管理人员应当尽量减少风险识别和风险

评价的失误，要及时作出风险对策决策并及时实施决策，从而避免被迫承担重大和较大的工程风险。总之，虽然非计划自留不可能不用，但应尽量少用。

（2）计划性风险自留　计划性风险自留是主动的、有意识的、有计划的选择，是风险管理人员在经过正确的风险识别和风险评价后作出的风险对策决策，是整个建设工程风险对策计划的一个组成部分。计划性的风险自留，至少应当符合以下条件之一：

1）自留风险损失费用低于保险公司所收取的保险费用。

2）企业的期望损失低于保险人的估计。

3）企业的最大潜在或期望损失较小。

4）短期内企业有承受最大潜在或期望损失的经济能力。

5）投资机会很好。

6）内部服务或非保险人服务优良。

7）损失可以准确地预测。

风险自留的计划性主要体现在风险自留水平和损失支付方式两方面。所谓风险自留水平，是指选择哪些风险事件作为风险自留的对象，可以从风险量数值大小的角度进行考虑，选择风险量比较小的风险事件作为自留的对象，而且还应当从费用、期望损失、机会成本、服务质量和税收等方面与工程相比较后再作出决定。所谓损失支付方式，就是指在风险事件发生后，对所造成的损失通过什么方式或渠道来支付。有计划的风险自留通常应预先制订损失支付计划。

3. 损失支付方式

计划性风险自留应预先制订损失支付计划，常见的损失支付方式有以下几种：

1）设立风险准备金。风险准备金是从财务角度为风险作准备，在计划保险合同中另外增加一笔费用，专门用于自留风险的损失支付。

2）建立非基金储备。这种方式是指设立一定数量的备用金，但其用途不是专门用于支付自留风险损失的，而是将其他原因引起的额外费用也包括在内的备用金。

3）从现金净收入中支出。这种方式是指在财务上并不对自留风险作任何别的安排，在损失发生后从现金净收入中支出，或将损失费用计入当期成本。因此，此种方式是非计划性风险自留进行损失支付的方式。

## 四、风险转移

根据风险管理的基本理论，建设工程风险应当由各有关方分担，而风险分担的原则就是：任何一种风险都应由最适宜承担该风险或最有能力进行损失控制的一方承担。因此，风险转移成为建设工程风险管理中非常重要的并得到广泛应用的一项对策。其转移的方法有两种：保险转移和非保险转移。

1. 保险转移

保险转移就是保险，它是指建设工程业主、承包商或监理企业通过购买保险，将本应由自己承担的工程风险转移给保险公司，从而使自己免受风险损失。保险这种风险转移方式之所以得到越来越广泛的运用，原因在于保险人较投保人更适宜承担有关的风险。对于投保人来说，某些风险的不确定性很大，风险也很大，但对于保险人来说，这种风险的发生则趋近于客观概率，不确定性大大降低，因此，风险降低。

当然，保险转移这种方式受到保险险种的限制。如果保险公司没有此保险业务，则无法采用保险转移的方式。在工程建设方面，目前我国已实行人身保险中的意外伤害保险、财产保险中的建筑工程一切险和安装工程一切险。此外，职业责任保险对于监理工程师自身风险管理来说，也是非常重要的。

保险转移这种方式虽然有很多优点，但是缺点也是存在的。其中之一是机会成本增加，再就是工程保险合同的内容较复杂，保险费没有统一固定的费率，需要根据特定建设工程的类型、建设地点的自然条件、保险范围、免赔额等加以综合考虑，因而保险谈判常耗费较多的时间和精力。此外，在进行工程投保以后，投保人可能麻痹大意而疏于损失控制计划，以致增加实际损失和未投保损失。

2. 非保险转移

非保险转移通常也称为合同转移。一般通过签订合同的方式将工程风险转移给非保险人的对方当事人。常见的非保险转移有以下三种：

（1）在承发包合同中将合同责任和风险转移给对方当事人　这种情况下，一般是业主将风险转移给承包商。例如签订固定总价合同，将涨价风险转移给承包商。不过，这种转移方式业主应当慎重对待，业主不想承担任何风险的结果将会造成合同价格的增高或工程不能按期完成，从而给业主带来更大的风险。由于业主在选择合同形式和合同条款时占有绝对的主导地位，更应当全面考虑风险的合理分配，绝不能够滥用此种非保险转移的方式。

（2）工程分包　工程分包是承包商转移风险的重要方式。采用此方式时，承包商应当考虑将工程中专业技术要求高而自己缺乏相应技术的工程内容分包给专业分包商，从而以更低的成本、更好的质量完成工程，此时，分包商的选择成为一个至关重要的工作。

（3）工程担保　它是指合同当事人的一方要求另一方为其履约行为提供第三方担保。担保方所承担的风险仅限于合同责任，即由于委托方不履行或不适当履行合同以及违约所产生的责任。目前，工程担保主要有投标保证担保、履约担保和预付款担保三种。

1）投标保证担保也称投标保证金，它是指投标人向招标人出具的，以一定金额表示的投标责任担保。常见的形式有银行保函和投标保证书两种。

2）履约担保是指招标人在招标文件中规定的要求中标人提交的保证履行合同义务的担保。常见的形式有银行保函、履约保证书和保留金三种。

3）预付款担保是指在合同签订以后，业主给承包人一定比例的预付款，但需由承包商的开户银行向业主出具的预付款担保。其目的是保证承包商能按合同规定施工，偿还业主已支付的全部预付款。

非保险转移的优点主要体现在：可以转移某些不可保险的潜在损失，如物价上涨的风险；其次体现在被转移者往往能更好地进行损失控制，如承包商能较业主更好地把握施工技术风险。

## 五、风险对策决策过程

风险管理人员在选择风险对策时，要根据建设工程的自身特点，从系统的观点出发，从整体上考虑风险管理的思路和步骤，从而制定一个与建设工程总体目标相一致的风险管理原

则。这种原则需要指出风险管理各基本对策之间的联系，为风险管理人员进行风险对策决策提供参考。

图 7-6 描述了风险对策决策过程以及这些风险对策之间的选择关系。

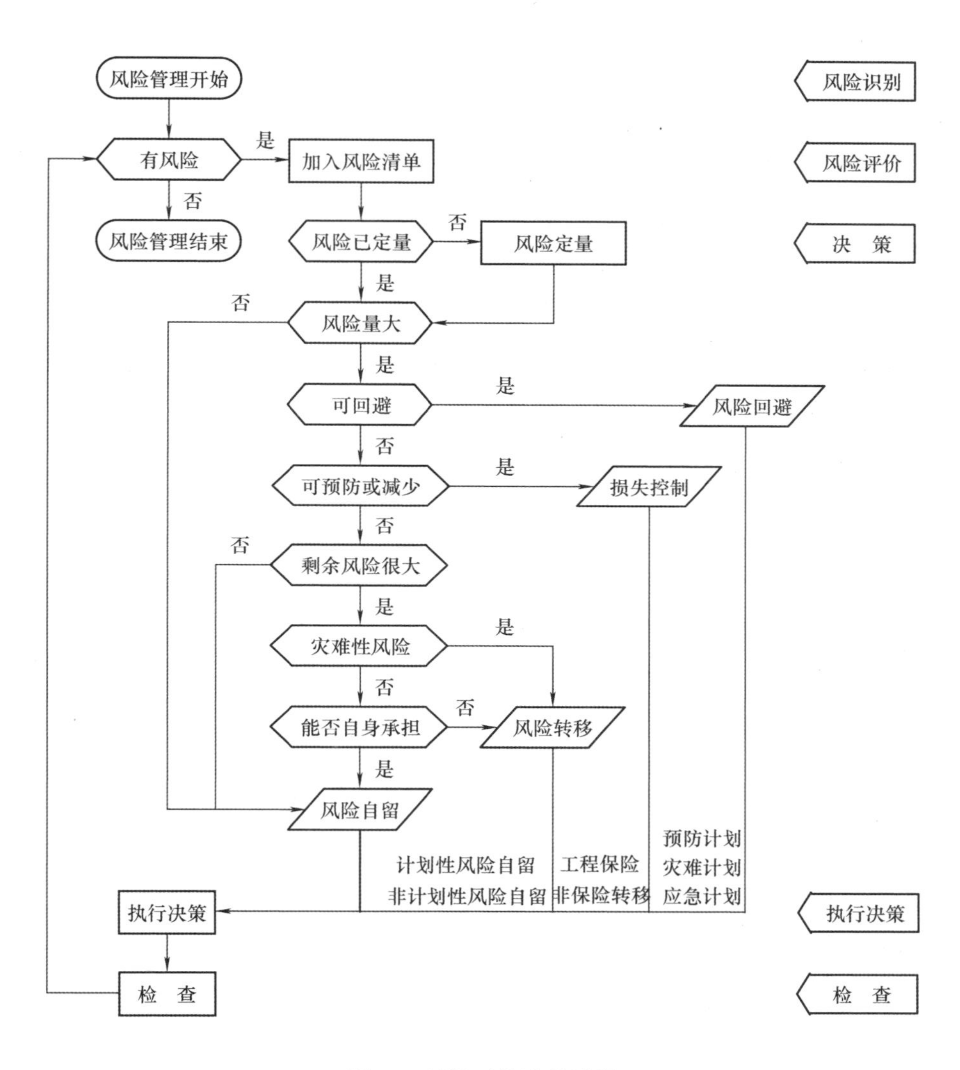


图7-6　风险对策决策过程

## 本章小结

建设工程风险是人们在建设活动中可能会遇到意外损失。根据风险所造成的后果不同，风险分为纯风险和投机风险两种。风险管理者要具有识别不同类别风险的能力；识别的方法主要有专家调查法、财务报表法、流程图法、初始风险清单法、经验数据法和风险调查法等。对识别后的风险进行定性、定量地分析，评价风险可能造成的后果和影响。再根据风险的类别不同，采取风险回避、损失控制、风险自留或风险转移等对策，从而避免了许多不必要的损失，降低了成本，增加了企业利润。

## 综合实训

### 一、单项选择题

1. 将一项特定的生产或经营活动按步骤或阶段顺序组成若干个模块，在每个模块中都标出各种潜在的风险因素或风险事件，从而给决策者一个清晰总体印象，这种风险识别方法是（　　）。

A. 财务报表法　　B. 初始清单法　　C. 经验数据法　　D. 流程图法

2. 在施工阶段，业主改变项目使用功能而造成投资额增大的风险属于（　　）。

A. 纯风险　　B. 技术风险　　C. 自然风险　　D. 投机风险

3. 承包商要求业主提供付款担保，属于承包商的（　　）的风险对策。

A. 保险转移　　B. 非保险转移　　C. 损失控制　　D. 风险回避

4. 损失控制计划系统中灾难计划的效果是（　　）。

A. 既不改变工程风险的发生概率，也不改变工程风险损失的严重性

B. 降低工程风险的发生概率，但不降低工程风险损失的严重性

C. 不降低工程风险的发生概率，但可降低工程风险损失的严重性

D. 既降低工程风险的发生概率，亦可降低工程风险损失的严重性

5. 采用工程保险转移工程风险的缺点之一是投保人可能产生心理麻痹而疏于损失控制，以致增加（　　）。

A. 潜在损失和隐蔽损失　　B. 隐蔽损失和实际损失

C. 实际损失和未投保损失　　D. 未投保损失和潜在损失

6. 建设工程风险分解的途径之一是按结构维分解，其含义是按建设工程（　　）进行分解。

A. 结构体系　　B. 组成内容

C. 风险管理的组织结构　　D. 风险管理的工作结构

7. 若开标后中标人发现自己的报价存在严重的误算和漏算，因而拒绝与业主签订施工合同，这一对策为（　　）。

A. 风险回避　　B. 损失控制　　C. 风险自留　　D. 风险转移

8. 不属于风险识别特点的是（　　）。

A. 个别性　　B. 主观性　　C. 复杂性　　D. 可行性

9. 在系统识别建设工程风险与合理地作出风险对策决策之间起着重要桥梁作用的是（　　）。

A. 风险管理　　B. 风险评价　　C. 损失控制　　D. 风险调查

10. 建设工程风险评价的主要作用在于确定（　　）。

A. 风险损失值的大小　　B. 风险发生的概率

C. 风险的相对严重性　　D. 风险的绝对严重性

11. 风险识别的工作成果是（　　）。

A. 确定建设工程风险因素，风险事件及后果

B. 定量确定建设工程风险事件发生概率

C. 定量确定建设工程风险事件损失的严重程度

D. 建立建设工程风险清单

二、多项选择题

1. 风险调查法是识别建设工程风险不可缺少的方法，下列关于风险调查法的表述中，正确的有（　　）。

A. 通过风险调查可以发现此前尚未识别出的重要工程风险

B. 通过风险调查可以对其他方法已识别出的风险进行鉴别和确认

C. 随工程的进展，风险调查的内容相应增加，但调查的重点相同

D. 随工程的进展，风险调查的内容相应减少，调查的重点可能不同

E. 从某种意义上讲，风险调查法的主要作用在于建立初始风险清单

2. 下列关于风险回避对策的表述中，正确的有（　　）。

A. 相当成熟的技术不存在风险，所以不需要采用风险回避对策

B. 在风险对策的决策中应首先考虑选择风险回避

C. 就投机风险而言，回避风险的同时也失去了从风险中获益的可能性

D. 风险回避尽管是一种消极的风险对策，但有时是最佳的风险对策

E. 建设工程风险定义的范围越广或分解得越粗，回避风险的可能性就越小

3. 灾难计划是针对严重风险事件制订的，其内容主要有（　　）。

A. 援救及处理伤亡人员

B. 调整建设工程施工计划

C. 保证受影响区域的安全尽快恢复正常

D. 使因严重风险事件而中断的工程实施过程尽快全面恢复

E. 控制事故的进一步发展，最大限度地减少资产和环境损害

4. 下列风险对策中，属于非保险转移的有（　　）。

A. 业主与承包商签订固定总价合同

B. 在外资项目上采用多种货币结算

C. 设立风险专用基金

D. 总承包商将专业工程内容分包

E. 业主要求承包商提供履约保证

5. 下列内容中，属于非保险转移缺点的有（　　）。

A. 可能因合同条款有歧义而导致转移失败

B. 机会成本大

C. 有时转移代价可能超过实际损失

D. 可能因转移者心理麻痹而导致实际损失增加

E. 可能因被转移者无力承担实际损失而仍然由转移者承担损失

6. 下列关于风险损失控制系统的表述中，正确的有（　　）。

A. 预防计划的主要作用是降低损失发生的概率

B. 风险分隔措施属于组织措施

C. 风险分散措施属于管理措施

D. 最大限度地减少资产和环境损害属于应急计划

E. 技术措施必须付出费用和时间两方面的代价

### 三、简答题

1. 风险的种类有哪些？
2. 简述风险管理的基本过程。
3. 风险识别有哪些特点？识别的方法有哪些？
4. 风险分析的主要内容有哪些？
5. 风险对策有哪几种？简述各种风险对策的要点。
6. 损失控制的途径有哪些？试举例说明。

### 四、案例分析题

【背景】

某工业项目，建设单位委托了一家工程监理企业协助组织工程招标并负责施工监理工作。总监理工程师在主持编制监理规划时，安排了一位专业监理工程师负责项目风险分析和相应监理规划内容的编写工作。经过风险识别、评价，按风险量的大小将该项目中的风险归纳为大、中、小三类。根据该建设项目的具体情况，监理工程师对该项目面临的风险事件提出了风险对策，相应制定了风险控制措施，见表 7-3。

表 7-3 风险对策及控制措施表

| 序号 | 风险事件 | 风险对策 | 控制措施 |
|---|---|---|---|
| 1 | 通货膨胀 | 风险转移 | 建设单位与承包单位签订固定总价合同 |
| 2 | 承包单位技术、管理水平低 | 风险回避 | 出现问题向承包单位进行索赔 |
| 3 | 承包单位违约 | 风险转移 | 要求承包单位提供第三方担保或履约保函 |
| 4 | 建设单位购买的贵重设备运输中发生意外损失 | 风险转移 | 从现金净收入中支出 |
| 5 | 第三方责任 | 风险自留 | 建立非基金储备 |

【问题】

1. 针对监理工程师提出的风险转移、风险回避和风险自留三种风险对策，指出各自的适用对象（指风险量大小）。
2. 分析监理工程师在表 7-3 中提出的各项风险控制措施是否正确？说明理由。

# 第八章

# 建设工程信息管理

**学习目标：**

了解信息的基本概念、分类、形式及作用；熟悉信息收集的原则、方法及加工整理；掌握建设工程监理文档资料管理的内容、分类及立卷方法和要求。

## 第一节 概 述

科学技术的发展，使人类进入了一个崭新的时代——信息时代。目前，随着我国现代化建设和融入国际经济体系的步伐不断加快，对建设工程监理的信息化和标准化要求也越来越高。监理企业和监理工程师必须善于了解信息、掌握信息、管理信息、运用信息。

### 一、信息的概念与特征

1. 信息的概念

信息是对数据的解释，并反映了事物的客观状态和规律，为使用者提供决策和管理所需要的依据。

数据是客观实体属性的反映，是一组表示数量、行为和目标，可以记录下来加以鉴别的符号。数据有多种形态，从广义上讲，包括文字、数值、语言、图表、图像等。数据有原始数据和加工整理以后的数据之分。无论是原始数据还是加工整理以后的数据，经人们解释并赋予一定的意义后，才能成为信息。信息和数据是不可分割的，它们既有联系又有区别。信息来源于数据，又高于数据，信息是数据的灵魂，数据是信息的载体。

由于人对客观规律的认知能力有差距，所以数据经过不同的人解释后有不同的结论，也就会得到不同的信息。要得到准确的信息，要掌握事物的客观规律，需要提高人对数据处理的能力。掌握了信息，就掌握了事物的客观规律，才能有效地为决策和管理服务，保证决策的正确，减少管理失误。

2. 信息的特征

（1）真实性 真实性是信息的基本特征，也是信息的价值所在。缺乏真实性的信息由于不能依据它们作出正确的决策，故不能成为信息。因此，真实、准确地把握好信息数据的处理，找到事物的真实性是信息管理工作的重点。

（2）系统性 信息随着时间在不断地变化与扩充，但仍应该是来源于有机整体的一部分，脱离整体、孤立存在的信息是没有用处的。在监理工作中，投资控制信息、进度控制信息、质量控制信息、安全控制信息构成一个有机的整体，监理信息应属于这个系统之中。

（3）时效性 事物在不断地变化，信息也随之日新月异地变化着。过时的信息是不可以用来作为决策依据的。监理工作也是如此，国家政策、规范标准在调整，监理制度在不断完善与改进，这就意味着不断有新的信息出现和旧的信息被淘汰。

（4）片面性 从客观上讲，由于人的感观以及各种测试手段的局限性，导致对信息资源的开发和识别难以做到全面。人的主观因素也会影响对信息的收集、转换和利用，往往会造成所收集的信息不够完全。

## 二、监理信息的概念与分类

1. 监理信息的概念

监理信息是指在建设工程监理过程中发生的、反映建设工程状态和规律的信息。监理信息具有一般信息的特征，同时也有来源广、信息量大、动态性强、形式多样的特点。

2. 监理信息的分类

不同的监理范畴需要的信息不同，因此将监理信息归类划分，有利于满足不同监理工作的信息需求，使信息管理更加有效。

（1）按建设监理控制目标划分

1）投资控制信息。它是指与投资控制有关的各种信息，如工程造价、物价指数、工程量计算规则、工程项目投资估算、设计概算、合同价组成、施工阶段的支付账单、工程变更费用、运杂费、违约金、工程索赔费用等。

2）质量控制信息。它是指与质量控制有关的信息，如国家质量标准、质量法规、质量管理体系、工程项目建设标准、工程项目的合同标准、材料设备的合同质量、质量控制的工作措施、工程质量检查、验收记录、材料的质量抽样检查、设备的质量检验等，还有工程参建方的资质及特殊工种人员资质等。

3）进度控制信息。它是指与进度控制有关的信息，如工程项目进度计划、进度控制制度、进度记录、工程款支付情况、环境气候条件、项目参加人员、物资与设备情况。另外，还有上述信息在加工后产生的信息，如工程实际进度控制的风险分析、进度目标分解信息、实际进度与计划进度对比分析、实际进度与合同进度对比分析、实际进度统计分析、进度变化预测信息等。

4）安全生产控制信息。它是指与安全生产控制有关的信息，如国家法律、法规、条例、安全生产管理体系、安全生产保证措施、安全生产检查、巡视记录、安全隐患记录等；另外还有文明施工及环境保护有关信息。

5）合同管理信息。它包括国家法律、法规；勘测设计合同、工程建设承包合同、分包合同、监理合同、物资供应合同、运输合同等；工程变更、工程索赔、违约事项等。

（2）按照建设工程不同阶段划分

1）项目建设前期的信息。项目建设前期的信息包括可行性研究报告、设计任务书、勘察、设计文件、招标投标等方面的信息。

2）工程施工过程中的信息。由于建筑工程具有施工周期长、参建单位多的特点，因此施工过程中的信息量最大。其中有来自于业主方面的指示、意见和看法，下达的某些指令；有来自于承包商方面的信息，如向有关方面发出的各种文件，向监理工程师报送的各种文件、报告等；有来自于设计方面的信息，如设计合同、施工图纸、工程变更等；有来自于监理方面的信息，如监理单位发出的各种通知、指令，工程验收信息。项目监理内部也会产生许多信息，有直接从施工现场获得有关投资、质量、进度、安全和合同管理方面的信息，有经过分析整理后对各种问题的处理意见等，还有来自其他部门（如建筑行政管理部门、地方政府、环保部门、交通部门等部门）的信息。

3）工程竣工阶段的信息。在工程竣工阶段，需要大量的竣工验收资料，这些信息一部分是在整个施工过程中长期积累形成的，另一部分是在竣工验收期间，根据积累的资料整理分析而形成的。

（3）其他的一些分类方法

1）按照信息范围的不同，建设监理信息可分为精细的信息和摘要的信息。

2）按照信息时间的不同，建设监理信息可分为历史性信息和预测性信息。

3）按照监理阶段的不同，建设监理信息可分为计划的、作业的、核算的及报告的信息。在监理工作开始时，要有计划的信息；在监理过程中，要有作业的和核算的信息；在某一工程项目的监理工作结束时，要有报告的信息。

4）按照对信息的期待性不同，建设监理信息可分为预知信息和突发信息。

5）按照信息的性质不同，建设监理信息可分为生产信息、技术信息、经济信息和资源信息。

6）按照信息的稳定程度不同，建设监理信息可分为固定信息和流动信息等。

## 三、监理信息的形式

信息的表现形式多种多样，一般有文字数据、数字数据、报表、图形、图像和声音等。

1. 文字数据

文字数据形式是监理信息的一种常见形式。文件是最常见的有用信息。监理中通常规定以书面形式进行交流，即使是口头指令，也要在一定时间内形成书面文字，这就会形成大量的文件。这些文件包括国家、地区、部门行业、国际组织颁布的有关建设工程的法律、法规文件，如《合同法》、政府建设监理主管部门下发的条例、通知和规定，行业主管部门下发的通知和规定等；还包括国际、国家和行业等制定的标准规范，如合同标准文本、设计及施工规范、材料标准、图形符号标准、产品分类及编码标准等。具体到每一个工程项目，还包括合同及招投标文件、工程承包（分包）单位的情况资料、会议纪要、监理月报、监理总结、洽商及变更资料、监理通知、隐蔽及验收记录资料等。

2. 数字数据

数字数据也是监理信息常见的一种表现形式。在建设工程中，监理工作的科学性要求“用数字说话”，为了准确地说明各种工程情况，必然有大量数字数据产生，各种计算成果和试验检测数据反映了工程项目的质量、投资和进度等情况。用数据表现的信息常见的有：设备与材料价格、工程量计算规则、价格指数，工期、劳动、机械台班的施工定额；地区地质数据、项目类型及专业、主材投资的单价指标和材料的配合比数据等。具体到每个工程项目，还包括材料台账、设备台账、材料、设备检验数据、工程进度数据、进度工程量签证及付款签证数据、专业图纸数据、质量评定数据、施工人力和机械数据等。

3. 报表

各种报表是监理信息的另一种表现形式。建设工程各方常用这种直观的形式传播信息。承包商需要提供反映建设工程状况的多种报表。这些报表有开工申请单、施工技术方案报审表、进场原材料报验单、进场设备报验单、测量放线报验单、分包申请单、合同外工程单价申报表、计日工单价申报表、合同工程月计量申报表、额外工程月计量申报表、人工与材料价格调整申报表、付款申请表、索赔申请书、索赔损失计算清单、延长工期申报表、复工申请、事故报告单、工程验收申请单、竣工报验单等。监理组织内部常采用规范化的表格作为有效控制的手段，这类报表有工程开工令、工程清单支付月报表、暂定金额支付月报表、应扣款月报表、工程变更通知、额外增加工程通知单、工程暂停指令、复工指令、现场指令、工程验收证书、工程验收记录、竣工证书等。监理工程师向业主反映工程情况也往往用报表形式传递工程信息，这类报表有工程质量月报表、项目月支付总表、工程进度月报表、进度计划与实际完成报表、施工计划与实际完成情况表、监理月报表、工程状况报告表等。

4. 图形、图像和声音

监理信息的形式还有图形、图像和声音等。这些信息包括工程项目立面、平面及功能布置图形，项目位置及项目所在区域环境实际图形或图像等；对每一个项目，还包括隐蔽部位、设备安装部位、预留预埋部位图形、管线系统、质量问题和工程进度形象图像；在施工中还有设计变更图等。图形、图像信息还包括工程录像、照片等，这些信息直观、形象地反映了工程情况，特别是能有效反映隐蔽工程的情况。声音信息主要包括会议录音、电话录音以及其他的讲话录音等。

以上只是监理信息的一些常见形式，而且监理信息往往是这些形式的组合。随着科技的发展，还会出现更多更好的形式。

## 四、监理信息的作用

1. 监理信息是监理工程师进行目标控制的基础

建设工程监理的主要方法是控制，控制的基础是信息。监理信息贯穿在目标控制的各个环节之中，建设监理目标控制系统内部各要素之间、系统和环境之间都靠信息进行联系。在建筑工程的生产过程中，监理工程师要依据所反馈的投资、质量、进度、安全信息与计划信息进行对比，看是否发生偏离，如发生偏离，即采取相应措施予以纠正，再偏离就再纠正，直至达到建设目标。

2. 监理信息是监理工程师进行科学决策的依据

建设工程中有许多问题需要决策，决策的正确与否直接影响着项目建设总目标的实现及监理企业、监理工程师的信誉。作出一项决策需要考虑各种因素，其中最重要的因素之一就是信息，如要作出是否需要进行进度计划调整的决策，就需要收集计划进度的信息与工程实际进度的信息。监理工程师在整个工程的监理过程中，都必须充分地收集信息、加工整理信息，才能作出科学的、合理的监理决策。

3. 监理信息是监理工程师进行组织协调的纽带

工程项目的建设是一个复杂和庞大的系统，参建单位多、周期长、影响因素多，需要进行大量的协调工作，监理组织内部也要进行大量的协调工作，这都要依靠大量的信息。

协调一般包括人际关系的协调、组织关系的协调和资源需求关系的协调。人际关系的协调，需要了解协调对象的特点、性格方面的信息，需要了解岗位职责和目标的信息，需要了解其工作成效的信息，通过谈心、谈话等方式进行沟通与协调；组织关系的协调，需要了解组织机构设置、目标职责的信息，需要开工作例会、专题会议来沟通信息，在全面掌握信息的基础上及时消除工作中的矛盾和冲突；资源需求关系的协调，需要掌握人员、材料、设备、能源动力等资源方面的计划情况、储备情况以及现场使用情况等信息，以此来协调建筑工程的生产，保证工程进展顺利。

## 五、监理信息系统

在工程建设过程中，时时刻刻都在产生信息（数据），而且数量是相当大的，需要迅速收集、整理与使用。传统的处理方法是依靠监理工程师的经验，对问题进行分析与处理。面对当今复杂、庞大的工程，传统的方法就显得不足，难免给工程建设带来损失。计算机技术的发展给信息管理提供了一个高效率的平台，监理信息系统开发使信息处理变得快捷方便。

监理工程师的主要工作是控制建设工程的投资、进度、质量和安全，进行建设工程合同管理，协调有关单位间的工作关系。监理信息系统的构成应当与这些主要的工作相对应。另外，每个工程项目都有大量的公文信函，作为一个信息系统，监理工程师也应对这些内容进行辅助处理。因此，监理信息系统一般由文档管理子系统、合同管理子系统、组织协调子系统、投资控制子系统、质量控制子系统、进度控制子系统和安全生产管理子系统构成。

为进一步促进信息系统工程监理健康有序发展，使其管理规范化、制度化。2002 年，原信息产业部制定并发布了《信息系统工程监理暂行规定》（信部信 [2002]570 号文件），2003 年又发布了《信息系统工程监理单位资质管理办法》（信部信 [2003]142 号文件）和《信息系统工程监理工程师资格管理办法》（信部信 [2003]142 号文件）等配套文件，信息系统工程监理制度已在我国逐步确立。另外，信息系统监理师已纳入全国计算机技术与软件专业技术资格考试范围。

# 第二节　建设工程监理信息的收集与整理

## 一、监理信息的收集

收集信息是运用信息的前提，是进行信息处理的基础。信息处理是对已经取得的原始信息进行分类、筛选、分析、加工、评定、编码、存储、检索、传递的全过程。不经收集就没有进行处理的对象，信息收集工作的好坏，直接决定着信息加工处理质量的高低。在一般情况下，如果收集到的信息时效性强、真实度高、价值大、全面系统，再经加工处理质量就更高，反之则低。

1. 收集监理信息的基本原则

（1）主动及时　监理是一个动态控制的过程，实时信息量大、时效性强、稍纵即逝，建设工程又具有投资大、工期长、项目分散、管理部门多、参与建设的单位多等特点，如果不能及时得到工程中大量发生的、变化极大的数据，不能及时把不同的数据传递于需要相关数据的不同单位、部门，势必影响各部门工作，影响监理工程师做出正确的判断，影响监理工作的质量。只有工作主动，获得信息才会及时，监理工作的特点和监理信息的特点都决定了收集信息要主动及时。所以，监理工程师要取得对工程控制的主动权，就必须积极主动地收集信息，善于及时发现、及时取得、及时加工各类工程信息。

（2）全面系统　监理信息贯穿于工程项目建设的各个阶段及全部过程，各类监理信息和每一条信息，都是监理内容的反映或表现。所以，收集监理信息不能挂一漏万，以点代面，把局部当成整体，或者不考虑事物之间的联系，同时，建设工程不是杂乱无章的，而是有着内在的联系。因此，收集信息不仅要注意全面性，而且还要注意系统性和连续性。全面系统就是要求收集到的信息具有完整性，以防决策失误。

（3）真实可靠　收集信息的目的在于对工程项目进行有效的控制。由于建设工程中人们的经济利益关系，以及建设工程的复杂性，信息在传输过程中会发生失真现象等，难免产生不能真实反映建设工程实际情况的假信息。因此，监理工程师必须严肃认真地进行收集工作，要将收集到的信息进行严格核实、检测、筛选，去伪存真。

（4）重点选择　所谓重点选择，就是根据监理工作的实际需要，根据监理的不同层次、不同部门、不同阶段对信息需求的侧重点，从大量的信息中选择使用价值大的主要信息。例如，业主委托施工阶段监理，则以施工阶段为重点进行收集。

2. 监理信息收集的基本方法

监理工程师主要通过各种方式的记录来收集监理信息，这些记录统称为监理记录。它是与工程项目建设监理相关的各种记录资料的集合，通常可分为以下几类：

（1）现场记录　现场监理人员必须每天利用特定的表式或以日志的形式记录工地上所发生的事情。所有记录应始终保存在工地办公室内，供监理工程师及其他监理人员查阅。这类记录每月由专业监理工程师整理成书面资料上报监理工程师办公室。监理人员在现场遇到工程施工中不得不采取紧急措施而对承包商所发出的书面指令，应尽快通报上一级监理组织，以征得其确认或修改指令。

现场记录通常记录以下内容：

1）现场监理人员对所监理工程范围内的机械、劳力的配备和使用情况作详细记录，如承包商现场人员和设备的配备是否同计划所列的一致；工程质量和进度是否因某些职员或某种设备不足而受到影响，受到影响的程度如何；是否缺乏专业施工人员或专业施工设备，承包商有无替代方案；承包商施工机械完好率和使用率是否令人满意；维修车间及设施情况如何，是否存储有足够的备件等。

2）记录气候及水文情况，如记录每天的最高、最低气温，降雨和降雪量，风力；河流水位；记录有预报的雨、雪、台风及洪水到来之前对永久性或临时性工程所采取的保护措施；记录气候、水文的变化影响施工及造成损失的细节（如停工时间、救灾的措施和财产的损

失等）。

3）记录承包商每天工作范围，完成工程数量，以及开始工作和完成工作的时间，记录出现的技术问题，采取了怎样的措施进行处理，效果如何，能否达到技术规范的要求等。

4）对工程施工中每步工序完成后的情况作简单描述，如此工序是否已被认可，对缺陷的补救措施或变更情况等作详细记录。此外，监理人员在现场对隐蔽工程应特别注意记录。

5）记录现场材料供应和储备情况，如每一批材料的到达时间、来源、数量、质量、存储方式和材料的抽样检查情况等。

6）对于一些必须在现场进行的试验，现场监理人员进行记录并分类保存。

（2）会议记录　由监理人员所主持的会议应由专人记录，并且要形成纪要，由与会者签字确认，这些纪要将成为今后解决问题的重要依据。

（3）计量与支付记录　计量与支付记录包括所有计量及付款资料，应清楚地记录哪些工程进行过计量，哪些工程没有进行计量，哪些工程已经进行了支付，已同意或确定的费率和价格变更等。

（4）试验记录　除正常的试验报告外，试验室应由专人每天以日志形式记录试验室工作情况，包括对承包商的试验监督、数据分析等。试验记录的具体内容包括以下几项：

1）工作内容的简单叙述，如监督承包商做了哪些试验，结果如何。

2）承包商试验人员配备情况，如试验人员配备与承包商计划所列是否一致，数量和素质是否满足工作需要，增减或更换试验人员的建议。

3）对承包商试验仪器、设备配备、使用和调动情况的记录，需增加新设备的建议。

4）监理试验室与承包商试验室所做同一试验，其结果有无重大差异，原因如何。

（5）工程照片和录像　以下情况，可辅以工程照片和录像进行记录：

1）科学试验、重大试验，如桩的承载试验，梁、板的试验以及科学研究试验等；新工艺、新材料的原形及为新工艺、新材料的采用所做的试验等。

2）工程质量，能体现高水平的建筑物的总体或分部，能体现出建筑物的宏伟、精致、美观等特色的部位；工程质量较差的项目，指令承包商返工或需补强的工程的前后对比；体现不同施工阶段的建筑物照片；不合格原材料的现场和清除出现场的照片。

3）能证明或反映未来会引起索赔或工程延期的特征照片或录像；向上级反映即将引起影响工程进展的照片。

4）工程试验、试验室操作及设备情况。

5）隐蔽工程，如被覆盖前构造物的基础工程；重要项目钢筋绑扎、管道渗开的典型照片；混凝土桩的桩头开花及桩顶混凝土的表面特征情况。

6）工程事故，如工程事故处理现场及处理事故的状况；工程事故及处理和补强工艺，能证实保证了工程质量的照片。

7）监理工作，如重要工序的旁站监督和验收；现场监理工作实况；参与的工地会议及参与承包商的业务讨论会；班前、工后会议；被承包商采纳的建议，证明确有经济效益及提高了施工质量的实物。

拍照时要采用专门登记本标明序号、拍摄时间、拍摄内容、拍摄人员等。

## 二、监理信息的加工整理

监理信息的加工整理是对收集来的大量原始信息，进行筛选、分类、排序、压缩、分析、比较、计算等的过程。信息加工整理要本着标准化、系统化、准确性、时间性和适用性等原则进行。监理工程师对信息进行加工整理，形成各种资料，如各种来往信函、来往文件、各种指令、会议纪要、备忘录、协议、各种工作报告和监理工作总结等，其中工作报告和监理工作总结是最主要的加工整理成果。

1. 监理日报

监理日报是现场监理人员根据每天的现场记录加工整理而成的报告，主要包括如下内容：当天的施工内容；当天参加施工的人员（工种、数量、施工单位等）；当天施工使用的机械名称和数量等；当天发现的施工质量问题；当天的施工进度和计划进度的比较，若发生进度拖延，应说明原因；当天天气综合评语；其他说明及应注意的事项等。

2. 监理周报

监理周报是现场监理工程师根据监理日报加工整理而成的报告，每周向项目总监理工程师汇报一周内发生的所有重大事件。

3. 监理月报

监理月报是集中反映工程实况和监理工作的重要文件。一般由项目总监理工程师组织编写，每月一次上报业主。大型项目的监理月报，往往由各合同段或子项目的总监理工程师代表组织编写，上报总监理工程师审阅后报业主。监理月报一般包括以下内容：

（1）工程进度　它主要描述工程进度情况，工程形象进度和累计完成的比率。若拖延了计划，应分析其原因以及这种原因是否已经消除，就此问题承包商、监理人员所采取的补救措施等。

（2）工程质量　它是指用具体的测试数据评价工程质量，如实反映工程质量的好坏，并分析原因；承包商和监理人员对质量较差项目的改进意见；如有责令承包商返工的项目，应说明其规模、原因以及返工后的质量情况。

（3）计量支付　计量支付必须表示出本期支付、累计支付以及必要的分项工程的支付情况，形象地表达支付比例，实际支付与工程进度对照情况等；承包商是否因流动资金短缺而影响了工程进度，并分析造成资金短缺的原因（如是否未及时办理支付等）；有无延迟支票、价格调整等问题，说明其原因及由此而产生的增加费用。

（4）安全生产管理　所谓安全生产管理，就是针对人们在安全生产过程中的安全问题，运用有效的资源，发挥人们的智慧，通过人们的努力，进行有关决策、计划、组织和控制等活动，实现生产过程中人与机器设备、物料环境的和谐，达到安全生产的目标。

（5）质量事故　它主要包括：质量事故发生的时间、地点、项目、原因、损失估计（经济损失、时间损失、人员伤亡情况）等；事故发生后采取了哪些补救措施；在今后工作中如何避免类似事故发生的有效措施；事故的发生，影响了哪些单项或整体工程进度情况。

（6）工程变更　它主要包括：对每次工程变更应说明引起设计变更的原因、批准机关，变更项目的规模、工程量增减数量、投资增减的估计等；是否因此变更影响了工程进展，承包商是否就此已提出或准备提出延期和索赔。

（7）合同纠纷　它主要包括：合同纠纷情况及产生的原因；监理人员进行调解的措施；

监理人员在解决纠纷中的体会；业主或承包商有无要求进一步处理的意向。

（8）监理工作动态 它主要包括：描述本月的主要监理活动，如工地会议、现场重大监理活动、延期和索赔的处理；上级下达的有关工作的进展情况；监理工作中的困难等。

4. 监理工作总结

在监理工作结束后，总监理工程师应编写监理工作总结。监理工作总结应包括以下内容：

（1）工程概况。

（2）监理组织机构、监理人员和投入的监理设施。

（3）监理合同履行情况。

（4）监理工作成效。

（5）施工过程中出现的问题及其处理情况和建议。

（6）工程照片（有必要时）。

## 第三节 建设工程监理文档资料的管理

监理工作中档案资料的管理包括两大方面：一方面是对施工单位的资料管理工作进行监督，要求施工人员及时记录、收集并存档需要保存的资料与档案；另一方面是监理机构本身应该进行的资料与档案管理工作。

### 一、建设工程文档资料管理

对与建设工程有关的重要活动、记载建设工程主要过程和现状、具有保存价值的各种载体的文件，均应收集齐全，整理立卷后归档。

1. 归档文件的质量要求

1）归档的工程文件应为原件。工程文件的内容必须齐全、系统、完整、准确，与工程实际相符。

2）工程文件的内容及其深度必须符合国家有关工程勘察、设计、施工、监理等方面的技术规范、标准和规程。

3）工程文件应采用耐久性强的书写材料，如碳素墨水、蓝黑墨水，不得使用易褪色的书写材料，如红色墨水、纯蓝墨水、圆珠笔、复写纸、铅笔等。

4）工程文件应字迹清楚，图纸清晰，图表整洁，签字盖章手续完备。

5）工程文件中文字材料幅面尺寸规格宜为 A4 幅面（297mm × 210mm），图纸宜采用国家标准图幅。

6）工程文件的纸张应采用能够长期保存的韧性大、耐久性强的纸张。图纸一般采用蓝晒图，竣工图应是新蓝图。计算机出图必须清晰，不得使用计算机出图的复印件。

7）所有竣工图均应加盖竣工图章。

① 竣工图章的基本内容应包括“竣工图”字样、施工单位、编制人、审核人、技术负责人、编制日期、监理单位、现场监理、总监理工程师等。

② 竣工图章尺寸为：长 × 宽 =80 mm × 50 mm。

③ 竣工图章应使用不易褪色的红印泥，应盖在图标栏上方空白处。

8）利用施工图改绘竣工图，必须标明变更修改依据。凡施工图结构、工艺、平面布置等有重大改变，或变更部分超过图面 1/3 的，应当重新绘制竣工图。不同幅面的工程图纸应按《技术制图复制图的折叠方法》（GB/T 10609.3—2009）统一折叠成 A4 幅面，图标栏露在外面。

2. 工程文件的立卷

（1）立卷原则　立卷应遵循工程文件的自然形成规律，保持卷内文件的有机联系，便于档案的保管和利用。一个建设工程由多个单位工程组成时，工程文件应按单位工程组卷。

（2）立卷方法

1）工程文件可按建设程序划分为工程准备阶段的文件、监理文件、施工文件、竣工图、竣工验收文件五部分。

2）工程准备阶段文件可按建设程序、专业、形成单位等组卷。

3）监理文件可按单位工程、分部工程、专业、阶段等组卷。

4）施工文件可按单位工程、分部工程、专业、阶段等组卷。

5）竣工图可按单位工程、专业等组卷。

6）竣工验收文件可按单位工程、专业等组卷。

（3）立卷要求

1）案卷不宜过厚，一般不超过 40 mm。

2）案卷内不应有重份文件，不同载体的文件一般应分别组卷。

（4）卷内文件的排列

1）文字材料按事项、专业顺序排列。同一事项的请示与批复、同一文件的印本与定稿、主件与附件不能分开，并按批复在前、请示在后，印本在前、定稿在后，主件在前、附件在后的顺序排列。

2）图纸按专业排列，同专业图纸按图号顺序排列。

3）既有文字材料又有图纸的案卷，文字材料排前，图纸排后。

（5）案卷的编目

1）编制卷内文件页号应符合下列规定：

① 卷内文件均按有书写内容的页面编号，每卷单独编号，页号从“1”开始。

② 页号编写位置，单面书写的文件在右下角；双面书写的文件，正面在右下角，背面在左下角；折叠后的图纸一律在右下角。

③ 成套图纸或印刷成册的科技文件材料，自成一卷的，原目录可代替卷内目录，不必重新编写页码。

④ 案卷封面、卷内目录、卷内备考表不编写页号。

2）卷内目录的编制应符合下列规定：①卷内目录的式样见表 8-1，尺寸参见规范；② 序号以 10 份文件为单位，用阿拉伯数字从“1”依次标注；③文件编号，填写工程文件原有的文号或图号；④责任者，填写文件的直接形成单位和个人，有多个责任者时，选择两个主要责任者，其余用“等”代替；⑤文件题名，填写文件标题的全称；⑥日期，填写文件形成的日期；⑦页次，填写文件在卷内所排的起始页号，最后一份文件填写起止页号；⑧卷内目

录排列在卷内文件首页之前；卷内目录、卷内备考表、案卷内封面应采用 70g 以上白色书写纸制作，幅面统一采用 A4 幅面。

表 8-1　卷内目录

| 序号 | 文件编号 | 责任者 | 文件题名 | 日期 | 页次 | 备注 |
|---|---|---|---|---|---|---|
| | | | | | | |
| | | | | | | |
| | | | | | | |
| | | | | | | |

（6）工程档案的验收与移交　列入城建档案馆（室）档案接收范围的工程，建设单位在组织工程竣工验收前，应提请城建档案管理机构对工程档案进行预验收。建设单位未取得城建档案管理机构出具的认可文件，不得组织工程竣工验收。城建档案管理部门在进行工程档案预验收时，重点验收以下内容：

1）工程档案的齐全、系统、完整。

2）工程档案的内容真实、准确地反映建设工程活动和工程实际状况。

3）工程档案的整理、立卷符合本规范的规定。

4）竣工图绘制方法、图式及规格等符合专业技术要求，图面整洁，盖有竣工图章。

5）文件的形成、来源符合实际，要求单位或个人签章的文件，其签章手续完备。

6）文件材质、幅面、书写、绘图、用墨、托棱等符合要求。

（7）工程档案的保存

1）文件保管期限分为永久、长期、短期三种期限。永久是指工程档案需永久保存；长期是指工程档案的保存期限等于该工程的使用寿命；短期是指工程档案保存 20 年以下。

2）同一案卷内有不同保管期限的文件，该案卷保管期限应从长。

3）密级分为绝密、机密、秘密三种。同一案卷内有不同密级的文件，应以高密级为本卷密级。

## 二、施工阶段监理文件管理

1. 监理资料

施工阶段监理所涉及并应该进行管理的资料应包括下列内容：施工合同文件及委托监理合同；勘察设计文件；监理规划；监理实施细则；分包单位资格报审表；设计交底与图纸会审会议纪要；施工组织设计（方案）报审表；工程开工 / 复工报审表及工程暂停令；测量核验资料；工程进度计划；工程材料、构配件、设备的质量证明文件；检查试验资料；工程变更资料；隐蔽工程验收资料；工程计量单和工程款支付证书；监理工程师通知单；监理工作联系单；报验申请表；会议纪要；来往函件；监理日记；监理月报；质量缺陷与事故的处理文件；分部工程、单位工程等验收资料；索赔文件资料；竣工结算审核意见书；工程项目施工阶段质量评估报告；监理工作总结。

2. 监理资料的整理

（1）第一卷，合同卷

1）合同文件，包括监理合同、施工承包合同、分包合同、施工招投标文件、各类订货合同。

2）与合同有关的其他事项，如工程延期报告、费用索赔报告与审批资料、合同争议、合同变更、违约报告处理等。

3）资质文件，如承包单位资质、分包单位资质、监理单位资质、建设单位项目建设审批文件、各单位参建人员资质、供货单位资质、见证取样试验等单位资质。

4）建设单位对项目监理机构的授权书。

5）其他来往信函。

（2）第二卷，技术文件卷

1）设计文件，如施工图、地质勘察报告、测量基础资料、设计审查文件。

2）设计变更，如设计交底记录、变更图、审图汇总资料、洽谈纪要。

3）施工组织设计，如施工方案、进度计划、施工组织设计报审表。

（3）第三卷，项目监理文件

项目监理文件主要包括监理规划、监理大纲、监理细则、监理月报、监理日志、会议纪要、监理总结和各类通知。

（4）第四卷，工程项目实施过程文件

工程项目实施过程文件主要包括进度控制文件、质量控制文件和投资控制文件。

（5）第五卷，竣工验收文件

竣工验收文件主要包括分部工程验收文件、竣工预验收文件、质量评估报告、现场证物照片和监理业务手册。

## 本章小结

信息是对数据的解释，并反映了事物的客观状态和规律。信息具有真实性、系统性、时效性、片面性等特征。监理信息是指在建设工程监理过程中发生的、反映建设工程状态和规律的信息。监理信息具有一般信息的特征，同时也有来源广、信息量大、动态性强、形式多样的特点。监理信息一般有文字、数字、表格、图形、图像和声音等。收集信息是运用信息的前提，是进行信息处理的基础。收集监理信息应本着主动及时、全面系统、真实可靠、重点选择的原则。主要是通过各种方式的记录来收集监理信息，这些记录统称为监理记录。信息加工整理要本着标准化、系统化、准确性、时间性和适用性等原则进行。工作报告是最主要的加工整理成果，包括监理日报、监理周报、监理月报等。

建设工程信息是监理工程师进行目标控制的基础、科学决策的依据。文档管理是监理工作成效的体现。

## 综合实训

### 一、单项选择题

1. 将监理信息分为投资控制信息、质量控制信息、进度控制信息、安全生产控制信息、合同管理信息是按照（　　）来划分的。

A. 建设监理控制目标　　B. 建设工程不同阶段

C. 信息范围的不同　　D. 信息时间的不同

2. 下列哪一项不属于监理信息的作用？（ ）

A. 监理信息是监理工程师进行目标控制的基础

B. 监理信息是监理工程师进行科学决策的依据

C. 监理信息是监理工程师进行组织协调的纽带

D. 监理信息是监理工程师进行组织协调的工具

3. 监理工程师对信息进行加工整理，形成各种资料，如各种来往信函、来往文件、各种指令、会议纪要、备忘录或协议和各种工作报告等，其中（ ）是最主要的加工整理成果。

A. 各种指令　　B. 会议纪要　　C. 备忘录或协议　　D. 各种工作报告

4. 监理月报应由（ ）组织编制，签认后报（ ）和（ ）。

A. 监理工程师　建设单位　监理单位

B. 监理工程师　建设单位　施工单位

C. 总监理工程师　建设单位　本监理单位

D. 总监理工程师　建设单位　施工单位

5. 下列哪一项不属于工程文件的立卷原则？（ ）

A. 立卷应遵循工程文件的自然形成规律

B. 保持卷内文件的有机联系

C. 便于档案的保管和利用

D. 按单项工程立卷

6.（ ）可按建设程序、专业、形成单位等组卷。

A. 工程文件　　B. 工程准备阶段文件

C. 监理文件　　D. 施工文件

7. 列入城建档案馆（室）档案接收范围的工程，建设单位在组织工程竣工验收前，应提请（ ）对工程档案进行预验收。建设单位未取得城建档案管理机构出具的认可文件，不得组织工程竣工验收。

A. 建设单位　　B. 省建设厅

C. 地方建委　　D. 城建档案管理机构

二、多项选择题

1. 信息的表现形式多种多样，一般有（ ）。

A. 文字数据　B. 数字数据　C. 报表　D. 图形、图像　E. 声音

2. 收集监理信息的基本原则包括（ ）。

A. 主动及时　B. 全面系统　C. 真实可靠　D. 分段汇总　E. 重点选择

3. 信息加工整理的原则包括（ ）。

A. 标准化　B. 系统化　C. 准确性　D. 时间性　E. 适用性

4. 下面属于工程文件卷内文件的排列要求的是（ ）。

A. 文字材料按事项、专业顺序排列

B. 文字材料按单位工程顺序排列

C. 图纸按专业排列，同专业图纸按图号顺序排列

D. 既有文字材料又有图纸的案卷，文字材料排前，图纸排后

E. 既有文字材料又有图纸的案卷，图纸排前，文字材料排后

三、简答题

1. 监理记录包括什么内容?
2. 监理工程师对信息进行加工整理后形成的工作报告包括什么?
3. 监理工作中档案资料的管理包括哪两大方面?
4. 监理资料包括哪些内容?
5. 监理资料按照什么顺序整理?

# 第九章

# 建设工程监理规划

**学习目标：**

了解建设工程监理工作文件的构成及监理规划的作用、编写依据；熟悉监理大纲、监理规划与监理实施细则，以及它们之间的联系和区别；掌握监理规划的主要内容、编写要求；具有一般工程监理规划的编制能力。

## 第一节　概　述

### 一、建设工程监理工作文件的构成

建设工程监理工作文件是指工程监理企业投标时编制的监理大纲、监理合同签订以后编制的监理规划和专业监理工程师编制的监理实施细则。

1. 监理大纲

监理大纲又称监理方案，它是工程监理企业在业主开始委托监理的过程中，特别是在业主进行监理招标过程中，为承揽到监理业务而编写的监理方案性文件。

工程监理企业编制监理大纲有以下两个作用：一是使业主认可监理大纲中的监理方案，从而承揽到监理业务；二是为项目监理机构今后开展监理工作制订基本的方案。为使监理大纲的内容和监理实施过程紧密结合，监理大纲的编制人员应当是监理企业经营部门或技术管理部门人员，也应包括拟定的总监理工程师。总监理工程师参与编制监理大纲有利于监理规划的编制。监理大纲的内容应当根据业主所发布的监理招标文件的要求而制定，一般来说，应该包括如下主要内容：

（1）拟派往项目监理机构的监理人员情况介绍　在监理大纲中，工程监理企业需要介绍拟派往所承揽或投标工程的项目监理机构的主要监理人员，并对他们的资格情况进行说明。其中，应该重点介绍拟派往投标工程的项目总监理工程师的情况，这往往决定承揽监理业务的成败。

（2）拟采用的监理方案 工程监理企业应当根据业主所提供的工程信息，并结合自己为投标所初步掌握的工程资料，制订出拟采用的监理方案。监理方案的具体内容包括：项目监理机构的方案、建设工程三大目标的具体控制方案、工程建设各种合同的管理方案、项目监理机构在监理过程中进行组织协调的方案等。

（3）将提供给业主的监理阶段性文件 在监理大纲中，工程监理企业还应该明确未来工程监理工作中向业主提供的阶段性的监理文件，这将有助于满足业主掌握工程建设过程的需要，有利于工程监理企业顺利承揽该建设工程的监理业务。

2. 监理规划

监理规划是由总监理工程师组织、专业监理工程师参与编制、经工程监理企业技术负责人批准，用来指导项目监理机构全面开展监理工作的指导性文件。从内容范围上讲，监理大纲与监理规划都是围绕着整个项目监理机构所开展的监理工作来编写的，但监理规划的内容要比监理大纲更翔实、更全面。因此，监理规划的编制应针对项目的实际情况，明确项目监理机构的工作目标，确定具体的监理工作制度、程序、方法和措施，并应具有可操作性。

监理规划应在签订委托监理合同及收到设计文件后开始编制，并应在召开第一次工地会议前报送建设单位。

3. 监理实施细则

监理实施细则简称监理细则，是在监理规划的基础上，由项目监理机构的专业监理工程师针对采用新材料、新工艺、新技术、新设备的工程或专业性较强、危险性较大的分部分项工程的监理工作编写的，指导项目监理机构具体开展专项监理工作的操作性文件，其应体现项目监理机构对建设工程在专业技术、目标控制方面的工作要点、方法和措施，要详细、具体、明确。

监理实施细则应在相应工程施工开始前编制，并经总监理工程师审批后实施。

4. 三者之间的关系

监理大纲、监理规划、监理实施细则是相互关联的，都是建设工程监理工作文件的组成部分，它们之间存在着明显的依据性关系：在编写监理规划时，一定要严格根据监理大纲的有关内容来编写；在制定监理实施细则时，一定要在监理规划的指导下进行。

一般来说，工程监理企业开展监理活动应当编制以上工作文件。但这也不是一成不变的，对于简单的监理活动只编写监理实施细则就可以了，而有些建设工程也可以制定较详细的监理规划，而不再编写监理实施细则。

## 二、监理规划的作用

1. 指导项目监理机构全面开展监理工作

建设工程监理的中心目的是协助业主实现建设工程的总目标。实现建设工程总目标是一个系统的过程，它需要制订计划，建立组织，配备合适的监理人员，进行有效的领导，从而有效地实施工程的目标控制。因此，监理规划需要对项目监理机构开展的各项监理工作作出全面、系统的组织和安排。它包括确定监理工作目标，制定监理工作程序，确定目标控制、合同管理、信息管理、组织协调等各项工作措施和确定各项工作的方法和手段。其基本作用

就是指导项目监理机构全面开展监理工作。

2. 监理规划是工程监理主管机构对工程监理企业监督管理的依据

政府建设监理主管机构对建设工程监理企业要实施监督、管理和指导，对其人员素质、专业配套和建设工程监理业绩要进行核查和考评以确认其资质和资质等级，以使我国整个建设工程监理行业能够达到应有的水平。要做到这一点,除了进行一般性的资质管理工作之外，更为重要的是通过监理企业的实际监理工作来认定它的水平。而工程监理企业的实际水平可从监理规划和它的实施中充分地表现出来。因此，政府建设监理主管机构对工程监理企业进行考核时，应当十分重视对监理规划的检查，也就是说，监理规划是政府建设监理主管机构监督、管理和指导工程监理企业开展监理活动的重要依据。

3. 监理规划是业主确认工程监理企业履行合同的主要依据

工程监理企业如何履行监理合同，如何落实业主委托工程监理企业所承担的各项监理服务工作,作为监理的委托方,业主不但需要而且应当了解和确认工程监理企业的工作。同时，业主有权监督工程监理企业全面、认真地执行监理合同。而监理规划正是业主了解和确认这些问题的最好资料，是业主确认工程监理企业是否履行监理合同的主要说明性文件。

4. 监理规划是工程监理企业内部考核的依据和重要的存档资料

从工程监理企业内部管理制度化、规范化、科学化的要求出发，需要对各项目监理机构（包括总监理工程师和专业监理工程师）的工作进行考核，其主要依据就是经过内部主管负责人审批的监理规划。通过考核，可以对有关监理人员的监理工作水平和能力作出客观、正确的评价，从而有利于今后在其他工程上更加合理地安排监理人员，提高监理工作效率。

从建设工程监理控制的过程可知，监理规划的内容必然随着工程的进展而逐步调整、补充和完善。它在一定程度上真实地反映了一个建设工程监理工作的全貌，是最好的监理工作过程记录。因此，它是每一家工程监理企业的重要存档资料。

## 三、监理规划的编写要求

1. 基本构成内容应力求统一

监理规划在总体内容组成上应力求做到统一。这是监理工作规范化、制度化、科学化的要求。

监理规划基本构成内容的确定，首先应考虑整个建设监理制度对建设工程监理的内容要求。建设工程监理的主要内容是控制建设工程的投资、工期和质量，进行建设工程合同管理，协调有关单位间的工作关系。这些内容无疑是构成监理规划的基本内容。如前所述，监理规划的基本作用是指导项目监理机构全面开展监理工作。因此，对整个监理工作的组织、控制、方法、措施等将成为监理规划必不可少的内容。至于某一个具体建设工程的监理规划，则要根据工程监理企业与业主签订的监理合同所确定的监理实际范围和深度来加以取舍。

归纳起来，监理规划基本构成内容应当包括：目标规划、项目组织、监理组织、目标控制、合同管理和信息管理。施工阶段监理规划统一的内容要求应当在建设监理法规文件或监理合同中明确下来。

2. 具体内容应具有针对性

监理规划基本构成内容应当统一，但各项具体的内容则要有针对性。这是因为，监理规划是指导某一个特定建设工程监理工作的技术组织文件，它的具体内容应与这个建设工程相适应。由于所有建设工程都具有单件性和一次性的特点，也就是说每个建设工程都有自身的特点，而且，每一个工程监理企业和每一位总监理工程师对某一个具体建设工程在监理思想、监理方法和监理手段等方面都会有自己的独到之处，因此，不同的工程监理企业和不同的监理工程师在编写监理规划的具体内容时，必然会体现出自己鲜明的特色。或许有人会认为这样难以有效辨别建设工程监理规划编写的质量。实际上，由于建设工程监理的目的就是协助业主实现其投资目的，因此，建设工程监理规划只要能够对有效实施该工程监理做好指导工作，能够圆满地完成所承担的建设工程监理业务，就是一个合格的建设工程监理规划。

每一个监理规划都是针对某一个具体建设工程的监理工作计划，都必然有它自己的投资目标、进度目标、质量目标，有它自己的项目组织形式，有它自己的监理组织机构，有它自己的目标控制措施、方法和手段，有它自己的信息管理制度，有它自己的合同管理措施。只有具有针对性，建设工程监理规划才能真正起到指导具体监理工作的作用。

3. 监理规划应当遵循建设工程的运行规律

监理规划是针对一个具体建设工程编写的，而不同的建设工程具有不同的工程特点、工程条件和运行方式。这也决定了建设工程监理规划必然与工程运行客观规律具有一致性，必须把握、遵循建设工程运行的规律。只有把握建设工程运行的客观规律，监理规划的运行才是有效的，才能实施对这项工程的有效监理。

此外，监理规划要随着建设工程的展开进行不断的补充、修改和完善。它由开始的“粗线条”或“近细远粗”逐步变得完整、完善起来。在建设工程的运行过程中，内外因素和条件不可避免地要发生变化，造成工程的实施情况偏离计划，往往需要调整计划乃至目标，这就必然造成监理规划在内容上也要相应地调整。其目的是使建设工程能够在监理规划的有效控制之下，不能让它成为脱缰的野马，变得无法驾驭。

监理规划要把握建设工程运行的客观规律，就需要不断地收集大量的编写信息。如果掌握的工程信息很少，就不可能对监理工作进行详尽的规划。例如，随着设计的不断进展、工程招标方案的出台和实施，工程信息量越来越多，监理规划的内容也就越来越趋于完整。就一项建设工程的全过程监理规划来说，想一气呵成的做法是不实际的，也是不科学的，即使编写出来也是一纸空文，没有任何实施的价值。

4. 项目总监理工程师是监理规划编写的组织者

监理规划应当在项目总监理工程师的组织下编写制定，这是建设工程监理实施项目总监理工程师负责制的必然要求。当然，编制好建设工程监理规划，还要充分调动整个项目监理机构中专业监理工程师的积极性，要广泛征求各专业监理工程师的意见和建议，并吸收其中水平比较高的专业监理工程师共同参与编写。

在监理规划编写的过程中，应当充分听取业主的意见，最大限度地满足他们的合理要求，为进一步搞好监理服务奠定基础。

作为工程监理企业的业务工作，在编写监理规划时还应当按照本单位的要求进行编写。

5. 监理规划一般要分阶段编写

如前所述，监理规划的内容与工程进展密切相关，没有规划信息也就没有规划内容。因此，监理规划的编写需要有一个过程，需要将编写的整个过程划分为若干个阶段。

监理规划编写阶段可按工程实施的各阶段来划分，这样，工程实施各阶段所输出的工

程信息就成为相应的监理规划信息，如可划分为设计阶段、施工招标阶段和施工阶段。设计的前期阶段，即设计准备阶段应完成规划的总框架并将设计阶段的监理工作进行“近细远粗”的规划，使监理规划内容与已经掌握的工程信息紧密结合；设计阶段结束，大量的工程信息能够提供出来，所以施工招标阶段监理规划的大部分内容能够落实；随着施工招标的进展，各承包单位逐步确定下来，工程施工合同逐步签订，施工阶段监理规划所需的工程信息基本齐备，足以编写出完整的施工阶段监理规划。在施工阶段，有关监理规划的主要工作是根据工程进展情况进行调整、修改，使监理规划能够动态地控制整个建设工程的正常进行。

在监理规划的编写过程中需要进行审查和修改，因此，监理规划的编写还要留出必要的审查和修改的时间。为此，工程监理企业应当对监理规划的编写时间事先作出明确的规定，以免编写时间过长，从而耽误了监理规划对监理工作的指导，使监理工作陷于被动和无序。

6. 监理规划的表达方式应当格式化、标准化

现代科学管理应当讲究效率、效能和效益，其表现之一就是使控制活动的表达方式格式化、标准化，从而使控制的规划显得更明确、更简洁、更直观。因此，需要选择最有效的方式和方法来表示监理规划的各项内容。比较而言，图、表和简单的文字说明应当是采用的基本方法。我国的建设监理制度应当走规范化、标准化的道路，这是科学管理与粗放型管理在具体工作上的明显区别。可以这样说，规范化、标准化是科学管理的标志之一。所以，编写建设工程监理规划各项内容时应当采用什么表格、图示以及哪些内容需要采用简单的文字说明应当作出统一规定。

7. 监理规划应该经过审核

监理规划在编写完成后需进行审核并经批准。工程监理企业的技术主管部门是内部审核单位，其负责人应当签认。如果合同有约定时，还应当按合同约定提交给业主，由业主确认并监督实施。监理规划审核的内容主要包括以下几个方面：

1）依据监理招标文件和委托监理合同，看其是否理解了业主对该工程的建设意图，监理范围、监理工作内容是否包括了全部委托的工作任务；监理目标是否与合同要求和建设意图相一致。

2）在组织形式、管理模式等方面是否合理，是否结合了工程实施的具体特点，是否能够与业主的组织关系和承包方的组织关系相协调等。

3）人员配备方案是否合理，包括派驻监理人员的专业覆盖程度、人员数量的满足程度等。

4）在工程进展中各个阶段的工作实施计划是否合理、可行，审查其在每个阶段中如何控制建设工程目标以及组织协调的方法。

5）对三大目标的控制方法和措施应重点审查，看其如何应用组织、技术、经济、合同措施保证目标的实现，方法是否科学、合理、有效。

6）监理的内、外工作制度是否健全。

## 四、监理规划编写的依据

1. 工程建设方面的法律、法规

工程建设方面的法律、法规具体包括三个层次：

（1）国家颁布的有关工程建设的法律、法规和政策　这是工程建设相关法律、法规的最高层次。在任何地区或任何部门进行工程建设，都必须遵守国家颁布的工程建设方面的法律、法规和政策。

（2）工程所在地或所属部门颁布的工程建设相关的法规、规定和政策　一项建设工程必然是在某一地区实施的，也必然是归属于某一部门的，这就要求工程建设必须遵守建设工程所在地颁布的工程建设相关的法规、规定和政策，同时也必须遵守工程所属部门颁布的工程建设相关规定和政策。

（3）工程建设的各种标准、规范　工程建设的各种标准、规范也具有法律地位，也必须遵守和执行。

2. 政府批准的工程建设文件

政府批准的工程建设文件具体包括：

1）政府工程建设主管部门批准的可行性研究报告、立项批文。

2）政府规划部门确定的规划条件、土地使用条件、环境保护要求、市政管理规定。

3. 建设工程外部环境调查研究资料

（1）自然条件方面的资料　自然条件方面的资料包括：建设工程所在地点的地质、水文、气象、地形以及自然灾害发生情况等方面的资料。

（2）社会和经济条件方面的资料　社会和经济条件方面的资料包括：建设工程所在地政治局势、社会治安、建筑市场状况、相关单位（勘察和设计单位、施工单位、材料和设备供应单位、工程咨询和建设工程监理企业）、基础设施（交通设施、通信设施、公用设施、能源设施）、金融市场情况等方面的资料。

4. 建设工程监理合同

在编写监理规划时，必须依据建设工程监理合同以下内容：工程监理企业和监理工程师的权利和义务，监理工作范围和内容，有关建设工程监理规划方面的要求。

5. 其他建设工程合同

在编写监理规划时，也要考虑其他建设工程合同关于业主和承建单位权利和义务的内容。

6. 业主的正当要求

根据工程监理企业应竭诚为客户服务的宗旨，在不超出合同职责范围的前提下，工程监理企业应最大限度地满足业主的正当要求。

7. 监理大纲

监理大纲中的监理组织计划，拟投入的主要监理人员，投资、进度、质量控制方案，合同管理方案，信息管理方案，定期提交给业主的监理工作阶段性成果等内容都是监理规划编写的依据。

## 第二节　建设工程监理规划的内容

工程监理企业在与业主进行工程项目建设监理委托谈判期间，就应确定项目建设监理的

总监理工程师人选，并应参与项目建设监理合同的谈判工作，在工程项目建设监理合同签订以后，项目总监理工程师应组织监理组织人员详细研究建设监理合同内容和工程项目建设条件，主持编制项目的监理规划。工程建设监理规划应将监理合同中规定的工程监理企业承当的责任及监理任务具体化，并在此基础上制订实施监理的具体措施。

《建设工程监理规范》(GB/T 50319—2013)规定的监理规划内容包括12个方面。

## 一、建设工程概况

建设工程的概况应包括：

1）建设工程名称。

2）建设工程地点。

3）建设工程组成及建筑规模。

4）主要建筑结构类型。

5）预计工程投资总额。预计工程投资总额可以按以下两种费用编列：①建设工程投资总额；②建设工程投资组成简表。

6）建设工程计划工期。

建设工程计划工期可以以建设工程的计划持续时间或以建设工程开、竣工的具体日历时间表示：①以建设工程的计划持续时间表示，建设工程计划工期为“××个月”或“×××天”。②以建设工程的具体日历时间表示，建设工程计划工期由____年__月__日至____年__月__日。

7）工程质量要求。工程质量要求应具体提出建设工程的质量目标要求。

8）建设工程设计单位及施工单位名称。

9）建设工程项目结构图与编码系统。

## 二、监理工作范围

如果工程监理企业承担全部建设工程的监理任务，监理范围为全部建设工程，否则应按工程监理企业所承担的建设工程的建设标段或子项目划分确定建设工程监理范围。

## 三、监理工作内容

1. 建设工程立项阶段建设监理工作的主要内容

1）协助业主准备工程报建手续。

2）可行性研究咨询、监理。

3）技术经济论证。

4）编制建设工程投资概算。

2. 设计阶段建设监理工作的主要内容

1）结合建设工程特点，收集设计所需的技术经济资料。

2）编写设计要求文件。

3）组织建设工程设计方案竞赛或设计招标，协助业主选择勘察设计单位。

4）拟定和商谈设计委托合同内容。

5）向设计单位提供设计所需的基础资料。

6）配合设计单位开展技术经济分析，搞好设计方案的比选，优化设计。

7）配合设计进度，组织设计单位与有关部门，如消防、环保、土地、人防、防汛、园林以及供水、供电、供气、供热、电信等部门的协调工作。

8）组织各设计单位之间的协调工作。

9）参与主要设备、材料的选型。

10）审核工程估算、概算、施工图预算。

11）审核主要设备、材料清单。

12）审核工程设计图纸。检查设计文件是否符合设计规范主标准，施工图是否满足施工需要。

13）检查和控制设计进度。

14）组织设计文件的报批。

3. 施工招标阶段建设监理工作的主要内容

1）拟定建设工程施工招标方案并征得业主同意。

2）准备建设工程施工招标条件。

3）办理施工招标申请。

4）协助业主编写施工招标文件。

5）标底经业主认可后，报送所在地方建设主管部门审核。

6）协助业主组织建设工程施工招标工作。

7）组织现场勘察与答疑会，回答投标人提出的问题。

8）协助业主组织开标、评标及定标工作。

9）协助业主与中标单位商签施工合同。

4. 材料、设备采购供应的建设监理工作主要内容

对于由业主负责采购供应的材料、设备等物资，监理工程师应负责制订计划，监督合同的执行和供应工作。具体内容包括：

1）制订材料、设备供应计划和相应的资金需求计划。

2）通过质量、价格、供货期、售后服务等条件的分析和比选，确定材料、设备等物资的供应单位。重要设备尚应访问现有使用用户，并考察生产单位的质量保证体系。

3）拟定并商签材料、设备的订货合同。

4）监督合同的实施，确保材料、设备的及时供应。

5. 施工准备阶段建设监理工作的主要内容

1）审查施工单位选择的分包单位的资质。

2）监督检查施工单位质量保证体系及安全技术措施，完善质量管理程序与制度。

3）检查设计文件是否符合设计规范及标准，检查施工图纸是否能满足施工需要。

4）协助做好优化设计和改善设计工作。

5）参加设计单位向施工单位的技术交底。

6）审查施工单位上报的实施性施工组织设计，重点对施工方案、劳动力、材料、机械

设备的组织及保证工程质量、安全、工期和控制造价等方面的措施进行监督，并向业主提出监理意见。

7）在单位工程开工前检查施工单位的复测资料，特别是两个相邻施工单位之间的测量资料、控制桩撅是否交接清楚，手续是否完善，质量有无问题，并对贯通测量、中线及水准桩的设置、固桩情况进行审查。

8）对重点工程部位的中线、水平控制进行复查。

9）监督落实各项施工条件，审批一般单项工程、单位工程的开工报告，并报业主备查。

6. 施工阶段建设监理工作的主要内容

（1）施工阶段的质量控制

1）对所有的隐蔽工程在进行隐蔽以前进行检查和办理签证，对重点工程要派监理人员驻点跟踪监理，签署重要的分项工程、分部工程和单位工程质量评定表。

2）对施工测量、放样等进行检查，对发现的质量问题应及时通知施工单位纠正，并做好监理记录。

3）检查确认运到现场的工程材料、构件和设备质量，并应查验试验、化验报告单，出厂合格证是否齐全、合格，监理工程师有权禁止不符合质量要求的材料、设备进入工地和投入使用。

4）监督施工单位严格按照施工规范、设计图纸要求进行施工，严格执行施工合同。

5）对工程主要部位、主要环节及技术复杂工程加强检查。

6）检查施工单位的工程自检工作，数据是否齐全，填写是否正确，并对施工单位质量评定自检工作作出综合评价。

7）对施工单位的检验测试仪器、设备、度量衡定期检验，不定期地进行抽验，保证度量资料的准确。

8）监督施工单位对各类土木和混凝土试件按规定进行检查和抽查。

9）监督施工单位认真处理施工中发生的一般质量事故，并认真做好监理记录。

10）对特大、重大质量事故以及其他紧急情况，应及时报告业主。

（2）施工阶段的进度控制

1）监督施工单位严格按施工合同规定的工期组织施工。

2）对控制工期的重点工程，审查施工单位提出的保证进度的具体措施，如发生延误，应及时分析原因，采取对策。

3）建立工程进度台账，核对工程形象进度，按月（季）向业主报告施工计划执行情况、工程进度及存在的问题。

（3）施工阶段的投资控制

1）审查施工单位申报的月、季度计量报表，认真核对其工程数量，不超计、不漏计，严格按合同规定进行计量支付签证。

2）保证支付签证的各项工程质量合格、数量准确。

3）建立计量支付签证台账，定期与施工单位核对清算。

4）按业主授权和施工合同的规定审核变更设计。

（4）施工阶段的安全监理

1）发现存在事故安全隐患的，要求施工单位整改或停工处理。

2）施工单位不整改或不停止施工的，及时向有关部门报告。

7. 施工验收阶段建设监理工作的主要内容

1）督促、检查施工单位及时整理竣工文件和验收资料，受理单位工程竣工验收报告，提出监理意见。

2）根据施工单位的竣工报告，提出工程质量检验报告。

3）组织工程预验收，参加业主组织的竣工验收。

8. 建设工程监理合同管理工作的主要内容

1）拟定本建设工程合同体系及合同管理制度，包括合同草案的拟定、会签、协商、修改、审批、签署、保管等工作制度及流程。

2）协助业主拟定工程的各类合同条款，并参与各类合同的商谈。

3）合同执行情况的分析和跟踪管理。

4）协助业主处理与工程有关的索赔事宜及合同争议事宜。

9. 委托的其他服务

工程监理企业及其监理工程师受业主委托，还可承担以下几方面的服务：

1）协助业主准备工程条件，办理供水、供电、供气、电信线路等申请或签订协议。

2）协助业主制订产品营销方案。

3）为业主培训技术人员。

## 四、监理工作目标

建设工程监理目标是指工程监理企业所承担的建设工程的监理控制预期达到的目标。通常以建设工程的投资、进度、质量三大目标的控制值来表示。

（1）投资控制目标：以____年预算为基价，静态投资为____万元（合同价为____万元）。

（2）工期控制目标：____个月或自____年__月__日至____年__月__日。

（3）质量控制目标：建设工程质量合格及业主的其他要求。

## 五、监理工作依据

1）工程建设方面的法律、法规。

2）政府批准的工程建设文件。

3）建设工程监理合同。

4）其他建设工程合同。

## 六、项目监理机构的组织形式

项目监理机构的组织形式应根据建设工程监理要求选择。项目监理机构可用组织结构图表示。

## 七、项目监理机构的人员配备计划

监理人员应包括总监理工程师、专业监理工程师和监理员，必要时可配备总监理工程师代表。

总监理工程师应须由注册监理工程师担任，并由工程监理企业法定代表人书面任命；总监理工程师代表可由具有工程类职业资格的人员（如注册监理工程师、注册造价工程师、注册建造师、注册工程师、注册建筑师等）担任，也可由具有中级及以上专业技术职称、3年及以上工程监理实践经验的监理人员担任，并由总监理工程师授权，行使总监理工程师的部分职责和权力；专业监理工程师是按专业或岗位设置的专业监理人员，可由具有工程类注册职业资格的人员（如注册监理工程师、注册造价工程师、注册建造师、注册工程师、注册建筑师等）担任，也可由具有中级及以上专业技术职称、2年及以上工程实践经验的监理人员担任，涉及特殊行业（如爆破工程）的还应符合国家对有关专业人员资格的规定。

项目监理机构的监理人员应专业配套、数量满足工程项目监理工作的需要。

项目监理机构的人员配备还应根据建设工程监理的进程合理安排，见表9-1示例。

表9-1 项目监理机构的人员配备计划示例

| 时间 | 3月 | 4月 | 5月 | … | 12月 |
|---|---|---|---|---|---|
| 专业监理工程师 | 8 | 9 | 10 | … | 6 |
| 监理员 | 24 | 26 | 30 | … | 20 |
| 文秘人员 | 3 | 4 | 4 | … | 4 |

## 八、项目监理机构的人员岗位职责

总监理工程师、总监理工程师代表、监理工程师、监理员岗位职责详见本书第四章第四节。

一名总监理工程师只宜担任一项委托监理合同的项目总监理工程师工作。当需要同时担任多项委托监理合同的项目总监理工程师工作时，须经建设单位同意，且最多不得超过三项。

## 九、监理工作程序

监理工作程序比较简单明了的表达方式是监理工作流程图。一般可对不同的监理工作内容分别制定监理工作程序，例如：

1）分包单位资质审查基本程序，如图9-1所示。

2）工程暂停及复工管理的基本程序，如图9-2所示。

3）工程延期管理基本程序，如图9-3所示。

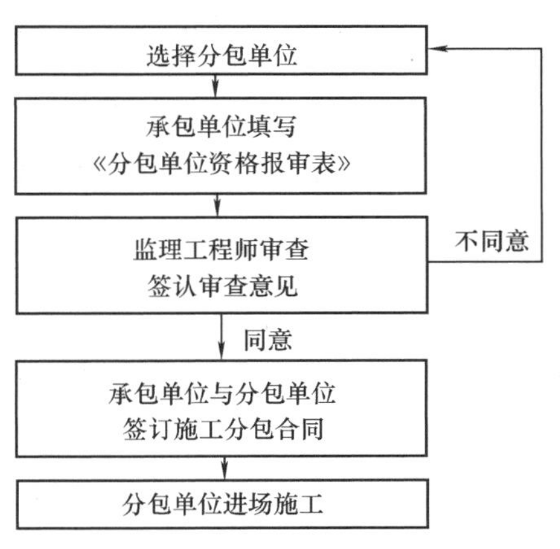


图9-1 分包单位资质审查基本程序

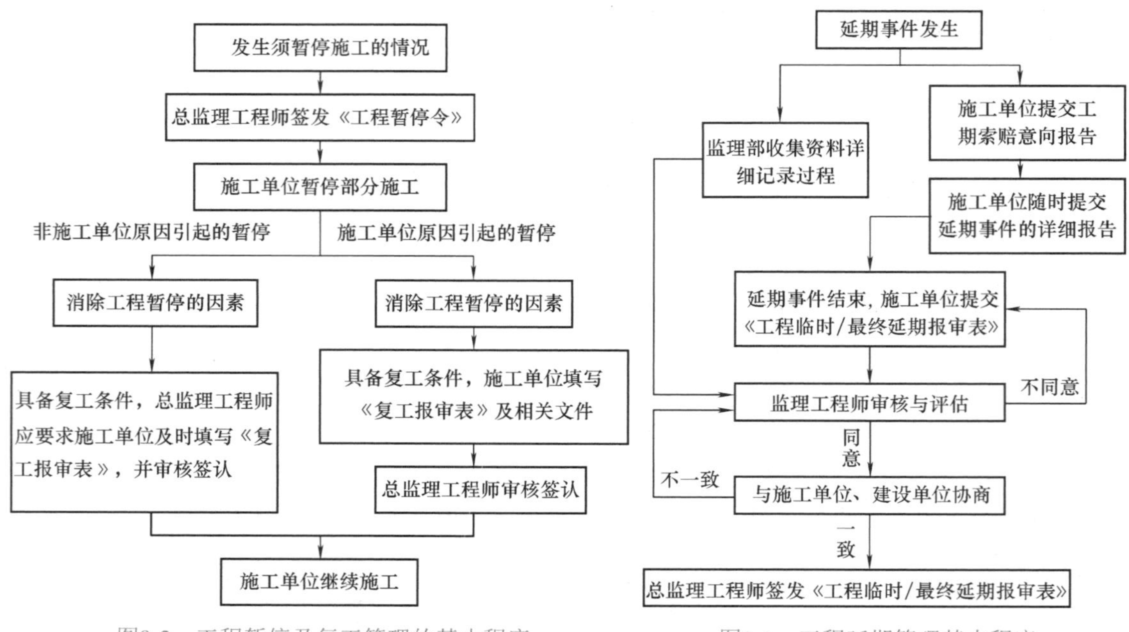


图9-2　工程暂停及复工管理的基本程序

图9-3　工程延期管理基本程序

## 十、监理工作方法及措施

监理工作方法就是开展各项监理工作采用的方法、手段，应重点围绕投资控制、进度控制、质量控制这三大控制任务展开。同时，在监理规划中，也应对安全监理的方法和措施作出规划。

监理工作采用的措施一般包括：组织措施、技术措施、经济措施、合同措施。不同阶段的监理工作控制措施可以不同，不同的监理工作内容控制措施可以不同。

1. 投资目标控制方法与措施

（1）投资目标分解

1）按建设工程的投资费用组成分解。

2）按年度、季度分解。

3）按建设工程实施阶段分解。

4）按建设工程组成分解。

（2）投资使用计划　投资使用计划可列表编制（表9-2）。

表 9-2　投资使用计划表

| 工程名称 | ××年度 | | | | ××年度 | | | | ××年度 | | | | 总额 |
|---|---|---|---|---|---|---|---|---|---|---|---|---|---|
| | | | | | | | | | | | | | |
| | | | | | | | | | | | | | |
| | | | | | | | | | | | | | |
| | | | | | | | | | | | | | |

（3）投资目标实现的风险分析

（4）投资控制的工作流程与措施

1）工作流程图。

2）投资控制的具体措施。①投资控制的组织措施：建立健全项目监理机构，完善职责分工及有关制度，落实投资控制的责任。②投资控制的技术措施：在设计阶段，推行限额设计和优化设计；在招标投标阶段，合理确定标底及合同价，对材料、设备采购，通过质量价格比选，合理确定生产供应单位；在施工阶段，通过审核施工组织设计和施工方案，使组织施工合理化。③投资控制的经济措施：及时进行计划费用与实际费用的分析比较；对原设计或施工方案提出合理化建议并被采用，由此产生的投资节约按合同规定予以奖励。④投资控制的合同措施：按合同条款支付工程款，防止过早、过量的支付；减少施工单位的索赔，正确处理索赔事宜等。

（5）投资控制的动态比较

1）投资目标分解值与概算值的比较。

2）概算值与施工图预算值的比较。

3）合同价与实际投资的比较。

（6）投资控制表格

2. 进度目标控制方法与措施

（1）工程总进度计划

（2）总进度目标的分解

1）年度、季度进度目标。

2）各阶段的进度目标。

3）各子项目进度目标。

（3）进度目标实现的风险分析

（4）进度控制的工作流程与措施

1）工作流程图。

2）进度控制的具体措施。①进度控制的组织措施：落实进度控制的责任，建立进度控制协调制度。②进度控制的技术措施：建立多级网络计划体系，监控承建单位的作业实施计划。③进度控制的经济措施：对工期提前者实行奖励；对应急工程实行较高的计件单价；确保资金的及时供应等。④进度控制的合同措施：按合同要求及时协调有关各方的进度，以确保建设工程的形象进度。

（5）进度控制的动态比较

1）进度目标分解值与进度实际值的比较。

2）进度目标值的预测分析。

（6）进度控制表格

3. 质量目标控制方法与措施

（1）质量控制目标的描述

1）设计质量控制目标。

2）材料质量控制目标。

3）设备质量控制目标。

4）土建施工质量控制目标。

5）设备安装质量控制目标。

6）其他说明。

（2）质量目标实现的风险分析

（3）质量控制的工作流程与措施

1）工作流程图。

2）质量控制的具体措施。①质量控制的组织措施：建立健全项目监理机构，完善职责分工，制定有关质量监督制度，落实质量控制责任。②质量控制的技术措施：协助完善质量保证体系；严格事前、事中和事后的质量检查监督。③质量控制的经济措施及合同措施：严格质检和验收，不符合合同规定质量要求的拒付工程款；达到业主特定质量目标要求的，按合同支付质量补偿金或奖金。

（4）质量目标状况的动态分析

（5）质量控制表格

4. 合同管理的方法与措施

（1）合同结构　可以以合同结构图的形式表示。

（2）合同目录一览表（表9-3）。

表9-3　合同目录一览表

| 序　号 | 合同编号 | 合同名称 | 承包商 | 合同价 | 合同工期 | 质量要求 |
|---|---|---|---|---|---|---|
| | | | | | | |
| | | | | | | |
| | | | | | | |

（3）合同管理的工作流程与措施

1）工作流程图。

2）合同管理的具体措施。

（4）合同执行状况的动态分析

（5）合同争议调解与索赔处理程序

（6）合同管理表格

5. 信息管理的方法与措施

（1）信息分类表（表9-4）。

表9-4　信息分类表

| 序　号 | 信息类别 | 信息名称 | 信息管理要求 | 责任人 |
|---|---|---|---|---|
| | | | | |
| | | | | |
| | | | | |

（2）机构内部信息流程图（图9-4）

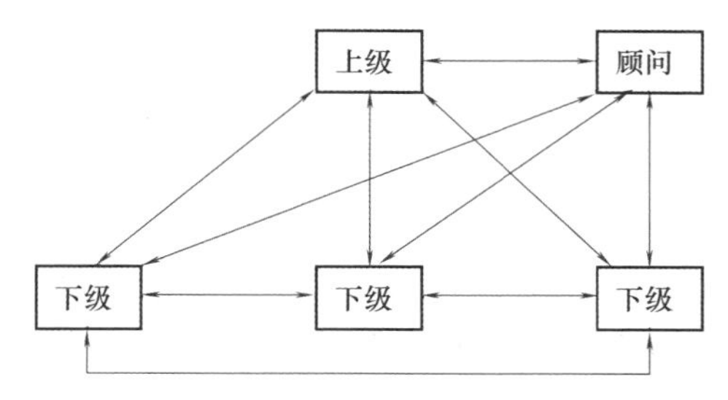


图9-4　机构内部信息流程图

（3）信息管理的工作流程与措施

1）工作流程图。

2）信息管理的具体措施。

（4）信息管理表格

6. 组织协调的方法与措施

组织协调所涉及的单位包括建设工程系统内外，其中，系统内的单位主要有：业主、设计单位、施工单位、材料和设备供应单位、资金提供单位等；系统外的单位主要有：政府建设行政主管机构、政府其他有关部门、工程毗邻单位、社会团体等。

（1）协调分析

1）建设工程系统内的单位协调重点分析。

2）建设工程系统外的单位协调重点分析。

（2）协调工作程序

1）投资控制协调程序。

2）进度控制协调程序。

3）质量控制协调程序。

4）其他方面工作协调程序。

（3）协调工作表格

7. 安全监理的方法与措施

1）安全监理职责描述。

2）安全监理责任的风险分析。

3）安全监理的工作流程和措施。

4）安全监理状况的动态分析。

5）安全监理工作所用图表。

## 十一、监理工作制度

（1）施工招标阶段

1）招标准备工作有关制度。

2）编制招标文件有关制度。

3）标底编制及审核制度。

4）合同条件拟定及审核制度。

5）组织招标实务有关制度等。

（2）施工阶段

1）设计文件、图纸审查制度。

2）施工图纸会审及设计交底制度。

3）施工组织设计审核制度。

4）工程开工申请审批制度。

5）工程材料，半成品质量检验制度。

6）隐蔽工程分项（部）工程质量验收制度。

7）单位工程、单项工程总监验收制度。

8）设计变更处理制度。

9）工程质量事故处理制度。

10）施工进度监督及报告制度。

11）监理报告制度。

12）工程竣工验收制度。

13）监理日志和会议制度。

（3）项目监理机构内部工作制度

1）监理组织工作会议制度。

2）对外行文审批制度。

3）监理工作日志制度。

4）监理周报、月报制度。

5）技术，经济资料及档案管理制度。

6）监理费用预算制度。

## 十二、监理设施

根据监理工作的任务和要求，业主可提供满足监理工作需要的办公设施、交通设施、通信设施和生活设施。

根据建设工程类别、规模、技术复杂程度、建设工程所在地的环境条件，按委托监理合同的约定，配备满足监理工作需要的常规检测设备和工具，见表9-5。

表9-5 常规检测设备和工具

| 序号 | 仪器设备名称 | 型号 | 数量 | 使用时间 | 备注 |
|---|---|---|---|---|---|
| 1 | | | | | |
| 2 | | | | | |
| 3 | | | | | |
| 4 | | | | | |
| 5 | | | | | |
| 6 | | | | | |

## 第三节 监理规划案例

### 1. 工程建设项目概况

1.1 工程建设项目特征

1.1.1 工程名称：跃进嘉园（棚户区改造项目二期1-6号楼）

1.1.2 建设地点：黑龙江省鸡西市鸡冠区永跃路与和平南大街交叉口

1.1.3 建筑面积：44 265.3 $m^2$

1.1.4 结构类型：钢筋混凝土框架剪力墙结构

1.1.5 工程投资：103 742 780.00 元

1.1.6 计划工期：516 日历天

1.1.7 工程概况：

1. 建筑、结构概况

（1）总体概况

1-6号楼建筑总面积为44 265.3 $m^2$。建筑层数为地上11层，建筑总高度38.5 m。钢筋混凝土框架剪力墙结构，建筑安全、耐火等级为二级，抗震设防烈度为7度，层高3m。本工程桩基采用钻孔灌注桩，桩端持力层为5层粉细砂，桩身混凝土为C30，桩承台混凝土为C30。基础垫层混凝土强度等级C15，主体结构、基础混凝土等级C30，过梁、圈梁及构造柱强度等级均为C25。

（2）墙体工程

1-6号楼 ±0.000以下墙体采用MU5承重黏土实心砖、M5水泥砂浆砌筑；±0.000以上墙体均为MU5非承重黏土空心砖，采用M5混合砂浆砌筑。

（3）楼地面工程

1-6号楼入口门厅具体做法详见03J930-1-8/31；室内做法详见03J930-1-1-14/33（面层取消）；卫生间厨房做法详见03J930-1-20/35（面层取消）；楼梯间做法详见03J930-1-2/29。

（4）门窗工程

门窗采用铝合金门窗，所有外门窗采用5+9A+5无色中空玻璃，其他采用普通玻璃。

（5）屋面工程

1-6号楼屋面防水等级Ⅱ级，两道设防。

屋面一，不上人保温平屋面参照99J201-1-W13D B7-45，屋面构造自上而下为：① 20厚1∶3水泥砂浆找平→② 45厚挤塑聚苯乙烯保温板→③ 3厚改性沥青防水卷材防水层，2厚水性环保型改性沥青防水涂膜→④ 20厚1∶3水泥砂浆找平→⑤黏土陶粒混凝土找坡层→⑥钢筋混凝土屋面板。

屋面二，上人保温平屋面参照99J201-1-W12DB7-45，屋面构造自上而下为：①铺块材→② 25厚粗砂垫层→③干铺无纺聚酯纤维布一层→④ 45厚挤塑聚苯乙烯保温板→⑤ 3厚改性沥青防水卷材防水层，2厚水性环保型改性沥青防水涂膜→⑥ 20厚1∶3水泥砂浆找平→⑦黏土陶粒混凝土找坡层→⑧钢筋混凝土屋面板。

2. 水卫工程

本标段各幢号工程管道工程共包括生活给水系统、排水系统，消防给水系统及雨水系统。

3. 电气工程

本标段各幢号工程建筑电气负荷为二级，电气安装由照明、动力配电、防雷接地系统和电视、电话系统、消防报警等弱电系统组成。

### 1.2 相关单位名单

1）建设单位： 黑龙江康大置业有限公司

2）政府质量监督部门： 鸡西市工程质量监督站

3）设计单位： 天津千年工程建设咨询有限公司

4）施工单位： 江苏华东建筑工程公司

5）监理单位： 沈阳长城建设监理有限公司

## 2. 监理范围及监理目标

### 2.1 监理工作范围

根据与建设单位签订的监理委托合同内容，监理单位负责跃进嘉园（棚户区改造项目二期1-6号楼）施工招标阶段、施工阶段、工程保修阶段的监理工作。

### 2.2 监理工作目标

1）监理投资控制目标：总投资不超103 742 780.00元。

2）监理工期控制目标：总工期不超516日历天。

3）监理质量控制目标：工程质量全部达到合格标准。

4）监理安全管理控制目标：杜绝重大安全事故。

### 2.3 监理工作主要内容

2.3.1 施工招标阶段

1）拟定招标方案，交建设单位审定。

2）协助建设单位办理招标申请。

3）编写招标文件，主要内容有：工程综合说明、工程量清单、投标须知、拟定承包合同主要条款。

4）编制标底，经建设单位认可，报送建设主管部门审核。

5）组织现场勘察，并答疑。

6）协助建设单位组织招标。

7）协助建设单位与中标单位签订承包合同。

2.3.2 施工阶段

1）参与设计交底与图纸会审。

2）审定施工组织设计、施工方案。

3）检验施工测量放线成果。

4）组织参加工地会议。

5）核查开工条件，下达开工指令。

6）质量控制：控制过程从原材料质量到完成工程的检验。

7）进度控制：审定进度网络计划，检查工程实际进度，采取纠偏措施。

8）投资控制：在确保工程质量及进度的前提下，保证项目投资计划的实现。

9）合同管理：拟定项目合同体系管理制度，及时处理争议及纠纷。

10）安全管理：督促承包单位各项安全制度、措施的建立完善和组织实施。

11）信息管理：收集整理与项目质量、投资、进度有关的信息。

12）组织协调：协调建设单位与施工单位间的关系；组织各分部分项工程的施工和配合。

2.3.3 保修阶段

1）及时调查和确认工程缺陷的原因和责任，督促并监督施工单位的修复工作。

2）按保修合同的约定，审查保修费用的结算。

## 3. 监理工作依据

3.1 主要法律、法规

1）《中华人民共和国建筑法》。

2）《中华人民共和国合同法》。

3）《建设工程质量管理条例》。

4）《建设工程安全生产管理条例》。

3.2 主要规范、规程和标准

1）《建设工程监理规范》（GB/T 50319—2013）。

2）《防水工程质量验收规范》（GB 50208—2011）。

3）《混凝土结构工程施工质量验收规范》（2010 版）（GB 50204—2002）。

4）《建筑地基基础工程施工质量验收规范》（GB 50202—2002）。

5）《屋面工程质量验收规范》（GB 50207—2012）。

6）《建筑电气工程施工质量验收规范》（2012 版）（GB 50303—2002）。

7）《建筑地面工程施工质量验收规范》（GB 50209—2010）。

8）《建筑给水排水及采暖工程施工质量验收规范》（GB 50242—2002）。

9）《建筑节能工程施工质量验收规范》（GB 50411—2007）。

10）《黑龙江省建筑工程安全生产管理办法》

11）《建筑工程资料管理规程》（JGJ/T 185—2009）。

12）《黑龙江省建筑工程施工质量验收标准》

3.3 合同

1）本工程建设工程委托监理合同。

2）本工程施工合同和其他有关的合同、文件等。

3.4 施工图纸

本工程施工图纸、工程变更文件、施工图纸会审纪要、施工图选用的有关标准图集、设计文件及协议等。

3.5 其他

1）岩土工程勘察报告。

2）政府批准的建设计划、规划的批文。

3）本工程的招、投标文件。

4）各种监理例会和有监理参加的专题会议纪要。

## 4. 监理组织机构及职责

### 4.1 监理组织机构

监理组织机构实行项目总监理工程师负责制，成立“沈阳长城建设监理有限公司跃进嘉园监理部”。按照监理委托合同约定的监理服务内容，同时依据本工程的特点，本着专业人员配齐、配强的原则，组成专业配套、职称配套、有项目管理和类似本工程监理施工经验的人员配套的监理班子。

1）总监理工程师：孟凡礼

2）总监代表：马顺利

3）监理工程师：马国华、荣新华、王静怡、李晓光、刘丽

4）监理员：张达等

5）行政文秘人员：（略）

### 4.2 监理部人员分工框图（图 9-5）

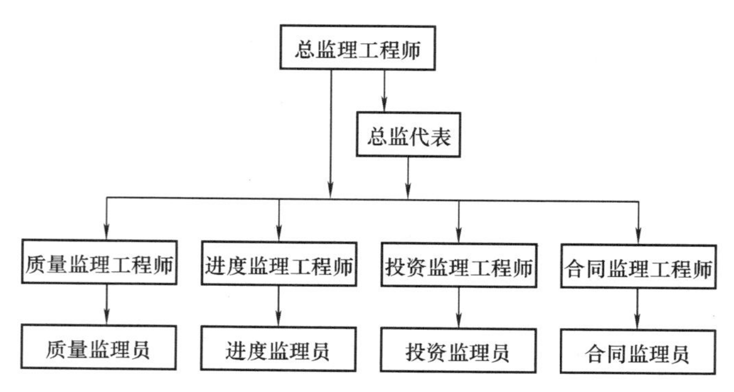


图9-5 监理部人员分工框图

### 4.3 各类监理人员职责

沈阳长城建设监理有限公司派驻项目总监孟凡礼为工程全权负责人，全面负责和领导本项目监理部的监理工作。总监对内向监理公司负责，对外向建设单位负责，负责组建监理部班子，明确职责分工和相应的规章制度，并组织贯彻落实各项规章制度的执行。

#### 4.3.1 总监理工程师职责

1）工程项目的建设实行总监理工程师负责制。项目总监既是业主授权和工程监理企业授权的承受人，也是向业主和工程监理企业所负责的承担人。

2）贯彻执行国家、省、市制定的有关法律、法规和规章，执行监理行业技术规范、标准和各项管理制度，并接受质监、安监部门的业务指导。

3）确定项目监理机构的组织形式、人员配备、工作分工及岗位职责；主持编写项目监理规划，审批专业监理工程师编制的监理细则，主持日常工作。

4）检查项目的合法性（计划立项、规划许可、招标投标、质量监督、安全监督、施工许可）及承包商资质，审查项目经理及其管理人员的资格。

5）组织并实施监理规划和监理实施细则，协调工程实施过程中各方面的工作；组织、检查、考核监理人员的工作，对不称职的监理人员及时调整，保证监理机构有序、高效地开展工作。

6）审核分包单位资质，签署审核意见。

7）审核承包商提交的施工组织设计、施工技术方案、施工计划、施工安全措施等重要文件。

8）组织设计交底和图纸会审。

9）签发开工令、停工令和复工令。

10）处理工程变更事宜，签署工程变更及指令。

11）主持工程质量缺陷与事故的调查与处理。

12）参加第一次工地会议和主持召开施工阶段的工程例会，并签发会议纪要。

13）督促施工单位文明施工，安全生产。

14）主持调解合同争议，处理索赔事宜，签署索赔处理意见。

15）组织分部工程验收和中间验收，签署中间验收证书；审核签署承包人的竣工申请报告，主持工程项目的竣工初验，提交质量评估报告；参与业主主持的工程竣工验收，签发工程移交证书。

16）主持整理并审核项目的监理档案资料。

4.3.2　总监理工程师代表职责

1）负责总监理工程师指定或交办的监理工作。

2）按总监理工程师的授权，行使总监理工程师的部分职责和权力。

4.3.3　质量控制监理工程师职责

1）编制各专业质量控制的《监理实施细则》，提交总监理工程师审定后，负责实施。

2）对施工单位提交的施工方案和施工技术措施进行审查，将审查意见一并报送总监理工程师审批。

3）协助施工单位完善质量保证体系，并严格监督实施。

4）组织、指导并检查现场监理员的工作。

5）审核进场材料的合格证明、质检报告、准用证，并签署使用意见。

6）组织工程质量检查和隐蔽工程验收，参与分部工程、单位工程的验收。

7）办理工程质量签证，对工程支付签署质量方面的意见。

8）参与工程质量事故处理，监督事故处理方案的实施。

9）建立监理日志及工程质量台账。

10）每月向总监理工程师提交工程质量动态分析报告，提出控制质量的具体建议。

4.3.4　进度控制监理工程师职责

1）编制进度控制计划，提交总监理工程师审定后，负责实施。

2）审核施工单位提交的施工进度计划，并提出审核意见，交总监理工程师审批。

3）组织指导现场计量员、检查员的工作。

4）参与重点部位的计量、验方工作。

5）负责现场停工签证，审查工期提前或顺延的报告。

6）办理工程变更签证。

7）协助组织现场协调会，督促建设单位供应材料、设备及订货、进场。

8）协助现场管理，负责工期网络计划的调整工作，并监督实施。

9）负责现场安全、防火检查。

10）负责工程进度的检查分析和动态管理。

11）每月向总监理工程师提交工程进度动态分析情况报告，提出控制工期的具体建议。

4.3.5 投资控制监理工程师职责

1）编制投资控制《监理实施细则》，提交总监理工程师审定后，负责实施。

2）审核施工单位提交的工程预算。

3）参与变更项目的工程计量。

4）及时向建设单位提供相关材料、设备的市场价格，对施工用材料价格进行签认。

5）参与分部工程、单位工程验收。

6）根据审定的进度网络计划，绘制工程资金流量图。

7）办理有关工程价款方面的签证。

8）审核工程进度款的申请，提交审核意见。

9）负责工程投资分析和动态管理。

10）每月向总监理工程师提交工程投资动态情况报告，提出控制投资的具体建议。

4.3.6 安全监理工程师岗位职责

1）检查督促施工单位贯彻执行国家和地方有关安全生产的法律、法规、规范和标准。

2）检查督促施工单位，建立健全安全生产组织机构、安全生产管理制度、安全生产岗位责任制度、安全教育制度、安全防护用品使用制度和安全生产检查制度。

3）审查施工组织设计中的安全技术措施和专项施工方案是否符合有关法律、法规、规范、标准及强制性条文的规定。符合要求时，给予签认，交总监理工程师审批。

4）监督检查施工机械设备，安全设施的检测和验收手续，并签署意见。

5）监督检查施工现场使用的主要施工机械设备的运行状况，施工安全防护设施的设置情况、施工临时用电等是否符合已审批的施工组织设计专项施工方案及强制性条文的规定。

6）开展定期和不定期的安全检查活动，发现安全隐患及时下达监理通知，要求整改，验收整改结果，建立安全检查活动工作记录。

7）对于施工现场存在安全事故隐患的，要及时通知施工单位整改，施工单位拒不整改的，要及时通知总监理工程师下达“工程暂停令”，并报告建设单位。

4.3.7 现场监理员职责

1）负责进场材料、构件、半成品、设备等的质量检查和取样试验工作。

2）旁站监理、跟踪检查。

3）工序间交接检查，进行隐蔽验收及签认。

4）负责工程计量、验方及签署原始凭证。

5）负责现场施工安全、防火检查。

6）及时报告异常情况及质量事故。

7）记录和管理监理日记。

4.3.8 信息管理员职责

1）在总监理工程师领导下，负责驻地监理部档案工作。

2）建立收发文制度，负责驻地监理部与监理单位、建设单位、施工单位、当地政府有关部门的文件、资料、报表发送工作。

3）按照工程监理企业《档案工作管理制度》，负责对监理部的各种文件、表格、信函、资料、图纸、合同等进行分类编目。

4）接受公司档案管理部门的指导与业务管理。

5）协助总监理工程师和有关人员整理竣工资料，完成移交工作。

6）负责监理部各类技术、质量、纪要、工程信息的传递工作。

7）熟练运用计算机进行文档编排。

8）对监理部的设备及建设单位提供的用品登记造册并保管。

## 5. 工程质量控制

### 5.1　工程质量控制的原则

1）以施工图纸、施工及验收规范、工程质量验收评定标准为依据，督促施工单位全面实施工程建设项目合同的质量目标。

2）对施工全过程实施质量控制，以质量预控为重点。

3）对影响施工质量的五个因素（人、机械、建筑材料、方法、环境）进行全面的质量控制，监督施工单位的质量保证体系落实到位。

4）严格要求施工单位执行材料试验制度和设备检验制度。

5）坚持不合格的建筑材料、构配件、设备不准在工程上使用。

6）实行报验制，未经监理人员验收签字，建筑材料、设备及建筑构配件不得在工程使用或安装，不得进入下道工序施工，不得拨付工程进度款，不得进行工程质量初验。

### 5.2　工程质量控制的基本程序

1）工程材料、构配件和设备质量控制程序（图9-6）。

2）分包单位资格审查程序（图9-7）。

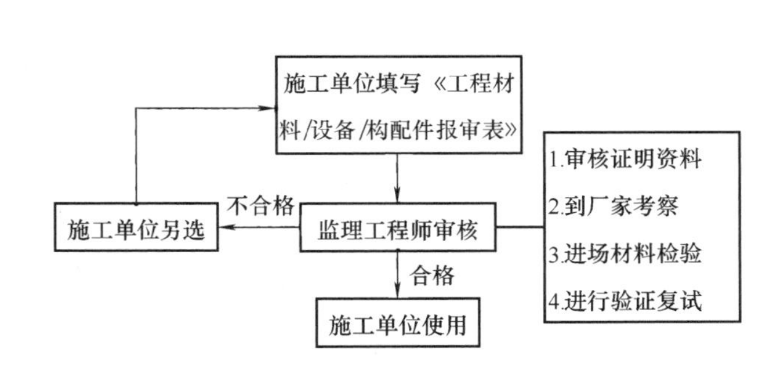


图9-6　工程材料、构配件和设备质量控制程序

选择分包单位

施工总包单位填写《分包单位资格报审表》

总监理工程师审查协调签认审查意见

不同意

同意

总包单位与分包单位签订分包合同

分包单位进场施工

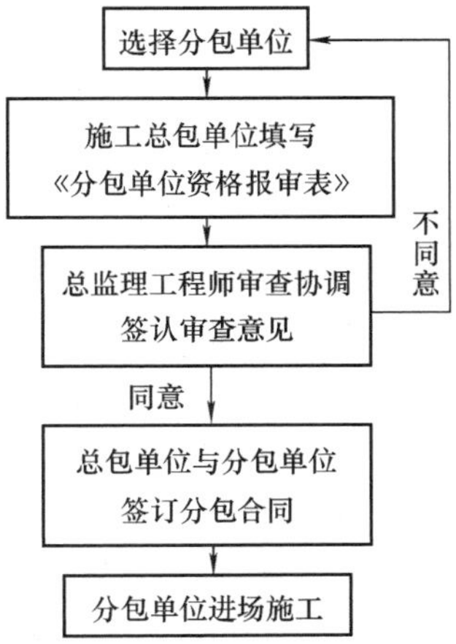

图9-7　分包单位资格审查程序

3）分项工程签认程序（图9-8）。

4）分部工程签认程序（图9-9）。

5）单位工程验收程序（图9-10）。

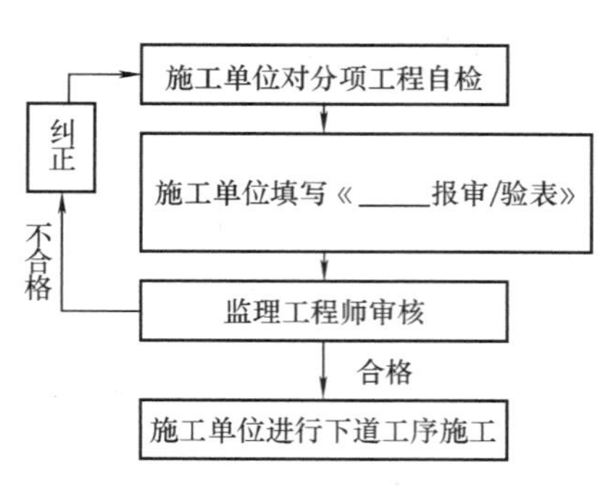


图9-8 分项工程签认程序

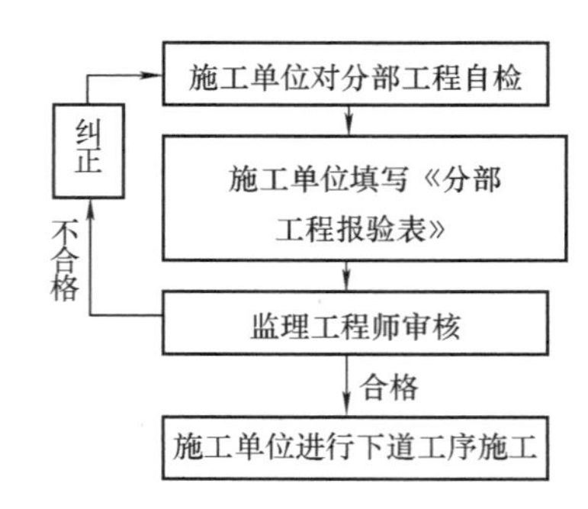


图9-9 分部工程签认程序

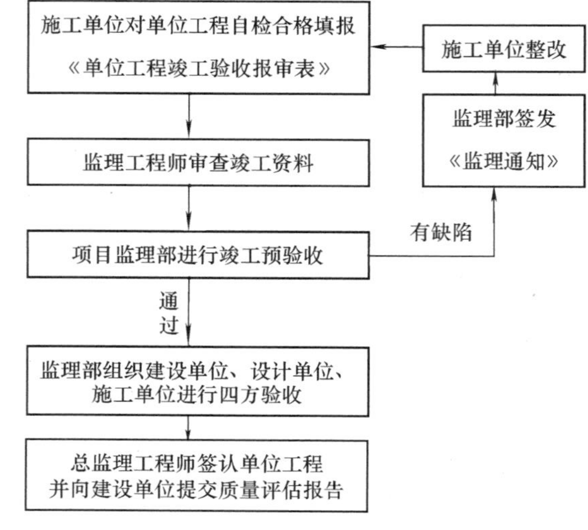


图9-10 单位工程验收程序

5.3 工程质量控制方法

1）质量以事前控制为主，要求事中监督检查，事后严格验收。

2）按《监理实施细则》，对施工过程进行检查，及时纠正违规操作，消除质量隐患，跟踪质量问题，验证纠正效果。

3）采用检查、测量、试验手段验证施工质量。

4）对工程建设项目关键工序和重点部位的施工过程进行旁站监理。

5）严格执行现场见证取样和送检制度。

6）撤换不称职的施工人员及分包单位。

7）发出质量控制通知、指令。

5.4 工程质量事前控制

5.4.1 核查施工单位的质量保证和质量管理体系

1）核查施工单位的机构设置、人员配备、职责与分工的落实情况。

2）审查各级专职质检人员的配备情况。

3）查验各级管理人员及专业操作人员的持证情况。

4）检查施工单位质量管理制度是否健全。

5.4.2 审查分包单位资格

1）审查总包单位填写的《分包单位资格报审表》（详见工程监理表格应用示例 B.0.4）。

2）审查分包单位的营业执照，企业资质等级证书，专业许可证、岗位证书。外地施工企业进入施工许可证，或境外企业在国内承包工程许可证等。

3）审查分包单位业绩，必要时进行考察。

5.4.3　检验施工单位的测量放线成果

1）检验施工控制网。

2）检验施工轴线控制桩位置。

3）查验轴线位置，高程控制标志，核查垂直度控制。

4）签认施工单位《施工控制测量成果放线报验表》（详见工程监理表格应用示例 B.0.5）。

5.4.4　材料检验

1）监督施工单位对原材料取样复试，审核复试报告、材料准用证、出厂质量证明。

2）对新材料和新产品，核查鉴定证明和确认文件。

3）必要时，对进场材料抽样复试，并到厂家进行考察。

4）审查混凝土、砌筑砂浆配比单；对搅拌设备、计量装置、现场管理进行检查。

5.4.5　建筑构配件、设备检验

1）核查供货单位提供的构配件、设备厂家的资质证明及产品合格证明，进口材料和设备的商检证，监督其按规定进行取样复试。

2）参与对加工订货厂家的考察、评审，根据合同约定参与订货合同的拟定和签订。

3）进行现场检验，审批施工单位报送的《工程材料／设备／构配件报审表》（详见工程监理表格应用示例 B.0.6）。

5.4.6　检查进场主要施工设备

1）审查施工现场主要设备的规格、型号是否符合施工组织设计的要求。

2）审查施工单位对需要定期标定的设备（仪器、磅秤等）的标定证明。

3）审批施工单位报送的《月工、料、机动态表》。

5.4.7　审查主要分部、分项工程施工方案

1）钢筋混凝土灌注桩施工方案。

2）后张法预应力混凝土施工方案。

3）工程测量方案。

4）钢筋混凝土浇注方案。

5）冬季施工方案。

上述方案未经批准，该分部、分项工程不得施工。

5.4.8　审查施工单位三级技术交底工作

5.5　工程质量事中控制

5.5.1　监理工程师对施工过程有目的地进行巡回检查和旁站监督

1）监理工程师和监理员主要工作时间应在施工面上。

2）在巡视过程中，对发现的施工问题要及时纠正。

3）对发现的较大问题，先口头通知施工单位改正，然后下发《监理通知》（详见工程监理表格应用示例 A.0.3）确认。

4）施工单位对《监理通知》要求的事宜，应书面回复整改结果，监理工程师进行复查。

5）加强夜间施工监督，安排充足人员，跟班监理；要求施工单位夜间施工，必须有值班

"五大员"。

5.5.2 验收隐蔽工程

1）要求施工单位严格按规定对隐蔽工程自检，自检合格签字后，将《隐蔽工程检查记录》报送监理部。

2）监理工程师对"隐蔽工程检查记录"核对后，到现场进行检测验收。

3）监理工程师对隐检不合格工程下发《不合格工程建设项目通知》，责令其整改或返工；整改完成后，进行复查。

4）对隐检合格的工程签认《隐蔽工程检查记录》，准予进行下道工序。

5.5.3 验收分项工程

1）审查施工单位在对分项工程自检合格后填写的《分项工程报验表》及相关资料。

2）进入施工现场进行抽检、核查。

3）分项工程符合要求的，监理工程师签认，并确定质量等级。

4）分项工程不符合要求的，监理工程师签发《不合格工程建设项目通知》，要求整改或返工。

5）监理工程师对返工或整改后的分项工程重新核验，并按质量评定标准再评定和签认。

6）建筑采暖、卫生与燃气、电气、通风与空调、电梯等安装工程的分项工程签认，要在试验、检测完毕，达到合格后进行。

5.5.4 验收分部工程

1）施工单位对分部工程进行的质量等级汇总评定，主要参考《分部工程报验表》（详见工程监理表格应用示例 B.0.8）和《分部工程质量检验评定表》。

2）组织建设单位、设计单位、施工单位对基础结构、主体结构进行验收。

3）形成基础／主体结构验收意见，签认《基础／主体工程验收记录》，并报质监站备案。

5.5.5 监督检查施工管理

1）监理工程师定期检查施工资料的整理及施工日记的记录情况，确保施工资料及时、真实。

2）定期检查混凝土、砌筑砂浆试块的养护、试验情况，发现问题及时进行处理。

3）对施工用机械、设备、仪器，注意观察其运转或使用情况；督促施工单位及时保修、校正、保障施工质量。

4）检查进场材料的堆放、保管工作。

5）检查施工单位施工防护、各项安全措施的落实情况。

6）监理工程师应做好质量台账。

## 5.6 工程质量事后控制

5.6.1 质量问题和质量事故的处理

1）一般质量问题，进行返修弥补。责成施工单位写出质量问题调查报告，提出处理方案，监理工程师审核后，批复施工单位处理，监理人员应旁站监督，并对处理结果重新验收，记入质量台账。

2）一般质量事故，进行返工处理或加固补强。责成施工单位写出质量问题调查报告，提出处理意见。总监理工程师签发《工程暂停令》，并会同建设单位和设计单位研究，由设计单位提出处理方案，批复施工单位处理，监理工程师旁站监督，并对处理结果重新验收，记入质量台账。

3）重大质量事故，总监理工程师签发《工程暂停令》，责令施工单位保护现场，立即报建行行政主管部门处理。

4）将完成的质量问题（事故）处理记录归档。

5）总监理工程师以书面形式报告监理单位。

6）追查监理人员相关责任。

5.6.2 工程竣工初验

1）工程达到交验条件，监理部首先组织各专业监理工程师对工程质量状况，使用功能进行全面检查。对影响竣工验收的问题签发《监理通知》，责成施工单位限期整改。

2）监督施工单位进行项目功能试验，审阅《试验报告单》，必要时请建设单位及设计单位派代表参加。

3）总监理工程师组织监理部对施工质量保证资料进行核查，并督促施工单位完善、修改。

4）总监理工程师组织与建设单位、设计单位与施工单位各有关专业技术人员共同对工程进行检查验收。

5）验查验收结果需要对局部进行整修时，要限期整修。监理人员现场监督，符合要求后再验，直至符合合同要求。

6）检查验收结果符合合同要求，由建设单位、施工单位、监理单位、设计单位四方在《单位工程验收记录》（详见工程监理表格应用示例 B.0.10）上签字，并报质量监督站备案。

7）竣工验收完成，由监理工程师和建设单位代表共同签订“竣工移交证书”，监理单位、建设单位盖章后，送施工单位一份。

## 6. 工程进度控制

6.1 进度控制的原则

1）在确保工程质量和安全的前提下，控制工程进度。

2）采用动态控制方法，对工程进度进行调整控制。

3）进度控制的依据是建设工程施工合同约定的工期目标。

6.2 控制的程序

工程进度控制的基本程序见图 9-11。

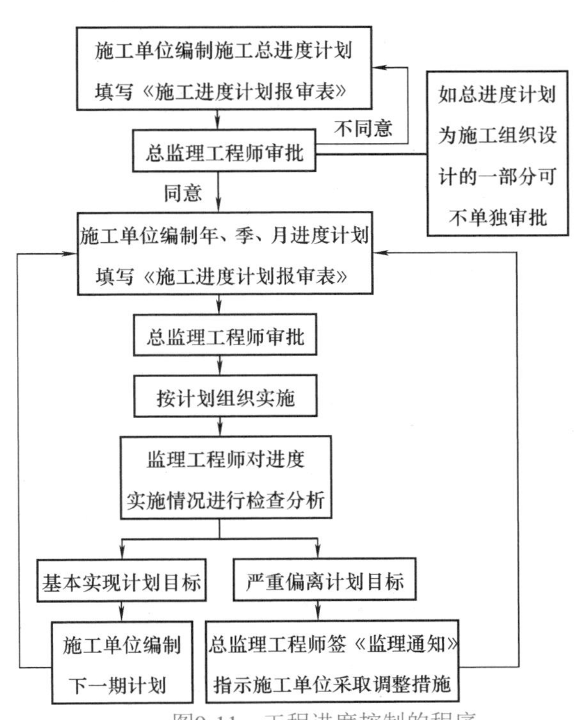

图9-11 工程进度控制的程序

6.3 控制措施

6.3.1 事前控制措施

1）根据施工招标和施工准备阶段的工程信息，监理部进一步完善控制进度措施。

2）要求施工单位按施工合同的约定编制施工总进度计划、季度进度计划、月进度计划，并填写《施工进度计划报审表》（详见工程监理表格应用示例 B.0.12），报监理部审批。

3）监理工程师根据工程条件（工程规模、质量标准、工程投资、工艺复杂程度、施工现场条件）对施工单位编制的计划全面分析其合理性、可行性。

4）审查进度网络计划关键线路是否正确、合理。

5）审查施工单位管理组织机构、人员配备、施工方法、机械配置，是否适应工程的实际需要。

6）分析施工单位主要工程材料及设备供应的配套安排及选用情况。

7）监理部指定专人负责进度控制。

8）进度计划由监理工程师审定并报送建设单位。

6.3.2　事中控制措施

1）监理工程师对施工单位实际进度进行跟踪检查监督，并对实施情况做出记录。

2）根据检查的结果，在进度网络图中绘制前锋线，对工程进度进行评价和分析。

3）发现偏离计划，及时发出《监理通知》，要求施工单位采取措施，并帮助其分析查找原因。

4）每周召开一次协调会，及时理顺各方关系，解决影响工程进度的问题。

5）对影响进度的各种因素（资金、材料、设备、劳动力、组织、气象、机械、施工方法等）进行统计、分析，找出潜在不利因素，及早采取控制对策。

6.3.3　事后控制措施

1）工程进度严重偏离计划时，总监理工程师发出进度控制指令。

2）召开各方协调会议，解决问题，研究措施。

3）要求施工单位报送赶工期的具体方案，总监理工程师审批。

4）必须延长工期时，施工单位填报《工程临时/最终延期报审表》（详见工程监理表格应用示例B.0.14），监理部审批后报建设单位。

## 7. 工程投资控制

### 7.1　投资控制的依据

1）工程设计图纸、设计说明及工程变更、洽商。

2）市场价格信息。

3）现行的建设工程概（预）算定额、费用标准、工期定额。

4）建设工程施工合同、协议条款。

5）工程招标、投标文件。

6）分部工程报验表。

7）有关经济法规和政策规定。

### 7.2　投资控制的原则

1）严格执行施工合同中确定的合同价、单价和工程价款支付方法。

2）报验资料不全，与合同文件的约定不符，未经质量签认合格或违约时，对工程不予审核和计量。

3）严格按有关计算规则对工程量与工作量进行计量、核实。

4）公正、合理、及时处理因设计变更、合同补充和违约索赔引起的费用增减。

5）对工程计量和工程款有争议时，以总监理工程师的决定为准。

6）对工程量及工程款的审核，按施工合同约定的时限进行。

### 7.3　投资控制的程序

1）月工程计量和支付基本程序见图9-12。

2）工程款竣工结算的基本程序见图9-13。

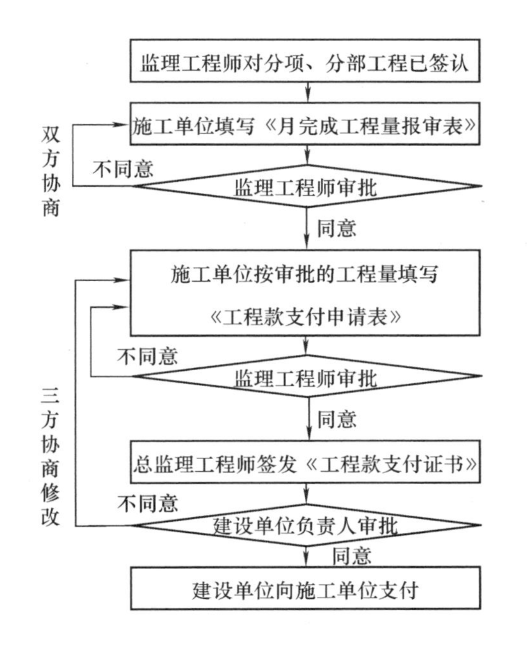


图9-12 月工程计量和支付基本程序

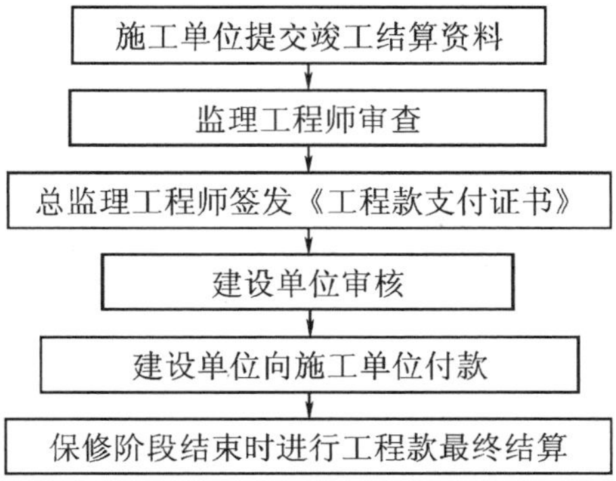

施工单位提交竣工结算资料

监理工程师审查

总监理工程师签发《工程款支付证书》

建设单位审核

建设单位向施工单位付款

保修阶段结束时进行工程款最终结算

图9-13 工程款竣工结算的基本程序

7.4 事前控制措施

1）进行详细的图纸会审，减少因变更造成的费用增加。

2）依据工程图纸、概（预）算、合同的工程量建立工程量台账。

3）审核施工单位编制的项目各阶段及年、季、月度资金使用计划。

4）进行风险分析，找出工程造价最易突破的部分，最易发生索赔的原因及部位，制订防范对策。

5）监理部指定专人负责投资控制工作，及时总结进度款的支付情况，收集有关资料、设备的价格信息。

7.5 事中控制措施

1）工程量每月计量一次，计量周期为上月26日至本月25日。

2）对施工单位的申请进行核实，所计量工程量应经总监理工程师同意，专业监理工程师签认。

3）会同建设单位和施工单位商定特殊的分项、分部工程的计量方法。

4）审批《______月完成工程量报审表》。

5）严格工程变更、签证程序。

6）积极配合建设单位进行材料、设备的筛选工作，积极推广新技术、新材料、新工艺，对材料、设备进行性能优劣及经济指标分析，核定合理价格，提高综合经济效益。

7）加强投资信息管理，定期进行投资对比分析。

8）审核施工单位根据工程量填写的《月付款报审表》《月支付汇总表》。

9）总监理工程师签发《工程款支付证书》（详见工程监理表格应用示例A.0.8），上报建设单位。

7.6 事后控制措施

1）工程验收合格后，督促施工单位在规定时间内提交竣工结算资料。

2）监理工程师及时审核，并提出审查意见。

3）总监理工程师根据各方认可的审核结果，签发竣工结算《工程款支付证书》，上报建设单位。

## 8. 合同、信息管理及组织协调

### 8.1 合同管理的原则

采取预先分析、调整的方法，经常跟踪合同执行情况和施工中的问题，及时通过《监理通知》，纠正施工单位不符合合同约定的行为，提前向建设单位和施工单位发出指标，防止偏离合同约定事件的发生。

### 8.2 合同管理的内容

1）施工单位提出设计变更的管理。

2）工程暂停及复工的管理。

3）工程延期的管理。

4）索赔的管理。

5）合同争议的调解。

6）违约处理。

### 8.3 合同管理程序

1）工程变更管理的基本程序见图9-14。

2）工程延期管理的基本程序见图9-3。

3）索赔管理的基本程序见图9-15。

4）合同争议调解程序见图9-16。

5）违约处理程序见图9-17。

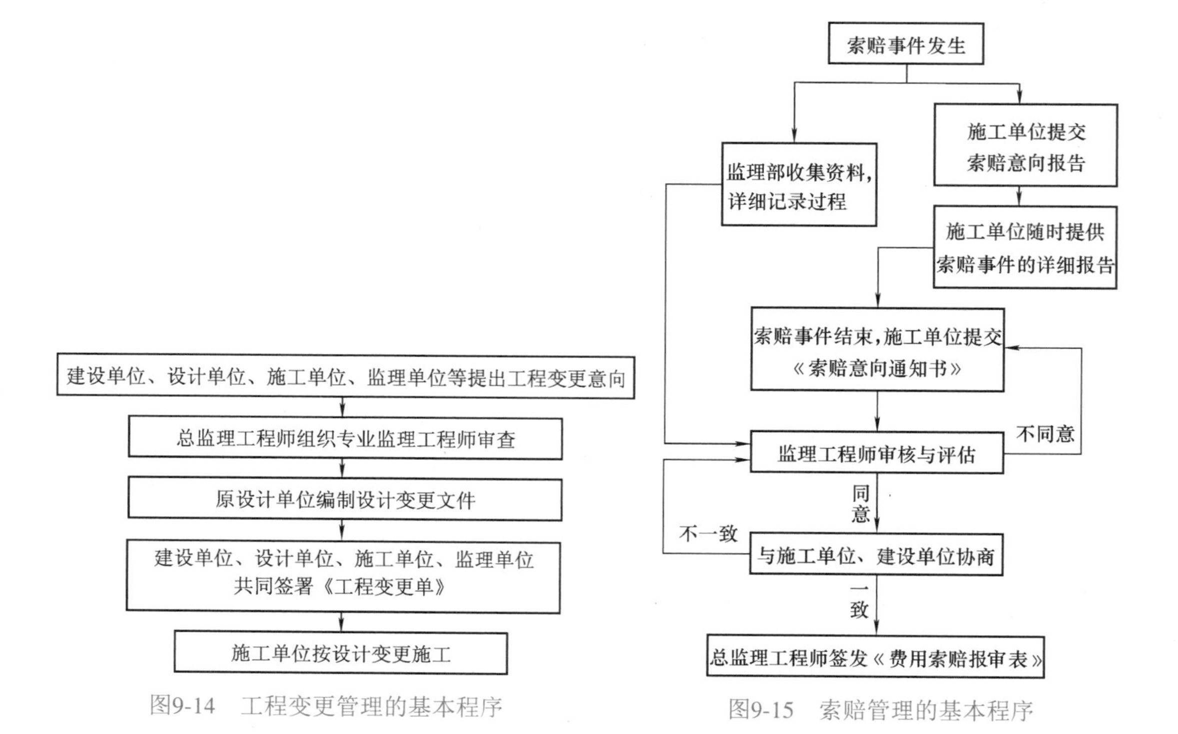


图9-14 工程变更管理的基本程序

图9-15 索赔管理的基本程序

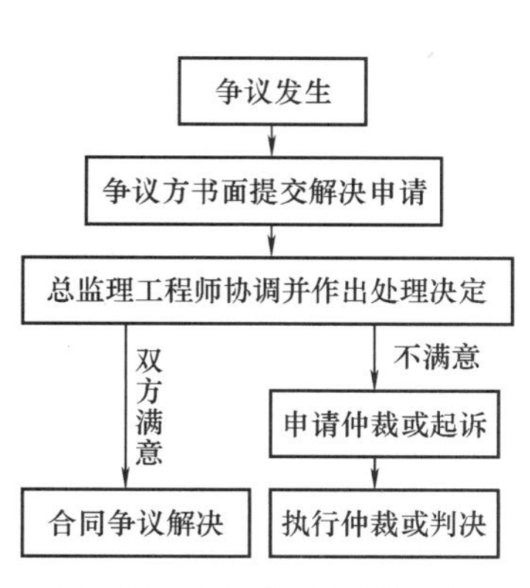

图9-16　合同争议调解程序

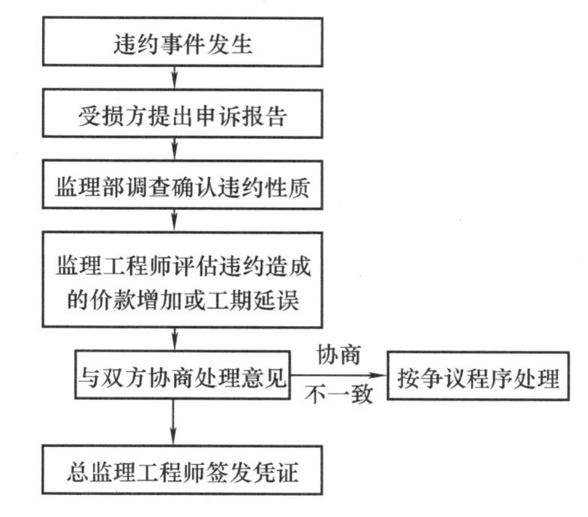

图9-17　违约处理程序

8.4　合同管理工作

8.4.1　对设计变更的管理

1）设计变更无论由哪一方提出和批准，均需按程序进行。

2）《设计变更记录》必须经工程监理企业签认，施工单位方可执行。

3）及时将设计变更内容反映在施工图纸上。

4）分包工程的变更，通过总包单位办理。

5）设计变更工程完成，监理工程师验收，总监理工程师签认费用，按正常支付程序办理手续。

8.4.2　工程暂停的管理

下列情况发生时，总监理工程师签发《工程暂停令》：

1）应建设单位要求，工程需要暂停施工时。

2）由于质量问题，必须进行停工处理时。

3）为避免安全隐患发生，造成工程质量损失或危及人身安全时。

4）发生必须暂停施工的紧急事件时。

5）签发工程暂停指令后，监理部应协调有关单位按合同约定，处理好因工程暂停所诱发的各类问题。

6）暂停结束，总监理工程师签发《工程复工令》。

8.4.3　工程延期的管理

1）受理不可抗力或合同约定的非施工单位责任造成的工期延误。

2）受理工期延误事件的条件。

① 施工单位在合同约定期限内提交了工程延期意向报告。

② 施工单位按合同约定提交了有关工程延期事件的详细资料和证明材料。

3）延期事件发生后，监理工程师书面通知施工单位采取必要措施，减少对工程影响程度。

4）延期事件发生后，总监理工程师应：

① 向建设单位转发施工单位提交的工程延期意向报告。

② 随时征集资料，并做好详细记录。

③ 对延期事件分析、研究，提出减少损失的建议。

5）按合同中有关时限要求，监理工程师审查《工程临时 / 最终延期报审表》，报总监理工程师审批。

8.4.4 索赔管理

（1）监理部受理索赔的范围 非施工单位原因引起的以下条件：

1）自然灾害造成施工费用的增加。

2）延迟提交设计图纸。

3）未按合同规定及时提供施工现场而引起的费用增加。

4）提供的红线桩和放线资料不准确。

5）国家法律更改引起费用的增加。

6）为特殊运输加固道路、桥梁而引起的费用增加。

7）因监理工程师命令，工程暂停施工所采取妥善保护而导致额外的费用支出。

8）凡合同或验收规范未明确规定要进行检验的材料、设备等，按监理工程师要求进行检验且检验合格所支付的费用。

9）监理工程师批准覆盖的工程，又要求开挖或穿孔复验，且复验工程符合合同规定，为开挖或穿孔并恢复原状而支付的费用。

10）在施工和保修期内，施工单位根据监理工程师的要求，对工程的缺陷进行调查和维护而支付的费用。

11）在施工现场发现文物、古迹、化石，为保护和处理而支付的费用。

12）工程变更而引起的价款增加。

（2）受理施工单位索赔报告的条件

1）索赔事件发生后，施工单位在合同约定期限内，提交了书面索赔通知。

2）施工单位按合同约定，提交了有关索赔事件的详细资料和证明材料。

3）事件终止后，施工单位在合同规定期限内向监理部提交了正式的《索赔报告》。

8.4.5 违约处理

1）发现违约事件可能发生时，及时提醒有关各方，防止或减少违约事件发生。

2）已发生的违约事件，以事实为根据，以合同为准绳，公平处理。

3）认真听取各方意见，在与双方充分协商的基础上确定解决方案。

## 8.5 信息管理工作

8.5.1 日常管理

1）要求资料及时整理，真实齐全，分类有序。

2）总监理工程师为总负责人，指定专人进行管理。

3）利用计算机建立图、表等系统文件辅助监理工程控制和管理。

4）监理工程师认真审核资料，不得接受涂改的报验资料。

5）监理资料按单位工程建立案卷，分专业存放保管并编目。

6）监理资料的收发、借阅必须通过资料管理员履行手续。

8.5.2 监理资料的基本内容

1）合同文件，包括：建设工程委托监理合同、施工招标文件、建设工程施工合同、分包合同、各类订货合同。

2）设计文件，包括：施工图纸、工程地质勘察报告、测量基础资料。

3）监理文件，包括：工程监理规划、监理实施细则、监理部编制的总控制计划等其他资料。

4）设计变更、洽商，包括：审图汇总资料、设计交底、图纸会审纪要、设计变更文件、

设计变更、洽商记录。

5）监理月报。

6）会议纪要。

7）施工组织设计、施工方案。

8）分包资质，包括：分包单位资质资料、分供货单位资质资料，见证试验室等单位的资质资料。

9）进度控制，包括：工程开工报审表；年／季／月进度计划；停、复工资料。

10）质量控制，包括：各类工程材料、构配件，设备报验，施工测量放线报验；施工试验报告；分项、分部工程质量报验与认可；不合格工程建设项目通知；质量事故报告及处理资料。

11）投资控制，包括：概（预）算或工程量清单；工程量报审与签认；预付款报审与支付证书；月付款报审与支付证书；设计变更、洽商费用报审与签认；月付款汇总表；工程竣工结算表等。

12）监理通知，包括：有关进度控制的监理通知；有关质量控制的监理通知；有关投资控制的监理通知。

13）合同其他事项，包括：工程延期报告、审批等资料；索赔报告、审批等资料；合同争议、违约报告处理资料；合同变更资料等。

14）工程验收资料，包括：工程基础、主体结构等中间验收资料；设备安装专项验收资料；竣工验收资料；竣工移交证书等。

15）其他往来函件。

16）监理管理台账及监理日记。

17）监理工作总结。

## 9. 监理设施

### 9.1 办公设施

建设单位提供委托监理合同约定的满足监理工作需要的办公室、桌子、椅子等办公设施，项目监理部应妥善保管和使用建设单位提供的设施，并在完成监理工作后移交建设单位。

### 9.2 常规检测设备和工具（表 9-6）

表 9-6 项目监理部配备满足监理工作需要的常规检测设备和工具表

| 序 号 | 名 称 | 单 位 | 数 量 |
|---|---|---|---|
| 1 | 计算机 | 台 | 1 |
| 2 | 扫描仪 | 台 | 1 |
| 3 | 打印机 | 台 | 1 |
| 4 | 经纬仪 | 台 | 1 |
| 5 | 水准仪 | 台 | 1 |
| 6 | 混凝土回弹仪 | 个 | 1 |
| 7 | 工程检查尺 | 套 | 1 |
| 8 | 四用不锈钢带表卡尺 | 个 | 1 |
| 9 | 钢尺 | 个 | 1 |
| 10 | 皮尺 | 个 | 1 |
| 11 | 照相机 | 台 | 1 |
| 12 | 卷尺 | 个 | 6 |

## 10. 监理工作制度

10.1 图纸会审制度

（1）各专业人员认真对图纸阅读、审核并作好记录。

（2）重大质量、技术、功能问题，提交总监理工程师。

（3）工程正式开工，必须提前七天以上进行由建设单位、施工单位、监理单位、设计单位参加的图纸会审。

（4）施工图纸会审，由总监理工程师主持。

（5）会审程序。

1）由设计单位进行交底，内容包括：设计意图、技术措施、特殊做法施工质量要求。

2）建设单位就使用功能、装修方案发表意见。

3）分专业对施工图进行核对。

4）分类汇总，并对重大技术问题，达成处理意见。

5）形成会审纪要，各方草签。

6）施工单位负责整理会审纪要，各方审阅签字盖章，作为施工及决算依据。

7）未经图纸会审，工程不得开工。

10.2 施工组织设计（施工方案）审批制度

（1）施工单位必须在开工前至少七天向项目监理部提交项目施工组织设计，并填报《施工组织设计 /（专项）施工方案报审表》（详见工程监理表格应用示例 B.0.1）。

（2）施工组织设计应内容齐全，具有针对性、科学性、先进性。

（3）根据合同要求及监理规划，分别由负责投资、质量、进度的监理工程师进行审核，把审核意见提交总监理工程师。

（4）必要时，施工单位必须按照监理工程师的要求修改，完善其施工组织设计。

（5）施工组织设计一经审定，不得轻易改变，并作为施工阶段“三控制”的依据。

（6）《施工组织设计 /（专项）施工方案报审表》由总监理工程师和建设单位共同签批。

（7）施工组织设计未经批准，不得开工。

10.3 工程开工申请制度

（1）项目开工，施工单位必须填写《开工报审表》（详见工程监理表格应用示例 B.0.2），报送监理部。

（2）开工申请必须含有以下基本内容：

1）申请开工日期。

2）进场施工机械一览表，及维修调试情况。

3）管理人员及劳动力到位情况。

4）材料采购及试验情况。

5）合同要求资金到位情况。

6）施工图已经会审。

7）施工组织设计已批准。

8）工程定位及施工测量放线已报验。

（3）现场监理工程师逐项核实并提出审核意见。

（4）由总监理工程师和建设单位签批《开工报审表》。

（5）总监理工程师下达开工指令。

## 10.4 工程材料、构配件、设备检查验收制度

（1）工程材料、构配件、设备进场，订货单位按合同进行检查，符合合同约定，随货资料齐全，方能卸货接收。

（2）施工单位填写《工程材料 / 设备 / 构配件报审表》向监理部报验。

（3）开工材料、构配件、设备的质量由专业监理工程师及现场监理员负责检查验收。

（4）材料进场要出具合格证，使用单位出具复试报告。不合格或没有合格证者，不得进场；没按规范要求进行复试不得使用。

（5）材料复试取样，监理人员必须在场。

（6）进场材料必须按型号、品种分开放置，并采取有效保护措施。

## 10.5 工程质量验收制度

（1）隐蔽工程由各专业监理工程师协同现场检查员验收，分部工程由总监理工程师组织相关专业人员参加验收。

（2）工程验收前，施工单位必须认真自检，合格后方可报请监理人员验收。

（3）隐蔽工程、中间验收须提前48h以书面形式通知监理工程师，监理部负责通知各方参加。

（4）验收前须提交完整的保证资料。主要有：自检表、验收记录、有关材料的合格证、复试报告等。

（5）验收不合格者，必须返工或整修，然后重新验收。

（6）验收合格，24h内给以签字，不得拖延。

## 10.6 技术经济签证制度

（1）现场监理人员负责验方、计量，签署原始凭证。

（2）质量及投资控制工程师签署核定意见，交建设单位代表签认。

（3）需要技术经济签证，必须由监理人员现场计量，发生后14日内由承包单位提出价款报告，超过14天的，不予签证。

（4）技术经济签证，必须实事求是，不得弄虚作假，违者追究责任。

（5）技术经济签证，一式四份，施工单位留两份，工程监理单位、建设单位各存一份。

## 10.7 现场协调会及会议纪要签发制度

### 10.7.1 现场每月十日、二十日、三十日下午2:00在工地会议室召开三方例会

### 10.7.2 参加人员

1）工程监理单位：总监理工程师、各专业监理工程师。

2）建设单位：建设项目主管领导及驻工地代表。

3）施工单位：项目经理、技术负责人、质量负责人、安全负责人、施工队长等有关人员。

### 10.7.3 会议程序

1）总监主持：落实上旬问题解决情况。

2）施工单位介绍一旬来施工情况，对照计划检查工作进度，查找原因，制订措施。

3）施工单位提出需要解决的问题。

4）建设单位提出要求，并答复施工单位提出的问题。

5）工程监理单位总结一旬来建设情况，提出对建设单位、施工单位的具体要求。

6）总监理工程师逐条落实各方提出的问题，协调关系，确定解决问题的方法和时间。

10.7.4 做好会议纪要，工程监理企业整理后三方代表签字，一式三份，分发各单位备存。

## 本章小结

监理规划的编制应针对项目的实际情况，明确项目监理机构的工作目标，确定具体的监理工作制度、程序、方法和措施，并应具有可操作性。监理实施细则是根据监理规划，由专业监理工程师编写，并经总监理工程师批准，针对工程项目中某一方面监理工作的操作性文件。

工程建设监理规划的作用：指导监理单位的项目监理组织全面开展监理工作；是工程建设监理主管机构对工程监理企业实施监督管理的重要依据；是业主确认工程监理企业是否全面、认真履行工程建设监理合同的主要依据；是工程监理企业重要的存档资料。

工程建设监理规划的内容：工程项目概况；监理工作范围；监理工作内容；监理工作目标；监理工作依据；项目监理机构的组织形式；项目监理机构的人员配备计划；项目监理机构的人员岗位职责；监理工作程序；监理工作方法及措施；监理工作制度；监理实施。

## 综合实训

### 一、单项选择题

1. 监理规划应当在（　　）基础上制定。

A. 监理招标文件　　B. 监理大纲　　C. 监理组织机构　　D. 建设工程监理合同

2. 下列不属于建设工程监理规划作用的是（　　）。

A. 监理规划是建设监理主管机关对监理单位监督管理的依据

B. 监理规划指导项目监理机构全面开展监理工作

C. 监理规划指导具体监理业务的开展

D. 监理规划是业主确认工程监理企业履行合同的主要依据

3. 监理规划的内容应（　　）。

A. 比监理大纲具体全面　　B. 比监理大纲粗

C. 比监理细则详细　　D. 比投标文件详细

4. 下列关于监理大纲、监理规划、监理实施细则的表述中，错误的是（　　）。

A. 它们共同构成了建设工程监理工作文件

B. 工程监理企业开展监理活动必须编制上述文件

C. 监理规划依据监理大纲编制

D. 监理实施细则经总监理工程师批准后实施

5. 建设工程监理规划应由（　　）审定批准后执行。

A. 政府建设行政主管部门　　B. 工程监理企业技术负责人

C. 总监理工程师　　D. 工程监理企业行政负责人

6.（　　）是建设监理主管机构对工程监理企业监督管理的依据。

A. 监理实施细则　　B. 委托监理合同　　C. 监理大纲　　D. 监理规划

7. 监理大纲的编制目的是（　　）。

A. 指导监理工作　　B. 为编制监理施工组织文件提供依据

C. 承揽监理业务　　D. 进行建设工程监理组织协调

8. 项目监理机构应当配备满足监理工作需要的（　　）。

A. 所有监理设施　　B. 主要监理设施

C. 所有检测设备和工具　　D. 常规检测设备和工具

9. 下列哪一项不属于监理规划编写的依据？（　　）

A. 工程建设方面的法律、法规

B. 政府批准的工程建设文件

C. 业主的要求

D. 建设工程外部环境调查研究资料

10.《建设工程监理规范》(GB/T 50319—2013) 规定的监理规划内容包括（　　）个方面。

A.10　　B.11　　C.12　　D.13

二、多项选择题

1. 就工程监理企业内部而言，监理规划的主要作用表现在（　　）。

A. 指导项目监理机构全面开展监理工作

B. 作为业主确认工程监理企业履行合同的依据

C. 为承揽监理业务服务

D. 作为内部重要的存档资料

E. 作为内部考核的依据

2. 建设工程监理规划编写的要求有（　　）。

A. 具体内容应具有针对性　　B. 遵循建设工程的运行规律

C. 作为监理大纲的补充性文件　　D. 应经过审核

E. 其表达方式应当格式化、标准化

3. 对建设工程监理规划中项目监理机构人员配备方案审查的主要内容应包括（　　）。

A. 组织形式是否与项目承发包模式相协调

B. 监理人员的职责分工是否合理

C. 监理人员的专业满足程度

D. 监理人员的数量满足程度

E. 监理人员配备是否根据监理工作进展状况合理安排

4. 建设工程监理规划的内容有（　　）。

A. 监理工作范围　　B. 监理工作经济、技术标准

C. 监理设施　　D. 监理工作制度

E. 项目监理机构的人员配备计划

5. 下列关于监理规划的说法中，正确的有（　　）。

A. 监理规划的表述方式不应该格式化、标准化

B. 监理规划具有针对性才能真正起到指导具体监理工作的作用

C. 监理规划要随着建设工程的展开不断地补充、修改和完善

D. 监理规划编写阶段不能按工程实施的各阶段来划分

E. 监理规划在编写完成后需进行审核并经批准后方可实施

6. 下列关于建设工程监理规划编写要求的表述中，正确的是（　　）。

A. 监理工作的组织、控制、方法、措施是必不可少的内容

B. 由总监理工程师组织工程监理企业技术管理部门人员共同编制

C. 要随建设工程的开展进行不断地补充、修改和完善

D. 可按工程实施的各阶段来划分编写阶段

E. 留有必要的时间，以便工程监理企业负责人进行审核签认

三、简答题

1. 建设工程监理规划有何作用?

2. 监理大纲、监理规划、监理细则有何联系和区别?

3. 建设工程监理规划的编写依据是什么?

4. 建设工程监理规划一般包括哪些主要内容?

四、案例分析题

## 案例一

【背景】

晟业监理公司受业主的委托承担了某联岛大桥的实施阶段的监理工作，在讨论制定监理规划的会议上，监理人员对编制项目的监理规划提出了构思，其提出的编制监理规划的原则和依据部分内容如下：

（1）监理规划必须符合监理大纲的内容。

（2）监理规划必须符合监理合同的要求。

（3）监理规划要结合该项目的具体实际情况。

（4）监理规划的作用应为工程监理企业的经营目标服务。

（5）监理规划编制的依据包括建设有关部门的批文，国家和地方的法律、法规、规范、标准等。

（6）编制监理规划应针对影响目标实现的多种风险进行，并考虑采取相应的措施。

【问题】

1. 判断下列提法是否恰当，为什么?

（1）监理规划应在监理合同签订以后编制。

（2）在项目的设计、施工等实施过程中，监理规划作为指导整个监理工作的纲领性文件，不能对其进行修改和调整。

（3）监理规划应由总监理工程师组织编制，它是项目监理机构有序地开展监理工作的依据和基础。

（4）监理规划中必须对监理三大控制目标进行分析论证，并提出保证措施。

2. 所提的监理规划的主要原则和依据中，你认为哪些不恰当?

## 案例二

【背景】

九洲建设监理有限公司承接了某河埠工程施工阶段的监理工作，该项目建设单位要求工程监理企业必须在其进场后的30天内提交监理规划，按照要求工程监理企业立即着手开始

编制工作。

1. 为了使编制工作顺利地在要求时间内完成，工程监理企业认为首先必须明确以下问题：

（1）编制工程建设监理规划的重要性。

（2）监理规划由谁来组织编制。

（3）规定其编制的程序和步骤。

2. 收集制定编制监理规划的依据资料：

（1）施工承包合同资料。

（2）建设规范、标准。

（3）反映项目法人对项目监理要求的资料。

（4）反映监理项目特征的有关资料。

（5）关于项目承包单位、设计单位的资料。

3. 监理规划编制如下基本内容：

（1）各单位之间的协调程序。

（2）工程概况。

（3）监理工作范围和工作内容。

（4）监理工作程序。

（5）项目监理工作责任。

（6）工程基础施工组织等

【问题】

1. 在一般情况下，监理规划应由谁来组织编制？

2. 在所收集的制定监理规划的资料中哪些是必要的？你认为还应补充哪些方面的资料？

3. 在所编制的监理规划与监理大纲之间有何关系？

4. 所编制的监理规划内容中，哪些内容应该编入监理规划中？并请进一步说明它们包括哪些具体内容?

5. 建设单位要求编制完成的时间合理吗？

# 第十章

# 建设法规

**学习目标：**

了解工程建设法规的基本概念及其在整个法律体系中所处的地位、调整对象，建设法规的体系、立法的基本原则及工程建设法规的实施办法；熟悉《建筑法》《建设工程质量管理条例》《建设工程监理规范》《房屋建筑工程施工旁站监理管理办法》等主要相关法律、法规。

## 第一节　概　述

### 一、建设法规的概念及调整对象

1. 建设法规的概念

建设法规是指国家立法机关或其授权的行政机关制定的旨在调整国家及其有关机构、企事业单位、社会团体、公民之间在建设活动中或建设行政管理活动中发生的各种社会关系的法律、法规的统称。

建设法规主要是以特定的活动或行业为规范内容而构成的，表现为建设法律、建设行政法规和部门规章，以及地方性建设法规、规章。建设法律或法规是内容集中的或专门的规范性文件，是我国建设法规的主要来源。例如《中华人民共和国城市房地产管理法》是以特定的行业为规范内容的法律;《中华人民共和国城市规划法》是以特定的活动为规范内容的法律;《中华人民共和国注册建筑师条例》则是以特定的职业为规范内容的行政法规。此外,《中华人民共和国宪法》《经济法》《民法通则》《中华人民共和国刑法》等各部法律中有关建设活动及其建设关系的法律调整，也是建设法规的来源。

2. 建设法规的调整对象

建设法规的调整对象，即建设关系，也就是发生在各种建设活动中的各种社会关系。具

体有：

（1）建设活动中的行政管理关系　建设活动是社会经济发展中的重大活动，同社会的文明进步、国民经济发展、人民生命财产安全息息相关。国家对此类活动必然要实行全面严格的管理，包括对建设工程的立项、计划、资金筹集、设计、施工、验收等均进行严格监督管理，进而形成建设活动中的行政管理关系。

建设活动中的行政管理关系，是国家及其建设行政主管部门同建设单位、设计单位、施工单位及其有关单位（如中介服务机构）之间发生的相应的管理与被管理关系。它包括两个相互关联的方面：一方面是规划、指导、协调与服务；另一方面是检查、监督、控制与调节。

（2）建设活动中的经济协作关系　工程建设活动是非常复杂的活动，要由许多单位和人员参与，共同协作完成。在各项建设活动中，各种经济主体为了自身的生产和生活需要，或为了实现一定的经济利益或目的，必然寻求协作伙伴，随即发生相互间的建设协作经济关系。例如，投资主体（建设单位）同勘察设计单位、建筑安装施工单位等发生的勘察设计和施工关系。

建设活动中的经济协作关系是一种平等自愿、互利互助的横向协作关系。一般应以经济合同的形式确定，经济合同是法人之间为了实现一定的经济目的，明确相互间的权利义务关系的协议。与一般经济合同不同的是，建设活动的经济合同关系大多具有较强的计划性。这是由建设活动和建设关系自身的特点所决定的。

（3）建设活动中的民事关系　它是指因从事建设活动而产生的国家、单位法人、公民之间的民事权利、义务关系。其主要包括：在建设活动中发生的有关自然人的损害、侵权、赔偿关系；建设领域从业人员的人身和经济权利保护关系；房地产交易中买卖、租赁、产权关系；土地征用、房屋拆迁导致的拆迁安置关系等。

建设活动中的民事关系既涉及国家社会利益，又关系着个人的权益和自由，因此必须按照民法和建设法规中的民事法律规范予以调整。

应当指出的是建设法规的三种具体调整对象，彼此互相关联，又各具自身属性。它们都是因从事建设活动所形成的社会关系，都必须以建设法规来加以规范和调整，不能或不应当撇开建设法规来处理建设活动中所发生的各种关系。这是其共同点或相关联之处。同时这三种调整对象又不尽相同，它们各自形成的条件不同，处理关系的原则或调整手段不同，适用的范围不同，适用规范的法律后果也不完全相同。从这个意义上说，它们又是三种并行不悖的社会关系，既不能混同，也不能相互取代。在承认建设法规统一调整的前提下，应当侧重适用它们各自所属的调整规范。

## 二、建设法规立法的基本原则

建设法规立法的基本原则是指建设立法时所必须遵循的基本准则或要求。当前，我国建设法规立法应遵循以下基本原则：

### 1. 遵循市场经济规律原则

市场经济是指市场对资源配置起基础性作用的经济体系。社会主义市场经济，是指与社会主义基本制度相结合的、市场在国家宏观调控下对资源配置起基础性作用的经济体制。第八届全国人大第一次会议通过的《中华人民共和国宪法修正案》规定“国家实行社会主义市场经济”。这不仅是宪法的基本原则，也是建设法规的立法基本原则。

1）遵循市场经济规律，反映在建设法规立法中，就是要建立健全市场主体体系。建设法规要规定各种建设市场主体的法律地位，对他们在建设活动中的权利和义务作出明确的规定，这些主体理应包括建设行政主管部门、勘察规划建筑设计单位、工程监理单位、建筑施工单位、房地产开发经营部门、土地管理部门、标准化部门、城市市政公用事业单位、环境保护部门、建筑材料供应部门等。活跃的建设市场主体，要求国家、集体和个人一起参与。一旦条件成熟，政策或法规亦可考虑公民主体的法律地位，如个人合伙的建筑事务所等。

2）遵循市场经济规律，要求建设法规的立法确立建设市场体系具有统一性和开放性。建设立法应当确立规划与设计市场、建设监理市场、工程承包的招投标市场、施工管理市场、房地产市场、市政公用事业市场、建设资金市场等多元化的建设活动大市场。

3）遵循市场经济规律，要求建设法规的立法确立以间接手段为主的宏观调控体系，建设法规主要运用行政手段实现对建设行为的调整。但这种调整不应当是直接干预性的。各建设法规主体在具体的建设行为中都有着其独立性和自主性。国家对其行为实施的调控只是间接性的。

4）遵循市场经济规律，要求建设法规立法本身具有完备性，要把建设行为纳入法制轨道，首先要使建设法规自身完备。唯有如此，才能有效地规范建设市场主体行为，维护建设市场活动秩序。

2. 法制统一原则

所有法律存在着内在统一的联系，并在此基础上构成一国法律体系。建设法规体系是我国法律体系中的一个组成部分。组成本体系的每一个法律都必须符合宪法的精神与要求。该法律体系与其他法律体系也不应冲突。对于基本法的有关规定，建设行政法规和部门规章以及地方性建设法规、规章，必须遵守，与地位同等的法律、法规所确立的有关内容应相互协调。建设法规体系内部高层的法律、法规对低层次的法规、规章具有制约性和指导性。地位相等的建设法规和规章在内容规定上不应互为矛盾，即建设法规的立法所必须遵循的法制统一原则。

建设法规的立法坚持法制统一的基本要求，不仅是立法本身要求，即规范化、科学化的要求，更主要的是便于实际操作，不至于因法律制度的自相矛盾而导致建设法规的无所适从。

3. 责权利相一致原则

责权利相一致原则是对建设行为的权利和义务或责任在建设立法上提出的一项基本要求。具体表现为：

1）建设法规主体享有的权利和履行的义务是统一的。任何一个主体享有建设法规规定的权利，也承担其责任或义务。

2）建设行政主管部门行使行政管理权既是其权利，也是其责任和义务。权利和义务彼此结合。

## 三、工程建设法规的实施

建设法规的实施，是指国家机关及其公务员、社会团体、公民实现建设法律规范的活动，包括建设法规的执法、司法和守法三个主方面。建设法规的司法又包括行政司法和专门机关

司法两方面。

1. 建设法规的执法

建设法规的执法，是指建设行政主管部门和被授权或被委托的单位，依法对各项建设活动和建设行为进行检查监督，并对违法行为执行行政处罚的行为，具体包括：

（1）建设行政决定　它是指执法者依法对相对人的权利和义务作出单方面的处理，包括行政许可、行政命令和行政奖励。

（2）建设行政检查　它是指建设行政执法者依法对相对人是否守法的事实，进行单方面的强制性了解，主要包括实地检查和书面检查两种。

（3）建设行政处罚　它是指建设行政主管部门或其他权力机关对相对人实行惩戒或制裁的行为，主要包括财产处罚、行为处罚和申诫处罚三种。

（4）建设行政强制执行　它是指在相对人不履行行政机关所规定的义务时，特定的行政机关依法对其采取强制手段，迫使其履行义务。

2. 建设法规的司法

（1）行政司法　它是指建设行政机关依据法定的权限和法定的程序进行行政调解、行政复议和行政仲裁，以解决相应争议的行政行为。

1）行政调解。它是指在行政机关的主持下，以法律为依据，以自愿为原则，通过说服教育等方法，促使双方当事人通过协商互谅达成协议。

2）行政复议。它是指在相对人不服行政执法决定时，依法向指定的部门提出重新处理的申请。

3）行政仲裁。它是指国家行政机关以第三方身份对特定的民事、经济的劳动争议居中调解作出判断和裁决。

（2）专门机关司法　它是指国家司法机关，主要指人民法院依照诉讼程序对建设活动中的争议与违法建设行为作出的审理判决活动。

3. 建设法规的守法

建设法规的守法是指从事建设活动的所有单位与个人，必须按照建设法律、法规等规范的要求，实施建设行为，不得违反。

## 第二节　建设法规的构成体系

### 一、建设法规体系的概念

1. 法规体系概念

法规体系，通常指由一个国家的全部现行法律规范分类组合为不同的法律部门而形成的有机联系的统一整体。任何一个国家的各种现行法律规范，虽然所调整的社会关系的性质不同，具有不同的内容和形式，但都是建立在共同的经济基础之上，统一的阶级意志，受共同的原则指导，具有内在的协调一致性，从而构成一个有机联系的统一整体。在统一的法律体系中，各种法律规范，因其所调整的社会关系的性质不同，而划分为不同的法律部门，如宪法、行政法、刑法、刑事诉讼法、民法、经济法、婚姻法、民事诉讼法等。它是组成法律体系的基本因素。在各个法的部门内容或几个法的部门之间，又包括各种法律制度，如所有权制度、合同制度、公开审理制度、辩护制度等。制度与制度之间，部门与部门之间，既存在差别，又相互联系、相互制约、于是形成一个内在一致的统一整体。

2. 建设法规体系概念

建设工程法律法规体系是指根据《中华人民共和国立法法》的规定，制定和公布施行的有关建设工程的各项法律、行政法规、地方性法规、自治条例、单行条例、部门规章和地方政府规章的总称。目前，这个体系已经基本形成。

建设法规体系是我国法律体系的重要组成部分。同时，建设法规体系又相对自成体系，具有相对独立性。根据法制统一原则，要求建设法规体系必须服从国家法律体系的总要求，建设方面的法律必须与宪法和相关的法律保持一致，建设行政法规、部门规章和地方性法规、规章不得与宪法、法律以及上一层次的法规相抵触。另外，建设法规应能覆盖建设事业的各个行业、各个领域以及建设行政管理的全过程，使建设活动的各个方面都有法可依、有章可循，使建设行政管理的每一个环节都纳入法制轨道。

## 二、建设法规体系的构成

1. 建设法规体系构成的基本含义

建设法规体系的构成，即建设法规体系采取的框架或结构。从理论上说，建设法规体系可采取宝塔形的结构方式或梯形结构方式。所谓宝塔形结构，即设立“中华人民共和国建设法”，以其作为建设事业的基本法，将领域内业务可能涉及的所有问题都在该法中作出规定，依次再用专项法律、行政法规、部门规章做补充；所谓梯形结构，即不设“中华人民共和国建设法”，而以若干并列的专项法律共同组成体系框架的顶层，依序再配置相应的行政法规和部门规章，形成若干相互联系又相对独立的小体系。根据住建部《建设法律体系规划方案》的规定和要求，我国建设法规体系确定为梯形结构方式。这种选择符合建设系统多行业的特点，有着其现实的依据。目前，我国建设立法工作正按着这一体系进行着。

2. 建设法规体系构成的内容、制定机关及法律效力

确立了建设法规体系的结构，即需要实际的内容来充实。建设法规按其立法权限可分为五个层次：

（1）建设法律　它是指由全国人民代表大会及其常务委员会审议通过的属于住建部主管业务范围的用以规范工程建设活动的各项法律规范，由国家主席签署“主席令”予以公布，它是建设法律体系的核心，如《中华人民共和国建筑法》《中华人民共和国城市规划法》等。

（2）建设行政法规　它是指国务院依据宪法和法律制定并颁布的属于建设部门主管业务范围内的用以规范工程建设活动的各项法规，由国务院总理签署“国务院令”予以公布，如《建设工程质量管理条例》《建设工程勘察设计管理条例》等。

（3）建设部门规章　它是指住建部根据国务院规定的职权范围，独立或同国务院有关部门联合根据国家法律和国务院的行政法规、决定、命令制定并颁布的规范工程建设活动的各项规章，属于住建部制定的由住建部部长签署“住建部令”予以公布，如《监理工程师资格

考试和注册试行办法》等。

（4）地方性建设法规　它是指在不与宪法、法律、行政法规相抵触的前提下，由省、自治区、直辖市人大及其常委会制定并发布的建设方面的法规。具体包括省会城市（自治区首府）和经国务院批准的较大的市人大及其常委会制定的，报经省、自治区人大或其常委会批准的各种法规。

（5）地方建设规章　它是指省、自治区、直辖市以及省会城市（自治区首府）和经国务院批准的较大的市的人民政府，根据法律和国务院的行政法规制定并颁布的建设方面的规章。此外，与建设活动关系密切的相关的法律、行政法规和部门规章，也起着调整一部分建设活动的作用。其所包含的内容或某些规定，也是构成建设法规体系的内容。

监理工程师应当了解和熟悉我国建设工程法律法规规章体系，并熟悉和掌握其中与监理工作关系比较密切的法律法规规章，以便依法进行监理和规范自己的工程监理行为。

## 第三节　相关建设法律法规简介

下面列举和介绍的是与建设工程监理有关的法律、行政法规和部门规章，不涉及地方性法规、条例、规章。

### 一、与建设工程监理相关的建设工程法律法规规章

1. 法律

1）《中华人民共和国建筑法》。

2）《中华人民共和国城市房地产管理法》。

3）《中华人民共和国城市规划法》。

4）《中华人民共和国土地管理法》。

5）《中华人民共和国招标投标法》。

6）《中华人民共和国合同法》。

7）《中华人民共和国环境保护法》。

8）《中华人民共和国环境影响评价法》。

2. 行政法规

1）《建设工程质量管理条例》。

2）《建设工程安全生产管理条例》。

3）《建设工程勘察设计管理条例》。

4）《中华人民共和国土地管理法实施条例》。

3. 部门规章

1）《工程监理企业资质管理规定》。

2）《注册监理工程师管理规定》。

3）《建设工程监理范围和规模标准规定》。

4)《建筑工程设计招标投标管理办法》。
5)《房屋建筑和市政基础设施工程施工招标投标管理办法》。
6)《评标委员会和评标方法暂行规定》。
7)《建筑工程施工发包与承包计价管理办法》。
8)《建筑工程施工许可管理办法》。
9)《实施工程建设强制性标准监督规定》。
10)《房屋建筑工程质量保修办法》。
11)《房屋建筑工程和市政基础设施工程竣工验收备案管理暂行办法》。
12)《建设工程施工现场管理规定》。
13)《建筑安全生产监督管理规定》。
14)《工程建设重大事故报告和调查程序规定》。
15)《城市建设档案管理规定》。

上述法律法规规章的效力依次是：法律、行政法规、部门规章。

## 二、主要相关建设法规简介

### (一)建筑法

《中华人民共和国建筑法》是我国工程建设领域的一部大法。全文分8章共计85条。整部法律内容是以建筑市场管理为中心，以建筑工程质量和安全为重点，以建筑活动监督管理为主线形成的，旨在加强对建筑业活动的管理，维护建筑市场秩序，保证建设工程的质量和安全，保障建筑活动当事人的合法权益。该法于1997年11月1日第八届全国人民代表大会常务委员会第28次会议通过，自1998年3月1日起施行。

#### 1. 第1章　总则

“总则”一章共计6条，是对整部法律的纲领性规定。内容包括：立法目的、调整对象和适用范围、建筑活动基本要求、建筑业的基本政策、建筑活动当事人的基本权利和义务、建筑活动监督管理主体。

#### 2. 第2章　建筑许可

“建筑许可”一章分2节共计8条，是对建筑工程施工许可制度和从事建筑活动的单位和个人从业资格的规定。

建筑工程施工许可制度是建设行政主管部门根据建设单位的申请，依法对建筑工程所应具备的施工条件进行审查，符合规定条件的，准许该建筑工程开始施工，并颁发施工许可证的一种制度。该章内容包括：

1)施工许可证的申领时间、申领程序、工程范围、审批权限以及施工许可证与开工报告之间的关系。
2)申请施工许可证的条件和颁发施工许可证的时间规定。
3)施工许可证的有效时间和延期的规定。
4)领取施工许可证的建筑工程中止施工和恢复施工的有关规定。
5)取得开工报告的建筑工程不能按期开工或中止施工以及开工报告有效期的规定。
6)从事建筑活动的单位和个人从业资格的规定。

3. 第 3 章　建筑工程发包与承包

“建筑工程发包与承包”一章分 3 节共计 15 条。它是对建筑工程发包与承包活动的规定。内容包括：

1）一般规定：发包单位和承包单位应当签订书面合同，并应依法履行合同义务；招标投标活动的原则；发包和承包行为约束方面的规定；合同价款约定和支付的规定等。

2）发包：建筑工程发包方式；公开招标程序和要求；建筑工程招标的行为主体和监督主体；发包单位应将工程发包给依法中标或具有相应资质条件的承包单位；政府部门不得滥用权力限定承包单位；禁止将建筑工程肢解发包；发包单位在承包单位采购方面的行为限制的规定等。

3）承包：承包单位资质管理的规定；关于联合承包方式的规定；禁止转包；有关分包的规定等。

4. 第 4 章　建筑工程监理

“建筑工程监理”一章共计 6 条，是对建筑工程监理的委托、监理的权利与义务的规定。内容包括：

1）建设单位委托监理单位的规定。

2）监理单位代表建设单位对设计单位、建筑施工企业实施监督的权利。

3）监理单位的义务与责任。

5. 第 5 章　建筑安全生产管理

“建筑安全生产管理”一章共计 16 条，是对为保障建筑安全生产所作的规定。内容包括：

1）建筑安全生产管理的方针和制度；建筑施工企业在施工现场应采取的安全防护措施及保护环境措施的规定；建筑施工企业安全生产管理和安全生产责任制的规定；施工现场安全由建筑施工企业负责的规定；劳动安全生产培训的规定；建筑施工企业和作业人员有关安全生产的义务以及作业人员安全生产方面的权利；建筑施工企业为有关职工办理意外伤害保险的规定；施工中发生事故应采取紧急措施和报告制度的规定。

2）建设单位应办理施工现场特殊作业申请批准手续的规定；建设单位和建筑施工企业关于施工现场地下管线保护的义务。

3）建筑工程设计应当保证工程的安全性能的规定。

4）建筑安全生产行业管理和国家监察的规定。

5）涉及建筑主体和承重结构变动的装修工程设计、施工的规定；房屋拆除的规定。

6. 第 6 章　建筑工程质量管理

建筑工程质量管理一章共计 12 条，是对为保障建筑工程质量所作的规定。内容包括：

1）建筑工程勘察、设计、施工质量必须符合有关建筑工程安全标准的规定。

2）国家对从事建筑活动的单位推行质量体系认证制度的规定。

3）建设单位不得以任何理由要求设计单位和施工企业降低工程质量的规定。

4）关于总承包单位和分包单位工程质量责任的规定。

5）关于勘察、设计单位工程质量责任的规定。

6）设计单位对设计文件选用的建筑材料、构配件和设备不得指定生产厂、供应商的规定。

7）施工企业质量责任。

8）施工企业对进场材料、构配件和设备进行检验的规定。

9）关于建筑物合理使用寿命内和工程竣工时的工程质量要求。

10）关于工程竣工验收的规定。

11）建筑工程实行质量保修制度的规定。

12）关于工程质量实行群众监督的规定。

7. 第7章 法律责任

法律责任一章共计17条，是对建设单位、施工单位、工程监理单位在工程建设活动中法律责任的规定。对下列行为规定了法律责任：

1）未经法定许可，擅自施工的。

2）将工程发包给不具备相应资质的单位或者将工程肢解发包的；无资质证书或者超越资质等级承揽工程的；以欺骗手段取得资质证书的。

3）转让、出借资质证书或者以其他方式允许他人以本企业名义承揽工程的。

4）将工程转包，或者违反法律规定进行分包的。

5）在工程发包与承包中索贿、受贿、行贿的。

6）工程监理单位与建设单位或者建筑施工企业串通，弄虚作假、降低工程质量的；转让监理业务的。

7）涉及建筑主体或者承重结构变动的装修工程，违反法律规定，擅自施工的。

8）建筑施工企业违反法律规定，对建筑安全事故隐患不采取措施予以消除的；管理人员违章指挥、强令职工冒险作业，因而造成严重后果的。

9）建设单位要求设计单位或者施工企业违反工程质量、安全标准，降低工程质量的。

10）设计单位不按工程质量、安全标准进行设计的。

11）建筑施工企业在施工中偷工减料，使用不合格材料、构配件和设备的，或者有其他不按照工程设计图纸或者施工技术标准施工的行为的。

12）建筑施工企业不履行保修义务或者拖延履行保修义务的。

13）违反法律规定，对不具备相应资质等级条件的单位颁发该等级资质证书的。

14）政府及其所属部门的工作人员违反规定，限定发包单位将招标发包的工程发包给指定的承包单位的。

15）有关部门及其工作人员对不符合施工条件的建筑工程颁发施工许可证的，对不合格的建筑工程出具质量合格文件或按合格工程验收的。

### （二）建设工程质量管理条例

《建设工程质量管理条例》（以下简称《条例》）以建设工程质量责任主体为基线，规定了建设单位、勘察单位、设计单位、施工单位和工程监理单位的质量责任和义务，明确了工程质量保修制度、工程质量监督制度等内容，并对各种违法违规行为的处罚作了原则规定。《条例》分9章共计82条，自2000年1月30日发布并施行。

1. 第1章 总则

“总则”一章共计6条，内容包括：制定条例的目的和依据；条例所调整的对象和适用范围；建设工程质量责任主体；建设工程质量监督管理主体；关于遵守建设程序的规定等。

2. 第2章 建设单位的质量责任和义务

“建设单位的质量责任和义务”一章共计11条，内容包括：工程发包方面的规定；依法进行工程招标的规定；向其他建设工程质量责任主体提供与建设工程有关的原始资料和对资

料要求的规定；工程发包过程中的行为限制；施工图设计文件审查制度的规定；委托监理以及必须实行监理的建设工程范围的规定；办理工程质量监督手续的规定；建设单位采购建筑材料、建筑构配件和设备的要求，以及建设单位对施工单位使用建筑材料、建筑构配件和设备方面的约束性规定；涉及建筑主体和承重结构变动的装修工程的有关规定；竣工验收程序、条件和使用方面的规定；建设项目档案管理的规定。

3. 第 3 章　勘察、设计单位的质量责任和义务

"勘察、设计单位的质量责任和义务"一章共计 7 条，内容包括：从事建设工程的勘察单位、设计单位市场准入的条件和行为要求；勘察单位、设计单位以及注册执业人员质量责任的规定；勘察成果质量基本要求；关于设计单位应当根据勘察成果进行工程设计和设计文件应当达到规定深度并注明合理使用年限的规定；设计文件中应注明材料、构配件和设备的规格、型号、性能等技术指标，质量必须符合国家规定的标准；除特殊要求外，设计单位不得指定生产厂和供应商；关于设计单位应就施工图设计文件向施工单位进行详细说明的规定；设计单位对工程质量事故处理方面的义务。

4. 第 4 章　施工单位的质量责任和义务

"施工单位的质量责任和义务"一章共计 9 条，内容包括：施工单位市场准入条件和行为的规定；关于施工单位对建设工程施工质量负责和建立质量责任制，以及实行总承包的工程质量责任的规定；关于总承包单位和分包单位工程质量责任承担的规定；有关施工依据和行为限制方面的规定，以及对设计文件和图纸方面的义务；关于施工单位使用材料、构配件和设备前必须进行检验的规定；关于施工质量检验制度和隐蔽工程检查的规定；有关试块、试件取样和检测的规定；工程返修的规定；关于建立、健全教育培训制度的规定等。

5. 第 5 章　工程监理单位的质量责任和义务

"工程监理单位的质量责任和义务"一章共计 5 条，内容包括：市场准入和市场行为规定；工程监理单位与被监理单位关系的限制性规定；工程监理单位对施工质量监理的依据和监理责任的规定；监理人员资格要求及权力方面的规定；监理方式的规定。

6. 第 6 章　建设工程质量保修

"建设工程质量保修"一章共计 4 条，内容包括：关于国家实行建设工程质量保修制度和质量保修书出具时间和内容的规定；关于建设工程最低保修期限的规定；施工单位保修义务和责任的规定；对超过合理使用年限的建设工程继续使用的规定。

7. 第 7 章　监督管理

"监督管理"一章共计 11 条，内容包括：

1）关于国家实行建设工程质量监督管理制度的规定。

2）建设工程质量监督管理部门应当加强对有关建设工程质量的法律、法规和强制性标准执行情况的监督检查。

3）关于国务院发展计划部门对国家出资的重大建设项目实施监督检查的规定，以及国务院经济贸易主管部门对国家重大技术改造项目实施监督检查的规定。

4）关于建设工程质量监督管理可以委托建设工程质量监督机构具体实施的规定。

5）县级以上地方人民政府建设行政主管部门和其他有关部门应当加强对有关建设工程质量的法律、法规和强制性标准执行情况的监督检查。

6）县级以上人民政府建设行政主管部门及其他有关部门进行监督检查时有权采取的

措施。

7）关于建设工程竣工验收备案制度的规定。

8）关于有关单位和个人应当支持和配合建设工程监督管理主体对建设工程质量进行监督检查的规定。

9）对供水、供电、供气、公安消防等部门或单位不得滥用权力的规定。

10）关于工程质量事故报告制度的规定。

11）关于建设工程质量实行社会监督的规定。

8. 第 8 章　罚则

"罚则"一章共计 24 条，对违反本条例的行为将追究法律责任。其中涉及建设单位、勘察单位、设计单位、施工单位和工程监理单位的有：

1）建设单位：将建设工程发包给不具有相应资质等级的勘察单位、设计单位、施工单位或委托给不具有相应资质等级的工程监理单位的；将建设工程肢解发包的；不履行或不正当履行有关职责的；未经批准擅自开工的；建设工程竣工后，未向建设行政主管部门或有关部门移交建设项目档案的。

2）勘察单位、设计单位、施工单位：超越本单位资质等级承揽工程的；允许其他单位或者个人以本单位名义承揽工程的；将承包的工程转包或者违法分包的；勘察单位未按工程建设强制性标准进行勘察的；设计单位未根据勘察成果或者未按照工程建设强制性标准进行工程设计的，以及指定建筑材料、建筑构配件的生产厂、供应商的；施工单位在施工中偷工减料的，使用不合格材料、构配件和设备的，或者有不按照设计图纸或者施工技术标准施工的其他行为的；施工单位未对建筑材料、建筑构配件、设备、商品混凝土进行检验，或者未对涉及结构安全的试块、试件以及有关材料取样检测的；施工单位不履行或拖延履行保修义务的。

3）工程监理单位：超越资质等级承担监理业务的；转让监理业务的；与建设单位或施工单位串通，弄虚作假、降低工程质量的；将不合格的建设工程、建筑材料、建筑构配件和设备按照合格签字的；工程监理单位与被监理工程的施工承包单位以及建筑材料、建筑构配件和设备供应单位有隶属关系或者其他利害关系承担该项建设工程的监理业务的。

## 本章小结

建设法规是调整在建设活动中或建设行政管理活动中发生的各种社会关系的法律、法规的统称。其调整对象主要是建设活动中出现的各种行政管理、经济协作及民事关系。建设法规立法应遵循市场经济规律、符合法制统一、责权利相一致的原则。建设法规的实施，要通过执法、司法和守法三个主方面来实现。我国建设法规体系采用的是梯形结构形式。随着社会经济的发展和客观形势的变化，我国建设法规体系将在实践中不断得以充实和完善。

## 综合实训

### 一、单项选择题

1. 下面哪个不是建设法规的调整对象？（　　）

A. 建设活动中的行政管理关系

B. 建设活动中的平行主体关系

C. 建设活动中的经济协作关系

D. 建设活动中的民事关系

2. 国家及其建设行政主管部门同建设单位、设计单位、施工单位及其有关单位（如中介服务机构）之间发生的相应的管理与被管理关系。这是指建设法规的调整对象中的哪种建设关系？（ ）

A. 建设活动中的行政管理关系

B. 建设活动中的平行主体关系

C. 建设活动中的经济协作关系

D. 建设活动中的民事关系

3. 国家行政机关以第三身份对特定的民事、经济的劳动争议居中调解作出判断和裁决。这是指建设行政机关的哪种行政行为？（ ）

A. 行政调解　B. 行政复议　C. 行政仲裁　D. 诉讼

4. 建设法规是指（ ）制定的旨在调整国家及其有关机构、企事业单位、社会团体、公民之间在建设活动中或建设行政管理活动中发生的各种社会关系的法律、法规的统称。

A. 国家立法机关

B. 国家立法机关或其授权的行政机关

C. 行政机关

D. 国家立法机关和其授权的行政机关

5. 下列选项中哪项不是建设法规立法的基本原则？（ ）

A. 遵循市场经济规律原则　B. 公平、公正、公开的原则

C. 法制统一原则　D. 责权利相一致原则

6.《建设工程质量管理条例》属于（ ）。

A. 建设法律　B. 建设行政法规

C. 建设部门规章　D. 地方性建设法规

7. 建设行政法规是指国务院依据宪法和法律制定并颁布的属于建设部门主管业务范围内的用以规范工程建设活动的各项法规，由（ ）签署“国务院令”予以公布。

A. 国家主席　B. 国务院总理

C. 建设部部长　D. 省长

二、多项选择题

1. 建设行政执法包括（ ）。

A. 建设行政决定　B. 建设行政检查

C. 建设行政处罚　D. 建设行政调解

E. 建设行政强制执行

2. 建设法规立法的基本原则是（ ）。

A. 遵循市场经济规律　B. 科学合理

C. 责权利相一致　D. 法制统一

E. 遵循民主原则

3. 建设法规体系构成的内容包括（ ）。

A. 建设法律　　B. 建设行政法规

C. 建设部门规章　　D. 地方性建设法规

E. 地方建设规章

三、简答题

1. 什么是建设法规？
2. 我国建设立法的原则是什么？
3. 建设法规的实施包括哪些方面？
4. 什么是建设法规体系？
5. 我国建设法规体系是如何构成的？

# 第十一章

# 国外工程项目管理简介

**学习目标：**

了解国外建设工程管理发展方向、趋势及国外项目管理专业人员资格认证条件，工程咨询公司的作用、服务对象、工作内容，工程咨询工程师应具备的素质；熟悉建设工程项目管理的内涵，国外先进的建设工程组织管理模式。

## 第一节　概　述

### 一、国际工程项目的概念

国际工程项目是指按照国际咨询工程师联合会（FIDIC）的一系列规则、满足《世界银行贷款项目采购指南》规定而进行管理的工程项目。本类项目以市场机制为基础，经长期不断总结完善已形成了一整套标准管理模式，且按照市场经济的发展规律不断改进，代表着发达国家当代最先进、最发达的市场经济的有序竞争生产关系。国际工程项目管理的基本思想就是鼓励市场竞争，创造一个“公开、公平、公正”的市场竞争环境，通过竞争促进建筑业市场发展。国际工程项目的一个基本原则就是牢固地建立业主、工程师、承包人三方当事人的相互关系，以确保投资效益和有关当事人的正当权益。

工程项目管理的目的是：通过管理取得效益，达到使工程项目投资增值的目的。业主方聘请工程技术人员为其进行工程项目管理服务，其目的也在这里。业主为了实现工程项目投资目标，必须得到工程师的帮助，通过工程师提供的技术服务和管理服务，以最有利于业主的结果实现工程项目投资目标。国际工程项目的管理特别能体现出管理效益，这也就是国际工程项目咨询管理市场经久不衰的根本原因。

## 二、建设项目管理的发展历程

建设项目管理（Construction Project Management）在我国也称为工程项目管理，是指以现代建设项目管理理论为指导的建设项目管理活动。

第二次世界大战以前，在工程建设领域占绝对主导地位的是传统的建设工程组织管理模式，即设计—招标—建造模式（Design-Bid-Build）。采用这种模式时，业主与建筑师或工程师（房屋建筑工程适用建筑师，其他土木工程适用工程师）签订专业服务合同。建筑师或工程师不仅负责提供设计文件，而且负责组织施工招标工作来选择总包商，还要在施工阶段对施工单位的施工活动进行监督并对工程结算报告进行审核和签署。

第二次世界大战以后，世界上大多数国家的建设规模和发展速度都达到了历史上的最高水平，出现了一大批大型和特大型建设工程，其技术和管理的难度大幅度提高，对工程建设管理者水平和能力的要求也相应提高。在这种新形势下，传统的建设工程组织管理模式已不能满足业主对建设工程目标进行全面控制和对建设工程实施进行全过程控制的新需求，其固有的缺陷日益显得突出，主要表现在：相对于质量控制而言，对投资和进度的控制以及合同管理较为薄弱，效果较差；难以发现设计本身的错误或缺陷，常常因为设计方面的原因而导致投资增加和工期拖延。正是在这样的背景下，一种不承担建设工程的具体设计任务、专门为业主提供建设项目管理服务的咨询公司应运而生了，并且迅速发展壮大，成为工程建设领域一个新的专业化方向。

建设项目管理专业化的形成和发展在工程建设领域专业化发展史上具有里程碑意义。因为在此之前，工程建设领域专业化的发展都表现为技术方面的专业化：首先是由设计、施工一体化发展到设计与施工分离，形成设计专业化和施工专业化；设计专业化的进一步发展导致建筑设计与结构设计的分离，形成建筑设计专业化和结构设计专业化，以后又逐渐形成各种工程设备设计的专业化；施工专业化的发展形成了各种施工对象专业化、施工阶段专业化和施工工种专业化。建设项目管理专业化的形成符合建设项目一次性的特点，符合工程建设活动的客观规律，取得了非常显著的经济效果，从而显示出强大的生命力。

建设项目管理专业化发展的初期仅局限在施工阶段，即由建筑师或工程师为业主提供设计服务，而由建设项目管理公司为业主提供施工招标服务以及施工阶段的监督和管理服务。应用这种方式虽然能在施工阶段发现设计的一些错误或缺陷，但是有时对投资和进度造成的损失已无法挽回，因而对设计的控制和建设工程总目标的控制的效果不甚理想。因此，建设项目管理的服务范围又逐渐扩大到建设工程实施的全过程，加强了对设计的控制，充分体现了早期控制的思想，取得了更好的控制效果。建设项目管理的进一步发展是将服务范围扩大到工程建设的全过程，既包括实施阶段又包括决策阶段，最大限度地发挥了全过程控制和早期控制的作用。

需要说明的是，虽然专业化的建设项目管理公司得到了迅速发展，其占建筑咨询服务市场的比例也日益扩大，但至今并未完全取代传统模式中的建筑师或工程师。当前，无论是在各国的国内建设工程中，还是在国际工程中，传统的建设工程组织管理模式仍然得到广泛的应用。没有任何资料表明，专业化的建设项目管理与传统模式究竟哪一种方式占主导地位。这一方面是因为传统模式中建筑师或工程师在设计方面的作用和优势是专业化建设项目管理人员所无法取代的；另一方面则是因为传统模式中的建筑师或工程师也在不断提高他们在

投资控制、进度控制和合同管理方面的水平和能力，实际上也是以现代建设项目管理理论为指导为业主提供更全面、效果更好的服务。在一个确定的建设工程上，究竟是采用专业化的建设项目管理还是传统模式，完全取决于业主的选择。

## 三、建设项目管理类型

建设项目管理的类型可按管理主体、服务对象、服务阶段等不同的角度划分。

1. 按管理主体划分

参与工程建设的各方都有自己的项目管理任务。除了专业化的建设项目管理公司外，参与工程建设的各方主要是指业主、设计单位、施工单位以及材料、设备供应单位。因此，按管理主体划分，建设项目管理就可以分为业主方的项目管理、设计单位的项目管理、施工单位的项目管理以及材料、设备供应单位的项目管理。其中，在大多数情况下，业主没有能力自己实施建设项目管理，需要委托专业化的建设项目管理公司为其服务；另外，除了特大型建设工程的设备系统之外，在大多数情况下，材料、设备供应单位的项目管理比较简单，主要表现在按时、按质、按量供货，一般不作专门研究。就设计单位和施工单位两者比较而言，施工单位的项目管理所涉及的问题要复杂得多，对项目管理人员的要求也高得多，因而也是建设项目管理理论研究和实践的重要方面。

2. 按服务对象划分

专业化建设项目管理公司的出现是适应业主新需求的产物，但是，在其发展过程中，并不仅仅局限于为业主提供项目管理服务，也可能为设计单位和施工单位提供项目管理服务。因此，按专业化建设项目管理公司的服务对象划分，建设项目管理可以分为为业主服务的项目管理、为设计单位服务的项目管理和为施工单位服务的项目管理。其中，为业主服务的项目管理最为普遍，所涉及的问题最多，也最复杂，需要系统运用建设项目管理的基本理论。设计单位服务的项目管理主要是为设计总包单位服务。这是因为发达国家的设计单位通常规模较小、专业性较强，对于房屋建筑来说，往往是由建筑师事务所担任设计总包单位，由结构、工程设备等专业设计事务所担任设计分包单位。如果面对一项大型、复杂的建设工程，作为设计总包单位的某建筑师事务所可能感到难以胜任设计阶段的项目管理工作，就需要委托专业化的建设项目管理公司为其服务。从国际上建设项目管理的实践来看，这种情况很少见。至于为施工或材料、设备供应单位服务的项目管理，应用虽然较为普遍，但服务范围却较为狭窄。通常施工或材料、设备供应单位都具有自行实施项目管理的水平和能力，因而一般没有必要委托专业化建设项目管理公司为其提供全过程、全方位的项目管理服务。但是，即使是具有相当高的项目管理水平和能力的大型施工单位，当遇到复杂的工程合同争议和索赔问题时，也可能需要委托专业化建设项目管理公司为其提供相应的服务。在国际工程承包中，由于合同争议和索赔的处理涉及适用法律（往往不是施工单位所在国法律）的问题，因而这种情况较为常见。

3. 按服务阶段划分

这种划分主要是从专业化建设项目管理公司为业主服务的角度考虑。根据为业主服务的时间范围，建设项目管理可分为施工阶段的项目管理、实施阶段全过程的项目管理和工程建设全过程的项目管理。其中，实施阶段全过程的项目管理和工程建设全过程的项目管理则更能体现建设项目管理基本理论的指导作用，对建设工程目标控制的效果也更为突出。因此，这两种全过程项目管理所占的比例越来越大，成为专业化建设项目管理公司主要的服务领域。

## 四、项目管理专业人员资格认证（PMP）

项目管理专业人员资格认证（Project Management Professional，简称 PMP）是指项目管理专业人员资格认证。它是由美国项目管理学会（PMI）发起的，目的是为了给管理专业人员提供统一的行业标准，使之掌握科学化的项目管理知识，以提高项目管理水平。

1. PMI 对项目经理职业道德、技能方面的要求

1）具备较高的个人和职业道德标准，能为自己的行为承担责任。

2）经过培训、获得任职资格，才能从事项目管理工作。

3）在专业和业务方面，对雇主和客户诚实。

4）向最新专业技能看齐，不断发展自身的继续教育。

5）遵守所在国家的法律。

6）应用当今先进的项目管理工具和技术，以保证达到项目计划规定的质量、费用和进度等控制目标。

7）具备相应的领导才能，能最大限度地提高生产率并最大限度地缩减成本。

8）为项目团队成员提供适当的工作条件和机会，公平待人。

9）乐于接受他人的批评，善于提出诚恳的意见，并能正确地评价他人的贡献。

10）帮助团队成员、同行和同事提高专业知识。

11）对雇主、客户没有被正式公开的业务和技术工艺信息予以保密。

12）告知雇主、客户可能会发生的利益冲突。

13）不得直接或间接对有业务关系的雇主和客户行贿、受贿。

14）真实地报告项目质量、费用和进度。

2. PMP 知识结构

1）掌握项目生命周期：项目启动、项目计划、项目执行、项目控制、项目竣工。

2）具有以下九个方面的基本能力：整体管理、范围管理、进度（或时间）管理、费用管理、质量管理、资源管理、沟通管理、风险管理、采购管理。

3. 报考条件与要求

PMP 认证申请者必须具备以下教育背景和专业经历：

第一类，申请者应具有学士学位或同等的大学学历或以上者。

申请者应至少连续 3 年以上，具有 4 500h 的项目管理经历。仅在申请日之前 6 年之内的经历有效。需要提交的文件：一份详细描述工作经历和教育背景的最新简历（需提供所有雇主和学校的名称及详细地址）；一份学士学位或同等大学学历证书或复印件；能说明至少 3 年以上，4 500h 的经历审查表。

第二类，申请者不具备学士学位或同等大学学历或以上者。

申请者需至少连续 5 年以上，具有 7 500h 的项目管理经历。仅在申请日之前 8 年之内的经历有效。所需提交文件：一份详细描述工作经历和教育背景的最新简历（提供所有雇主

和学校的名称及详细地址）；能说明至少 5 年以上，7 500h 的经历审查表。

4. 考试形式和内容

在我国举办的 PMP 考试为中英文对照形式，共 200 道单项选择题，考试时间为 4.5h。考试的内容涉及 PMBOK（美国项目管理协会出版的《项目管理知识体系指南》）中的知识内容，包括项目管理的五个过程和九个知识领域，其中，项目启动 4%；项目计划 37%；项目执行 24%；项目控制 28%；项目竣工 7%。

## 第二节　工程咨询

### 一、概述

1. 工程咨询的概念

到目前为止，工程咨询在国际上还没有一个统一的、规范化的定义。尽管如此，综合各种关于工程咨询的表述，可将工程咨询定义为：所谓工程咨询，是指适应现代经济发展和社会进步的需要，集中专家群体或个人的智慧和经验，运用现代科学技术和工程技术以及经济、管理、法律等方面的知识，为建设工程决策和管理提供的智力服务。

2. 工程咨询的作用

工程咨询是智力服务，是知识的转让，既可有针对性地向客户提供可供选择的方案、计划或有参考价值的数据、调查结果、预测分析等，又可实际参与工程实施过程的管理，其作用可归纳为以下几个方面：

（1）为决策者提供科学合理的建议　工程咨询本身通常并不作出决策，但它可以弥补决策者职责与能力之间的差距。根据决策者的委托，咨询者利用自己的知识、经验和已掌握的调查资料，为决策者提供科学合理的一种或多种可供选择的建议或方案，从而减少决策失误。这里的决策者既可以是各级政府机构，也可以是企业领导或具体建设工程的业主。

（2）保证工程的顺利实施　由于建设工程具有一次性的特点，而且其实施过程中有众多复杂的管理工作，业主通常没有能力自行管理。工程咨询公司和人员则在这方面具有专业化的知识和经验，由他们负责工程实施过程的管理，可以及时发现和处理所出现的问题，大大提高工程实施过程管理的效率和效果，从而保证工程的顺利实施。

（3）为客户提供信息和先进技术　工程咨询机构往往集中了一定数量的专家、学者，拥有大量的信息、知识、经验和先进技术，可以随时根据客户需要提供信息和技术服务，弥补客户在科技和信息方面的不足。从全社会来说，这对于促进科学技术和情报信息的交流和转移，更好地发挥科学技术作为生产力的作用，都起到了十分积极的作用。

（4）发挥准仲裁人的作用　由于相互利益关系的不同和认识水平的不同，在建设工程实施过程中，业主与建设工程的其他参与方之间，尤其是与承包商之间，往往会产生合同争议，需要第三方来合理解决所出现的争议。工程咨询机构是独立的法人，不受其他机构的约束和控制，只对自己咨询活动的结果负责，因而可以公正、客观地为客户提供解决争议的方案和建议。而且，由于工程咨询公司所具备的知识、经验、社会声誉及其所处的第三方地位，因而其所提出的方案和建议易于为争议双方所接受。

（5）促进国际间工程领域的交流和合作　随着全球经济一体化的发展，境外投资的数额和比例越来越大，相应地，境外工程咨询（往往又称为国际工程咨询）业务也越来越多。在这些业务中，工程咨询公司和人员往往表现出他们自己在工程咨询和管理方面的理念和方法以及所掌握的工程技术和建设工程组织管理的新型模式，这对促进国际间在工程领域技术、经济、管理和法律等方面的交流和合作无疑起到了十分积极的作用，有利于加强各国工程咨询界的相互了解和沟通。另外，虽然目前在国际工程咨询市场中发达国家工程咨询公司占绝对主导地位，但他们境外工程咨询业务的拓展在客观上也是有利于提高发展中国家工程咨询水平的。

3. 工程咨询的发展趋势

工程咨询是近代工业化的产物，于19世纪初首先出现在建筑业。工程咨询从出现伊始就是相对于工程承包而存在的，即工程咨询公司和人员不从事建设工程实际的建造和维修活动。工程咨询与工程承包的业务界限可以说是泾渭分明，即工程咨询公司不从事工程承包活动，而工程承包公司则不从事工程咨询活动。这种状况一直持续到20世纪60年代而没有发生本质的变化。

20世纪70年代以来，尤其是80年代以来，建设工程日趋大型化和复杂化，工程咨询和工程承包业务日趋国际化，这些变化使得工程咨询和工程承包业务也相应发生变化，两者之间的界限不再像过去那样严格分开，开始出现相互渗透、相互融合的新趋势。从工程咨询方面来看，这一趋势的具体表现主要是以下两种情况：一是工程咨询公司与工程承包公司相结合，组成大的集团企业或采用临时联合方式，承接交钥匙工程（或项目总承包工程）；二是工程咨询公司与国际大财团或金融机构紧密联系，通过项目融资取得项目的咨询业务。

从工程咨询本身的发展情况来看，总的趋势是向全过程服务和全方位服务方向发展。其中全过程服务分为实施阶段全过程服务和工程建设全过程服务两种，而全方位服务，则比建设项目管理中对建设项目目标的全方位控制的内涵宽得多。除了对建设项目三大目标的控制之外，全方位服务还可能包括决策支持、项目策划、项目融资或筹资、项目规划和设计、重要工程设备和材料的国际采购等。

此外，还有一个不容忽视的趋势是以工程咨询为纽带，带动本国工程设备、材料和劳务的出口。

## 二、咨询工程师

1. 咨询工程师的概念

咨询工程师是以从事工程咨询业务为职业的工程技术人员和其他专业（如经济、管理）人员的统称。

国际上对咨询工程师的理解与我国习惯上的理解有很大不同。按国际上的理解，我国的建筑师、结构工程师、各种专业设备工程师、监理工程师、造价工程师、从事工程招标业务的专业人员等都属于咨询工程师；甚至从事工程咨询业务有关工作（如处理索赔时可能需要审查承包商的财务账簿和财务记录）的审计师、会计师也属于咨询工程师之列。咨询工程师

一词在很多场合也用于指工程咨询公司。

2. 咨询工程师的素质

工程咨询是科学性、综合性、系统性、实践性均很强的职业。咨询工程师应具备以下素质才能胜任这一职业：

（1）知识面宽　建设工程自身的复杂程度及不同的环境和背景，工程咨询公司服务内容的广泛性，要求咨询工程师具有较宽的知识面。除了掌握建设工程的专业技术知识之外，还应熟悉与工程建设有关的管理、经济、金融和法律等方面的知识，对工程建设的管理过程有深入的了解，并熟悉项目融资、设备采购、招标咨询的具体运作和有关规定。

在工程技术方面，咨询工程师不仅要掌握建设工程的专业应用技术，而且要有较深的理论基础，并了解和掌握当前最新技术水平和发展趋势；掌握建设工程的一般设计原则和优化设计、可靠性设计、功能—成本设计等设计方法，不仅了解工程设计各方面的技术要点和难点，而且掌握主要工种工程的施工技术和方法，能充分考虑设计与施工的结合，从而保证顺利地建成工程。

（2）精通业务　工程咨询公司的业务范围很宽，这就要求每个咨询工程师都应有自己比较擅长的一个或多个业务领域，成为该领域的专家，要具有实际动手能力。工程咨询业务的许多工作都需要实际操作，如工程设计、项目财务评价、技术经济分析等，不仅要会做，而且要做得对、做得好、做得快。其次，要具有丰富的工程实践经验。只有通过不断的实践经验积累，才能提高业务水平和熟练程度，才能总结经验，找出规律，指导今后的工程咨询工作。

（3）协调、管理能力强　工程咨询业务中有些工作并不是咨询工程师自己直接去做，而是组织、管理其他人员去做；这不仅涉及与本公司各方面人员的协同工作，而且经常与客户、建设工程参与各方、政府部门、金融机构等发生联系，处理各种面临的问题。在这方面，需要的不是专业技术和理论知识，而是组织、协调和管理的能力。这就要求，咨询工程师不仅是技术方面的专家，而且要成为组织、管理方面的专家。

（4）责任心强　咨询工程师的责任心首先表现在职业责任感和敬业精神，要通过自己的实际行动来维护个人、本公司、本职业的尊严和名誉；同时，咨询工程师还负有社会责任，即应在维护国家和社会公众利益的前提下为客户提供服务。

（5）不断进取，勇于开拓　当今社会，科学技术日新月异，经济发展一日千里，新思想、新理论、新技术、新产品、新方法等层出不穷，对工程咨询不断提出新的挑战。如果咨询工程师不能以积极的姿态面对这些挑战，终将被时代所淘汰。因此，咨询工程师必须及时更新知识，了解、熟悉乃至掌握与工程咨询相关领域的新进展；同时，要勇于开拓新的工程咨询领域（包括业务领域和地区领域），以适应客户的新需求，顺应工程咨询市场发展的趋势。

3. 咨询工程师的职业道德

国际上许多国家的工程咨询业已相当发达，相应地制定了各自的行业规范和职业道德规范，以指导和规范咨询工程师的职业行为。这些众多的咨询行业规范和职业道德规范虽然各不相同，但基本上是大同小异，其中在国际上最具普遍意义和权威性的是 FIDIC 道德准则。

咨询工程师的职业道德规范或准则虽然不是法律，但是对咨询工程师的行为却具有相当大的约束力。不少国家的工程咨询行业协会都明确规定，一旦咨询工程师的行为违背了职业道德规范或准则，就将终身不得再从事该职业。

## 三、工程咨询公司的服务对象和内容

工程咨询公司的业务范围很广泛，其服务对象可以是业主、承包商、国际金融机构和贷款银行，工程咨询公司也可以与承包商联合投标承包工程。工程咨询公司的服务对象不同，相应的具体服务内容也有所不同。

1. 为业主服务

为业主服务是工程咨询公司最基本、最广泛的业务，这里所说的业主包括各级政府（此时不是以管理者身份出现）、企业和个人。

工程咨询公司为业主服务既可以是全过程服务（包括实施阶段全过程和工程建设全过程），也可以是阶段性服务。

工程建设全过程服务的内容包括可行性研究（投资机会研究、初步可行性研究、详细可行性研究）、工程设计（概念设计、基本设计、详细设计）、工程招标（编制招标文件、评标、合同谈判）、材料设备采购、施工管理（监理）、生产准备、调试验收、后评价等一系列工作。在全过程服务的条件下，咨询工程师不仅是作为业主的受雇人开展工作，而且也代行了业主的部分职责。

所谓阶段性服务，就是工程咨询公司仅承担上述工程建设全过程服务中某一阶段的服务工作。一般来说，除了生产准备和调试验收之外，其余各阶段工作业主都可能单独委托工程咨询公司来完成。阶段性服务又分为两种不同的情况：一种是业主已经委托某工程咨询公司进行全过程服务，但同时又委托其他工程咨询公司对其中某一或某些阶段的工作成果进行审查、评价。例如，对可行性研究报告、设计文件都可以采取这种方式。另一种是业主分别委托多个工程咨询公司完成不同阶段的工作，在这种情况下，业主仍然可能将某一阶段工作委托某一工程咨询公司完成，再委托另一工程咨询公司审查、评价其工作成果；业主还可能将某一阶段工作（如施工监理）分别委托多个工程咨询公司来完成。

2. 为承包商服务

工程咨询公司为承包商服务内容主要有以下几项：

（1）为承包商提供合同咨询和索赔服务　如果承包商对建设工程的某种组织管理模式不了解，如CM（建筑工程管理方式 Construction Management）模式，或对招标文件中所选择的合同条件体系很陌生，如从未接触过AIA合同条件（美国建筑师学会 The American Institute of Architects 编写的《通用施工合同条件》）和JCT合同条件（英国房屋建筑标准合同制定委员会 Joint Contracts Tribunal 编写的《房屋建筑标准合同条件》），就需要工程咨询公司为其提供合同咨询，以便了解和把握该模式或该合同条件的特点、要点以及需要注意的问题，从而避免或减少合同风险，提高自己合同管理的水平。另外，当承包商对合同所规定的适用法律不熟悉甚至根本不了解，或发生了重大、特殊的索赔事件而承包商自己又缺乏相应的索赔经验时，承包商都可能委托工程咨询公司为其提供索赔服务。

（2）为承包商提供技术咨询服务　当承包商遇到施工技术难题，或工业项目中工艺系统设计和生产流程设计方面的问题时，工程咨询公司可以为其提供相应的技术咨询服务，在这种情况下，工程咨询公司的服务对象大多是技术实力不太强的中小承包商。

（3）为承包商提供工程设计服务　在这种情况下，工程咨询公司实质上是承包商的设计分包商，其具体表现又有两种方式：一种是工程咨询公司仅承担详细设计（相当于我国的施

工图设计）工作。在国际工程招标时，在不少情况下仅达到基本设计（相当于我国的扩初设计），承包商不仅要完成施工任务，而且要完成详细设计，如果承包商不具备完成详细设计的能力，就需要委托工程咨询公司来完成。需要说明的是，这种情况在国际上仍然属于施工承包，而不属于项目总承包。另一种是工程咨询公司承担全部或绝大部分设计工作。其前提是承包商以项目总承包或交钥匙方式承包工程，且承包商没有能力自己完成工程设计。这时，工程咨询公司通常在投标阶段完成到概念设计或基本设计，中标后再进一步深化设计。此外，还要协助承包商编制成本估算、投标估价、编制设备安装计划、参与设备的检验和验收、参与系统调试和试生产等。

3. 为贷款方服务

这里所说的贷款方包括一般的贷款银行、国际金融机构（如世界银行、亚洲开发银行等）和国际援助机构（如联合国开发计划署、粮农组织等）。

工程咨询公司为贷款方服务的常见形式有两种：一是对申请贷款的项目进行评估，工程咨询公司的评估侧重于项目的工艺方案、系统设计的可靠性和投资估算的准确性，并核算项目的财务评价指标并进行敏感性分析，最终提出客观、公正的评估报告，由于申请贷款项目通常都已完成了可行性研究。因此工程咨询公司的工作主要是对该项目的可行性研究报告进行审查、复核和评估。二是对已接受贷款的项目的执行情况进行检查和监督。国际金融或援助机构为了了解已接受贷款的项目是否按照有关的贷款规定执行，确保工程和设备在国际招标过程中的公开性和公正性，保证贷款资金的合理使用、按项目实施的实际进度拨付，并能对贷款项目的实施进行必要的干预和控制，就需要委托工程咨询公司为其服务，对已接受贷款的项目的执行情况进行检查和监督，提出阶段性工作报告，以及时、准确地掌握贷款项目的动态，从而能作出正确的决策（如停贷、缓贷）。

4. 联合承包工程

业主可以将工程项目的全部建设任务交给一个承包商或承包商联合体，并由承包者承担相应的责任与风险的建设方式，可称为设计、采购、施工项目或交钥匙工程。

国外一些大型工程咨询公司，由于实力比较雄厚，往往和设备制造厂家或施工公司联合投标，中标后共同完成项目建设的全部任务。少数情况下工程咨询公司可以作为总承包商，承担项目的主要责任与风险，而联合的其他公司成为分承包商，承担项目和交钥匙工程。

虽然联合承包工程的风险相对较大，但可以给工程咨询公司带来更多的利润，而且在有些项目上可以更好地发挥工程咨询公司在技术、信息、管理等方面的优势。如前所述，采用多种形式参与联合承包工程，已成为国际上大型工程咨询公司拓展业务的一个趋势，建设工程组织管理新型模式。

## 第三节 国际工程项目管理模式

随着社会技术经济水平的发展，建设工程业主的要求也在不断变化和发展，总的趋势是希望简化自身的管理工作，得到更全面、更高效的服务及更好地实现建设工程预定的目标。与此相适应，建设工程组织管理模式也在不断地发展，国际上出现了许多新型管理模式。本节介绍新型管理模式中，除CM模式形成时间较早之外，其余模式形成时间均较晚，且至今在国际上应用尚不普遍。尽管如此，由于这些新型模式反映了业主需求和建筑市场的发展趋势，因而有必要了解其基本概念和有关情况。

## 一、传统的项目管理模式（DBB模式）

传统的项目管理模式，即设计—招标—建造（Design-Bid-Build）模式。该管理模式在国际上最为通用，世界银行、亚洲开发银行贷款项目及以国际咨询工程师联合会（FIDIC）的合同条件为依据的项目均采用这种模式。最突出的特点是强调工程项目的实施必须按照设计—招标—建造的顺序方式进行。只有一个阶段结束后另一个阶段才能开始。

在DBB模式中，参与项目的主要三方是业主、建筑师（工程师）、承包商。

它具有通用性强的优点，因而长期且广泛地在世界各地应用，管理方法较为成熟，各方都对有关程序熟悉；可自由选择咨询方、设计方、监理方；各方均熟悉使用标准的合同文本，有利于合同管理、风险管理和减少投资。其缺点是：工程项目要经过规划、设计、施工三个环节之后才移交给业主，项目周期长；业主管理费用较高，前期投入大；变更时容易引起较多的索赔。这种方式在国内已经被大部分人所接受，并且已经在实际中应用。

## 二、建筑工程管理模式（CM模式）

建筑工程管理模式又称阶段发包方式，业主在项目开始阶段就雇用施工经验丰富的咨询人员即CM经理，参与到项目中来，负责对设计和施工整个过程的管理。它打破过去那种待设计图纸完全完成后，才进行招标建设的连续建设生产方式。其特点是：由业主和业主委托的工程项目经理与工程师组成一个联合小组共同负责组织和管理工程的规划、设计和施工。完成一部分分项（单项）工程设计后，即对该部分进行招标，发包给一家承包商，无总承包商，由业主直接按每个单项工程与承包商分别签订承包合同。其优点是可以缩短工程从规划、设计、施工到交付业主使用的周期，节约建设投资，减少投资风险，业主可以较早获得效益。其缺点是分项招标导致承包费用较高，因而要做好分析比较，认真研究分项工程的数目，选定最优结合点。CM模式又可以分为代理型CM模式和风险型CM模式。

### 1. 代理型CM模式

该模式下业主所关心的问题与DBB模式并没有什么不同，但其对CM经理的选择会在很大程度上影响业主的利益，因此业主在认真进行资格审查的基础上选择适当的CM经理是非常重要的。这种模式中CM经理可以提供项目某一阶段的服务，也可以是整个过程的服务。CM经理的工作是负责协调设计和施工之间及不同承包商之间的关系。项目管理公司的报酬是以固定酬金加管理费的办法计取的。其优点是业主可自行选定工程咨询人员，在招标前可以确定完整的工作范围和项目原则，完善的管理与技术支持，可以缩短工期，节省投资。其缺点是CM经理不对进度和成本作出保证，索赔与变更的费用可能较高，因而业主风险较大。

### 2. 风险型CM模式

风险型CM模式中的CM经理同时也是施工的总承包商，业主要求CM经理提出保证

最大工程费用（GMP），GMP 包括工程的预算总成本和 CM 经理的酬金，CM 经理不从事设计和施工，主要从事项目管理。风险型 CM 经理实际上相当于一个总承包商，它与各专业承包商之间有着直接的合同关系，并负责使工程以不高于 GMP 的成本竣工。其优点是：可提前开工并提前竣工，业主任务较轻，风险较小。其缺点是总成本中包含设计和投标的不确定因素，选择风险型 CM 公司比较困难。

3.CM 模式的适用情况

从 CM 模式的特点来看，在以下几种情况下尤其能体现出它的优点：

（1）设计变更可能性较大的建设工程　某些建设工程即使采用传统模式，即等全部设计图纸完成后再进行施工招标，在施工过程中仍然会有较多的设计变更（不包括因设计本身缺陷引起的变更）。在这种情况下，传统模式利于投资控制的优点体现不出来，而 CM 模式则能充分发挥其缩短建设周期的优点。

（2）时间因素最为重要的建设工程　尽管建设工程的投资、进度、质量三者是一个目标系统，三大目标之间存在对立统一的关系。但是，某些建设工程的进度目标可能是第一位的，如生产某些急于占领市场的产品的建设工程。如果采用传统模式组织实施，建设周期太长，虽然总投资可能较低，但可能因此而失去市场，导致投资效益降低乃至很差。

（3）因总的范围和规模不确定而无法准确定价的建设工程　这种情况表明业主的前期项目策划工作做得不好，如果等到建设工程总的范围和规模确定后再组织实施，持续时间太长。因此，可采取确定一部分工程内容即进行相应的施工招标，从而选定施工单位开始施工。但是，由于建设工程总体策划存在缺陷，因而 CM 模式应用的局部效果可能较好，而总体效果可能不理想。

以上都是从建设工程本身的情况说明 CM 模式的适用情况。而不论哪一种情况，应用 CM 模式需要具有丰富的施工经验的、高水平的施工单位，这可以说是应用 CM 模式的关键和前提条件。

## 三、设计—建造模式（DBM 模式）与交钥匙模式（TKM 模式）

设计—建造模式（Design Build Method）就是在项目原则确定后，业主只选定唯一的实体负责项目的设计与施工，设计—建造承包商不但对设计阶段的成本负责，而且可用竞争性招标的方式选择分包商或使用本公司的专业人员自行完成工程实施，包括设计和施工等。在这种方式下，业主首先选择一家专业咨询机构代替业主研究、拟定拟建项目的基本要求，授权一个具有足够专业知识和管理能力的人作为业主代表，与设计—建造承包商联系。

交钥匙模式（Turn Key Method）是一种特殊的设计—建造方式，即由承包商为业主提供包括项目可行性研究、融资、土地购买、设计、施工直到竣工移交给业主的全套服务。其优点是项目实施过程中保持单一的合同责任，在项目初期预先考虑施工因素，减少管理费用，减少由于设计错误、疏忽引起的变更以减少对业主的索赔。其缺点是业主无法参与建筑师、工程师的选择，业主代表担任的是一种监督的角色，因此工程设计方案可能会受施工者的利益影响，业主对此的监控权较小。

## 四、项目承包模式（PMC 模式）

项目承包模式（Project Management Contractor）简称 PMC 模式，即业主聘请专业的项目管理公司，代表业主对工程项目的组织实施进行全过程或若干阶段的管理和服务。由于 PMC 承包商在项目的设计、采购、施工、调试等阶段的参与程度和职责范围不同，因此 PMC 模式具有较大的灵活性。总体而言，PMC 有以下三种基本应用模式：

一是业主选择设计单位、施工承包商、供货商，并与之签订设计合同、施工合同和供货合同，委托 PMC 承包商进行工程项目管理。在这种模式中，PMC 承包商作为业主管理队伍的延伸，代表业主对工程项目进行质量、安全、进度、费用、合同等管理和控制。这种情况一般称为工程项目管理服务，即 PM（Project Management）模式。

二是业主与 PMC 承包商签订项目管理合同，业主通过指定或招标的方式选择设计单位、施工承包商、供货商（或其中的部分），但不签合同，由 PMC 承包商与之分别签订设计合同、施工合同和供货合同。

三是业主与 PMC 承包商签订项目管理合同，由 PMC 承包商自主选择施工承包商和供货商并签订施工合同和供货合同，但不负责设计工作。在这种模式下，PMC 承包商通常保证项目费用不超过一定限额（即总价承包或限额承包），并保证按时完工。此模式下的 PMC 承包商类似于传统意义上的施工总承包商。

国际上流行将项目划分为两个阶段，即前期阶段和实施阶段。项目前期阶段，PMC 承包商的任务是代表业主对项目前期工作进行管理。主要工作包括：项目建设方案的优化；项目风险的优化管理；审查设计文件，组织完成设计；协助业主完成政府各环节审批；提出进口设备、材料清单及其供应商；提出项目实施方案，完成项目投资估算；编制招标文件，进行资格预审，完成招标、评标等。

项目实施阶段，由中标的承包商负责执行详细设计、建设工作，PMC 承包商在这个阶段里代表业主负责项目的全部管理协调和监理作用，直到项目完成。主要工作包括：编制并发布工程统一规定；设计管理，协调技术条件，确保各承包商之间的一致性和互动性；采购管理；施工管理及协调；同业主配合进行运营准备，组织试运营，组织验收；向业主移交项目全部资料等。

PMC 模式一般具有以下一些特点：

1）把设计管理、投资控制、施工组织与管理、设备管理等承包给 PMC 承包商，把繁重而琐碎的具体管理工作与业主剥离，有利于业主的宏观控制，较好地实现工程建设目标。

2）这种模式管理力量相对固定，能积累一整套管理经验，并不断改进和发展，使经验、程序、人员等有继承和积累，形成专业化的管理队伍，同时可大大减少业主的管理人员，有利于项目建成后的人员安置。

3）通过工程设计优化降低项目成本。PMC 承包商会根据项目的实际条件，运用自身的技术优势，对整个项目进行全面的技术经济分析与比较，本着功能完善、技术先进、经济合理的原则对整个设计进行优化。

## 五、Partnering 模式

Partnering 模式是指项目参与各方为了取得最大的资源效益，在相互信任、相互尊重、

资源共享的基础上达成的一种短期或长期的相互协定。这种协定突破了传统的组织界限，在充分考虑参与各方的利益的基础上，通过确定共同的项目目标，建立工作小组，及时地沟通以避免争议和诉讼的发生。培育相互合作的良好工作关系，共同解决项目中的问题，共同分担风险和有关费用，以保证参与各方目标和利益的实现。

1. Partnering 模式的组成要素

所谓 Partnering 模式的组成要素，是指保证这种模式成功运作所不可缺少的重要组成元素。

（1）长期协议　虽然 Partnering 模式目前也经常被运用于单个建设工程，但从各国的实践来看，在多个建设工程上持续运用 Partnering 模式可以取得更好的效果，因而是 Partnering 模式的发展方向。

（2）共享　共享的含义是指建设工程参与各方的资源共享、工程实施产生的效益共享；同时，参与各方共同分担工程的风险和采用 Partnering 模式所产生的相应费用。在这里，资源和效益都是广义的。

（3）信任　只有相互理解才能产生信任，而只有相互信任才能产生整体性的效果。

（4）共同的目标　只有建设工程实施结果本身是成功的，才能实现他们各自的目标和利益，从而取得双赢和多赢的结果。

（5）合作　合作意味着建设工程参与各方都要有合作精神，并在相互之间建立良好的合作关系，建立一个由建设工程参与各方人员共同组成的工作小组。

2. Partnering 模式的适用情况

Partnering 模式总是与建设工程组织管理模式中的某一种模式结合使用的，较为常见的情况是与总分包模式、项目总承包模式、CM 模式结合使用。这表明，Partnering 模式并不能作为一种独立存在的模式。从 Partnering 模式的实践情况来看，并不存在什么适用范围的限制。但是，Partnering 模式的特点决定了它特别适用于以下几种类型的建设工程：

1）业主长期有投资活动的建设工程。

2）不宜采用公开招标或邀请招标的建设工程。

3）复杂的不确定因素较多的建设工程。

4）国际金融组织贷款的建设工程。

Partnering 模式的特点之一就是建立了项目的共同目标，它使得项目参与各方以项目整体利益为目标，弱化了项目参与各方的利益冲突。由于目标决定了组织，因此 Partnering 模式的组织既要遵循组织论的原则，又要有它的特色。

在工程建设实践中，Partnering 模式一般都集中在项目的建设阶段。近年来，业主越来越倾向于项目管理单位为其提供全方位、全过程的服务，以减少业主方的负担。业主的需求是推动建筑业发展的原动力。因此，今后 Partnering 的组织模式也将会贯穿项目建设的全过程，向前、向后分别延伸至项目的决策阶段和项目的使用维护阶段。

国外建筑业界的不同公司与机构向业主推荐的方法，往往只是他们最擅长或对他们最有利的方法，在实际应用中，各种模式的划分也并不总是十分明确，往往是根据项目的实际情况综合不同的方法，从而产生出各种各样的“变体”。目前，我国正处于建立社会主义市场经济阶段，应该结合中国的国情，多学习、多总结、多吸取国际上一些成熟的经验，在工程项目管理方面逐步与国际接轨，加速我国工程建设步伐。

## 本章小结

工程项目管理是按客观经济规律对工程项目建设全过程进行计划、组织、控制、协调的系统管理活动。国际工程项目是指按照国际咨询工程师联合会（FIDIC）的一系列规则、满足《世界银行贷款项目采购指南》规定而进行管理的工程项目。这类项目以市场机制为基础，经过长期不断总结完善已形成了一整套先进的工程项目管理模式，如：CM、DBM、TKM、PMC、Partnering 等，这些新型管理模式建立了业主、工程师、承包人三方当事人的相互关系，以确保投资效益和有关当事人的正当权益，并确保工程项目目标的实现。工程咨询是科学性、综合性、系统性、实践性很强的职业，从事这一职业的工程师应具较高的专业能力、素质和职业道德。工程咨询公司主要是为业主提供智力服务、知识转让和有针对性地向客户提供可供选择的方案、计划或有参考价值的数据、调查结果、预测分析等，亦可实际参与工程实施过程的管理。

## 综合实训

### 一、单项选择题

1. 把建设项目管理类型分为业主方的项目管理、设计单位的项目管理、施工单位的项目管理以及材料、设备供应单位的项目管理是按照（　　）来划分的。

A. 管理主体　　B. 服务对象

C. 服务阶段　　D. 服务内容

2. 关于工程咨询的说法错误的是（　　）。

A. 到目前为止，工程咨询在国际上还没有一个统一的、规范化的定义

B. 工程咨询可以为客户提供信息和先进技术

C. 工程咨询机构可以做仲裁人

D. 从工程咨询本身的发展情况来看，总的趋势是向全过程服务和全方位服务方向发展

3. 下列表述中不属于咨询工程师素质的是（　　）。

A. 知识面宽　　B. 精通业务

C. 奉公守法　　D. 责任心强

4. 下面哪一项不属于工程咨询公司的服务对象？（　　）

A. 业主　　B. 承包商

C. 监理方　　D. 贷款方

5. 下列哪一项属于代理型 CM 模式的缺点？（　　）

A. 工程项目要经过规划、设计、施工三个环节之后才移交给业主，项目周期长

B. 业主管理费用较高，前期投入大

C. CM 经理不对进度和成本作出保证，索赔与变更的费用可能较高，因而业主风险较大

D. 总成本中包含设计和投标的不确定因素，选择风险型 CM 公司比较困难

### 二、多项选择题

1. 按服务阶段划分的建设工程项目管理类型有（　　）。

A. 决策阶段的项目管理　　B. 勘察设计阶段的项目管理
C. 施工阶段的项目管理　　D. 实施阶段全过程的项目管理
E. 工程建设全过程的项目管理

2. 属于工程咨询公司为承包商服务的内容的是（　　）。
A. 提供合同咨询和索赔服务　　B. 提供技术咨询服务
C. 提供工程设计服务　　D. 对申请贷款的项目进行评估
E. 对已接受贷款的项目的执行情况进行检查和监督

3. 从 CM 模式的特点来看，在以下（　　）情况下尤其能体现出它的优点。
A. 设计变更可能性较大的建设工程　　B. 时间因素最为重要的建设工程
C. 建设时期短，技术不复杂的工程　　D. 开工时间紧迫、设计资料不充足的工程
E. 因总的范围和规模不确定而无法准确定价的建设工程

## 三、简答题

1. 简述建设项目管理的类型。
2. 咨询工程师应具备哪些素质？
3. 简述工程咨询公司的服务对象和内容。
4. PMC 有几种基本应用模式?
5. 简述 Partnering 模式的要素和适用情况。

# 附　录

## 附录 A　工程监理表格及应用示例

**一、应用总说明**

**二、应用示例**

1、A 类表（工程监理单位用表）

A.0.1 总监理工程师任命书

A.0.2 工程开工令

A.0.3 监理通知

A.0.4 监理报告

A.0.5 工程暂停令

A.0.6 旁站记录

A.0.7 工程复工令

A.0.8 工程款支付证书

2、B 类表（施工单位报审 / 验用表）

B.0.1 施工组织设计 /（专项）施工方案报审表

B.0.2 开工报审表

B.0.3 复工报审表

B.0.4 分包单位资格报审表

B.0.5 施工控制测量成果报验表

B.0.6 工程材料 / 构配件 / 设备报审表

B.0.7 ______报审 / 验表

B.0.8 分部工程报验表

B.0.9 监理通知回复单

B.0.10 单位工程竣工验收报审表

B.0.11 工程款支付报审表

B.0.12 施工进度计划报审表

B.0.13 费用索赔报审表

B.0.14 工程临时 / 最终延期报审表

3、C 类表（通用表）

C.0.1 工作联系单

C.0.2 工程变更单

C.0.3 索赔意向通知书

**一、应用总说明**

（1）基本表式分 A、B、C 三类。

A 类表为工程监理单位用表，由工程监理单位或项目监理机构签发。

B 类表为施工单位报审、报验用表，由施工单位或施工项目经理部填写后报送工程建设相关方。

C 类表为通用表，是工程建设相关方工作联系的通用表。

（2）各类表的签发、报送、回复应当依照合同文件、法律、法规、规范标准等规定的程序和时限进行。

（3）各类表应按有关规定，采用碳素墨水、蓝黑墨水书写或黑色碳素印墨打印，不得使用易褪色的书写材料。

（4）各类表中“□”表示可选择项，以“√”表示被选中项。

（5）填写各类表应使用规范语言，法定计量单位，公历年、月、日。各类表中相关人员的签字栏均须由本人签署。由施工单位提供附件的，应在附件上加盖骑缝章。

（6）各类表在实际使用中，应分类建立统一编码体系，各类表式的编号应连续编号，不得重号、跳号。

（7）各类表中施工项目经理部用章的样章应在项目监理机构和建设单位备案，项目监理机构用章的样章应在建设单位和施工单位备案。

（8）下列表式中，应由总监理工程师签字并加盖执业印章：

A.0.2 工程开工令

A.0.5 工程暂停令

A.0.7 工程复工令

A.0.8 工程款支付证书

B.0.1 施工组织设计 /（专项）施工方案报审表

B.0.10 单位工程竣工验收报审表

B.0.11 工程款支付报审表

B.0.13 费用索赔报审表

B.0.14 工程临时 / 最终延期报审表

（9）“A.0.1 总监理工程师任命书”必须由工程监理单位法人代表签字，并加盖工程监理单位公章。

（10）“B.0.2 工程开工报审表”、“B.0.10 单位工程竣工验收报审表”必须由项目经理签字并加盖施工单位公章。

（11）各类表中，“施工项目经理部”是指施工单位在施工现场设立的项目管理机构。

（12）对于各类表中所涉及的有关工程质量方面的附表，由于各行业、各部门的专业要求不同，各类工程的质量验收应按相关专业验收规范及相关表式的要求办理。如果没有相应的表式，工程开工前，项目监理机构应与建设单位、施工单位根据工程特点、质量要求、竣工及归档组卷要求进行协商，编制工程质量验收相应表式。项目监理机构应事前使施工单位、建设单位明确定制表式的使用要求。

**二、应用示例**

（1）工程背景：

黑龙江康大置业有限公司在黑龙江省鸡西市鸡冠区投资新建跃进嘉园棚户区改造项目，建筑面积为44 265.3$m^2$，结构类型为钢筋混凝土框架剪力墙结构；地上11层，地下1层，建筑高度为38.5m。

工程设计单位为天津千年工程建设咨询有限公司，李树林为设计负责人。建设单位通过招标选择江苏华东建筑工程公司为施工总承包单位；通过招标选择沈阳长城建设监理有限公司为工程监理单位，双方签订了《建设工程监理合同》。

根据建设工程施工合同约定，工程合同工期为516日历天。2011年5月18日工程正式开工。

黑龙江康大置业有限公司委派赵志杰为驻项目现场负责人，负责协调施工现场各项事宜。

江苏华东建筑工程公司组建了项目经理班组。由关海山为项目经理，王晓文为项目技术负责人。

沈阳长城建设监理有限公司组建了项目监理机构。公司法人代表刘振邦任命孟凡礼为项目总监理工程师。

本案例以真实工程为背景，但相关项目名称、单位机构名称以及人员名称均为化名。项目监理部编制了详细的工程监理规划，详见第九章第三节。

（2）填表示例：

# 表 A.0.1 总监理工程师任命书

工程名称：跃进嘉园棚户区改造项目　　　　编号：RM-001

致：黑龙江康大置业有限公司（建设单位）

兹任命孟凡礼（注册监理工程师注册号：*********）为我单位跃进嘉园棚户区改造项目监理部项目总监理工程师。负责履行建设工程监理合同、主持项目监理机构工作。

工程监理单位（盖章）

法定代表人（签字）

2011 年 4 月 27 日

填报说明：本表一式三份，项目监理机构、建设单位、施工单位各一份。

### 表 A.0.2 工程开工令

工程名称：跃进嘉园棚户区改造项目　　　　　　　　　　编号：KG-001

致：江苏华东建筑工程公司（施工单位）

经审查，本工程已具备施工合同约定的开工条件，现同意你方开始施工，开工日期 为：2011 年 5 月 18 日。

附件：开工报审表

沈阳长城建设工程监理有限公司
跃进嘉园棚户区改造项目监理部

项目监理机构（盖章）

总监理工程师（签字、加盖执业印章）

有效期 2014.05.28

沈阳长城建设工程监理有限公司

2011 年 5 月 日

填报说明：本表一式三份，项目监理机构、建设单位、施工单位各一份。

## 表 A.0.3 监理通知

工程名称：跃进嘉园棚户区改造项目　　　　　　　　　　　　编号：TZ-021

致：江苏华东建筑工程公司跃进嘉园棚户区改造项目经理部（施工项目经理部）

事由：关于3号楼4层梁板钢筋验收事宜。

内容：

我部监理工程师在3号楼4层梁板钢筋安装验收过程发现现场钢筋安装存在以下问题：

1. ⑤轴-⑥轴处梁板上层钢筋保护层过薄，偏差大于《混凝土结构工程施工质量验收规范》表5.5.2中“板受力钢筋保护层厚度偏差 ±3mm”的规定。

2. 楼板留洞（④轴-⑤轴/Ⓓ轴-Ⓔ轴）补强钢筋、八字筋不满足设计要求长度。

要求贵部立即对3号楼4层梁板钢筋铺设高度及补强钢筋长度按设计要求进行整改，自检合格后再报送我部验收，整改不合格前不得进入下道工序施工。

沈阳长城建设工程监理有限公司
跃进嘉园棚户区改造项目监理部

项目监理机构（盖章）

总/专业监理工程师（签字）

2012年8月10日

填报说明：本表一式三份，项目监理机构、建设单位、施工单位各一份。

## 表 A.0.4 监理报告

工程名称：跃进嘉园棚户区改造项目　　　　　　　　编号：BG-002

致：鸡西市工程质量监督站（主管部门）

由江苏华东建筑工程公司（施工单位）施工的跃进嘉园棚户区改造项目5号楼基坑土方开挖（工程部位），存在安全事故隐患。我方已于2011年5月25日发出编号为：T-001的《监理通知》/《工程暂停令》，但施工单位未（整改/停工）

特此报告。

附件：□监理通知

☑工程暂停令

☑其他：基坑监测报告

沈阳长城建设工程监理有限公司
跃进嘉园棚户区改造项目监理部

项目监理机构（盖章）

总监理工程师（签字）

2011年5月26日

填报说明：本表一式四份，主管部门、建设单位、工程监理单位、项目监理机构各一份。

## 表 A.0.5 工程暂停令

工程名称：跃进嘉园棚户区改造项目　　　　　　　　　　　　　　　　　　编号：T-001

致：江苏华东建筑工程公司跃进嘉园棚户区改造项目部（施工项目经理部）

由于跃进嘉园棚户区改造项目5号楼基坑土方开挖导致基坑北侧护壁工程桩出现倾斜超过设计警戒值原因，经建设单位同意，现通知你方于2011年5月25日9时起，暂停5号楼基坑土方开挖部位（工序）施工，并按下述要求做好后续工作。要求：

暂停基坑开挖，采取有效措施控制因基坑土方开挖导致基坑北侧护壁工程桩倾斜，待工程桩倾斜得到有效控制后，再报工程复工报审表申请复工。

沈阳长城建设工程监理有限公司
跃进嘉园棚户区改造项目监理部

项目监理机构（盖章）

总监理工程师（签字、加盖执业印章）

2011年5月25日

填报说明：本表一式三份，项目监理机构、建设单位、施工单位各一份。

## 表 A.0.6　旁站记录

工程名称：跃进嘉园棚户区改造项目　　　　　　　　　　　　编号：PZ-011

| 旁站的关键部位、关键工序 | 3号楼1层剪力墙、柱及2层梁、板混凝土浇筑 | 施工单位 | 江苏华东建筑工程公司 |
|---|---|---|---|
| 旁站开始时间 | 2011年9月15日14时0分 | 旁站结束时间 | 2011年9月16日3时15分 |

旁站的关键部位、关键工序施工情况：

采用商品混凝土施工，采用6根振动棒振捣，施工现场有施工员1名，质检员1名，班长1名，施工作业人员22名，完成的混凝土数量共有569m³，（其中3号楼1层剪力墙、柱C40混凝土224m³，2层梁、板C30混凝土345m³）施工情况正常。

现场共做混凝土试块10组（C30混凝土6组，5组标准养护，1组同条件养护；C40混凝土4组，3组标准养护，1组同条件养护）。

检查了施工单位现场质检人员到岗情况，施工单位能执行施工方案，核查了商品混凝土的标号和出厂合格证，结果情况正常。

剪力墙、柱、梁、板浇捣顺序产格按照施工方案执行。

现场抽检混凝土坍落度，梁、板C30混凝土为175mm、190mm、185mm、175mm（设计坍落度为180±30mm），剪力墙、柱C40混凝土为175mm、185mm、175mm（设计坍落度为180±30mm）。

旁站的问题及处理情况：

因9月16日凌晨2点开始下小雨，为避免混凝土表面的外观质量受影响，应做好防雨措施，进行表面覆盖。

旁站监理人员（签字）：张建

2011年9月16日

填报说明：本表一式一份，项目监理机构留存。

表 A.0.7　工程复工令

工程名称：跃进嘉园棚户区改造项目　　　　编号：F-001

致：江苏华东建筑工程公司跃进嘉园棚户区改造项目部（施工项目经理部）

我方发出的编号为：T-001 工程暂停令，要求暂停 5 号楼基坑土方开挖部位（工序）施工，经查已具备复工条件，经建设单位同意，现通知你方于 2011 年 5 月 29 日 8 时起恢复施工。

附件：复工报审表

沈阳长城建设工程监理有限公司
跃进嘉园棚户区改造项目监理部

项目监理机构（盖章）

总监理工程师（签字、加盖执业印章）

有效期 2015.05.28

沈阳长城建设工程监理有限公司

2011 年 5 月 28 日

填报说明：本表一式三份，项目监理机构、建设单位、施工单位各一份。

## 表 A.0.8　工程款支付证书

工程名称：跃进嘉园棚户区改造项目　　　　　　编号：ZF-003（支）

致：江苏华东建筑工程公司（施工单位）

根据施工合同约定，经审核编号为 ZF-003 工程款支付报表，扣除有关款项后，同意支付该款项共计（大写）贰仟壹佰叁拾肆万壹仟柒佰捌拾伍元整（小写：￥21341785.00 元）。

其中：

1. 施工单位申报款为：232 54726.00 元；
2. 经审核施工单位应得款为：22 636 547.00 元；
3. 本期应扣款为：618 179.00 元；
4. 本期应付款为：21 341 785.00 元。

附件：工程款支付报审表（ZF-003）及附件

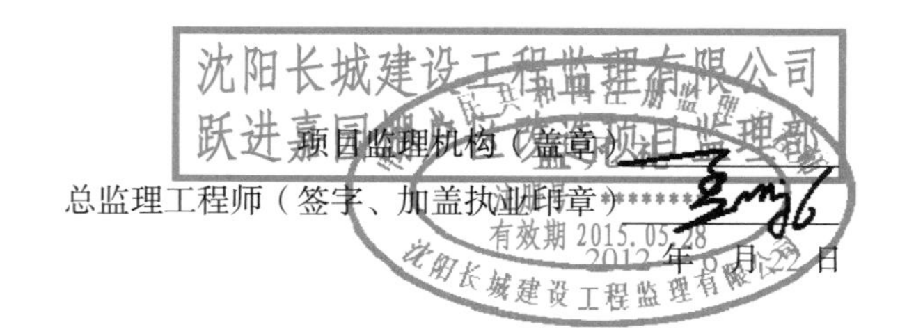


项目监理机构（盖章）

总监理工程师（签字、加盖执业印章）

2012 年 6 月 22 日

填报说明：本表一式三份，项目监理机构、建设单位、施工单位各一份。

## 表 B.0.1 施工组织设计 / (专项) 施工方案报审表

工程名称：跃进嘉园棚户区改造项目　　　　　　　　　　　　　　编号：SZ-003

<table>
<tr><td>致：沈阳长城建设工程监理有限公司跃进嘉园棚户区改造项目监理部（项目监理机构）<br>我方已完成跃进嘉园棚户区改造项目工程施工组织设计 / (专项) 施工方案的编制，并按规定已完成相关审批手续，请予以审查。<br>附：☑施工组织设计<br>□专项施工方案<br>□施工方案<br>江苏华东建筑工程公司<br>跃进嘉园棚户区改造项目部<br>施工项目经理部（盖章）<br>项目经理（签字）<br>2011 年 5 月 9 日</td></tr>
<tr><td>审查意见：<br>1. 编审程序符合相关规定；<br>2. 本施工组织设计内容能够满足本工程施工合同关于施工质量、工程进度、安全生产和文明施工的目标要求；<br>3. 施工现场平面布置满足工程施工目标要求；<br>4. 工程进度、施工方案及工程质量保证措施有可行性；<br>5. 资金、劳动力、材料、设备等资源供应计划与进度计划衔接合理；<br>6. 安全生产保障体系及采用的技术措施符合相关标准要求。<br>专业监理工程师（签字）<br>2011 年 5 月 12 日</td></tr>
<tr><td>审核意见：<br>同意专业监理工程师的意见，请严格按照施工组织设计组织施工。<br>沈阳长城建设工程监理有限公司<br>跃进嘉园棚户区改造项目监理部<br>项目监理机构（盖章）<br>总监理工程师（签字、加盖执业印章）<br>注册号 ********<br>有效期 2015.05.28<br>沈阳长城建设工程监理有限公司<br>2011 年 5 月 13 日</td></tr>
<tr><td>审批意见（仅对超过一定规模的危险性较大分部分项工程专项方案）：<br>建设单位（盖章）<br>建设单位代表（签字）<br>年 月 日</td></tr>
</table>

填报说明：本表一式三份，项目监理机构、建设单位、施工单位各一份。

## 表 B.0.2　开工报审表

工程名称：跃进嘉园棚户区改造项目　　　　编号：KG-B001

<table>
<tr><td>
致：黑龙江康大置业有限公司（建设单位）<br>
沈阳长城建设工程监理有限公司跃进嘉园棚户区改造项目监理部（项目监理机构）<br>
我方承担的跃进嘉园棚户区改造项目工程，已完成相关准备工作，具备开工条件，特此申请于2011年5月18日开工，请予以审批。<br>
附件：证明文件资料<br>
施工现场质量管理检查记录表<br>
施工单位（盖章）<br>
项目经理（签字）<br>
2011年5月11日
</td></tr>
<tr><td>
审查意见：<br>
1. 本项目已进行设计交底及图纸会审，图纸会审中的相关意见已经落实。<br>
2. 施工组织设计已经项目监理机构审核同意。<br>
3. 施工单位已建立相应的现场质量、安全生产管理体系。<br>
4. 施工现场管理人员及特种施工人员资质已通过审查、并已到位，主要施工机械已进场并验收完成，主要工程材料已落实。<br>
5. 现场施工道路及水、电、通信及临时设施等已按施工组织设计落实。<br>
经审查，本工程施工现场准备工作满足要求、具备开工条件，同意开工。<br>
沈阳长城建设工程监理有限公司<br>
跃进嘉园棚户区改造项目监理部<br>
项目监理机构（盖章）<br>
总监理工程师（签字、加盖执业印章）<br>
2011年5月13日
</td></tr>
<tr><td>
审批意见：<br>
本工程已取得施工许可证，相关资金已经落实并按合同约定拨付施工单位，同意开工。<br>
<br>
建设单位（盖章）<br>
建设单位代表（签字）<br>
2011年5月14日
</td></tr>
</table>

填报说明：本表一式三份，项目监理机构、建设单位、施工单位各一份。

## 表 B.0.3 复工报审表

工程名称：跃进嘉园棚户区改造项目　　　　　　　　　　　　　　　　编号：FG-001

<table>
<tr><td>致：沈阳长城建设工程监理有限公司跃进嘉园棚户区改造项目监理部（项目监理机构）<br>编号为 T-001（工程暂停令）所停工的 5 号楼基坑土方开挖部位，现已满足复工条件，我方申请于 2011 年 5 月 29 日复工，请予以审批。<br><br>附：☑证明文件资料：基坑监测报告<br><br>江苏华东建筑工程公司<br>跃进嘉园棚户区改造项目部<br>施工项目经理部（盖章）<br>项目经理（签字）<br>2011 年 5 月 28 日</td></tr>
<tr><td>审查意见：<br>施工单位采取了有效加固措施控制了工程桩的倾斜，通过基坑监测数据分析，工程桩的倾斜已经得到有效控制并达到稳定状态，施工单位制定了相应具有可行性的防范预案。具备复工条件，同意复工要求。<br><br>沈阳长城建设工程监理有限公司<br>跃进嘉园棚户区改造项目监理部<br>项目监理机构（盖章）<br>总监理工程师（签字）<br>2011 年 5 月 28 日</td></tr>
<tr><td>审批意见：<br>经核查，具备复工条件，同意复工要求。<br><br><br>建设单位（盖章）<br>建设单位代表（签字）<br>2011 年 5 月 28 日</td></tr>
</table>

填报说明：本表一式三份，项目监理机构、建设单位、施工单位各一份。

## 表 B.0.4　分包单位资格报审表

工程名称：跃进嘉园棚户区改造项目　　　　　　　　　　　　　　　　编号：FB-002

致：沈阳长城建设工程监理有限公司跃进嘉园棚户区改造项目监理部（项目监理机构）

经考察，我方认为拟选择的哈尔滨龙腾机电设备安装有限公司（分包单位）具有承担下列工程的施工/安装资质和能力，可以保证本工程按施工合同第专用合同条款第 3.3 条款的约定进行施工/安装。分包后，我方仍承担本工程施工合同的全部责任。请予以审查。

| 分包工程名称（部位） | 分包工程量 | 分包工程合同额 |
|---|---|---|
| 智能建筑专业工程 | 包括综合布线、宽带网络、数字电视网络、楼宇门禁、对讲、监控设备安装。 | 2 850.00 万元 |
| 建筑设备专业工程 | 包括消防设备、空调设备、电梯设备安装。 | 1 250.00 万元 |
| 合　　计 | | 4 100.00 万元 |

附：

1. 分包单位资质材料：营业执照、资质证书、安全生产许可证等证书复印件。
2. 分包单位业绩材料：近 3 年类似工程施工业绩。
3. 分包单位专职管理人员和特种作业人员的资格证书：各类人员资格证书复印件 12 份。
4. 施工单位对分包单位的管理制度。

江苏华东建筑工程公司
跃进嘉园棚户区改造项目部

施工项目经理部（盖章）

项目经理（签字）

2012 年 4 月 15 日

审查意见：

经核查，哈尔滨龙腾机电设备安装有限公司具备智能建筑专业、建筑设备专业施工资质，未超资质范围承担业务；已取得全国安全生产许可证，且在有效期内；各类人员资格均符合要求，人员配置满足工程施工要求；具有同类工程施工资历，且无不良记录。

专业监理工程师（签字）

2012 年 4 月 17 日

审核意见：

同意哈尔滨龙腾机电设备安装有限公司按期进场施工。

沈阳长城建设工程监理有限公司
跃进嘉园棚户区改造项目监理部

项目监理机构（盖章）

总监理工程师（签字）

2012 年 4 月 [illegible] 日

填报说明：本表一式三份，项目监理机构、建设单位、施工单位各一份。

## 表 B.0.5　施工控制测量成果报验表

工程名称：跃进嘉园棚户区改造项目　　　　　　　　　　编号：CL-001

致：沈阳长城建设工程监理有限公司跃进嘉园棚户区改造项目监理部（项目监理机构）

我方已完成跃进嘉园棚户区改造项目 1-6# 楼工程定位放线的施工控制测量，经自检合格，请予以查验。

附：

1. 施工控制测量依据资料：规划红线、基准或基准点、引入水准点标高文件资料；总平面布置图。
2. 施工控制测量成果表：工测量放线成果表。
3. 测量人员的资格证书及测量仪器设备检定证书。

江苏华东建筑工程公司跃进嘉园棚户区改造项目部

施工项目经理部（盖章）

项目技术负责人（签字）

2011 年 5 月 日

审查意见：

经复核，控制网复核及方位角的传递均采用两个盘位；水手角观测误差均在原来的度盘上两次复测无误；距离测量复核符合要求；绝对误差与相对误差均符合工程测量规范允许的误差标准要求。

应立即对工程基准点、基准线，主轴线控制点等测量标志实施有效保护措施。

沈阳长城建设工程监理有限公司跃进嘉园棚户区改造项目监理部

项目监理机构（盖章）

专业监理工程师（签字）

2011 年 5 月 19 日

填报说明：本表一式三份，项目监理机构、建设单位、施工单位各一份。

**表 B.0.6　工程材料 / 设备 / 构配件报审表**

工程名称：跃进嘉园棚户区改造项目　　　　编号：CLB-102

致：沈阳长城建设工程监理有限公司跃进嘉园棚户区改造项目监理部（项目监理机构）

于 2011 年 7 月 19 日进场的用于工程 1 层剪力墙及柱部位的 HRB400 钢筋，经我方检验合格。现将相关资料报上，请予以审查。

附件：1. 工程材料 / 设备 / 构配件清单：本次钢筋进场清单；

2. 质量证明文件：1）质量证明书；

2）钢筋见证取样复试报告。

3. 自检结果：

质量、外观、尺寸均符合工程要求。

江苏华东建筑工程公司
跃进嘉园棚户区改造项目部

施工项目经理部（盖章）

项目经理（签字）

2011 年 7 月 20 日

审查意见：

经复查上述工程材料，符合设计文件和规范的要求，同意进场并使用于拟用部位。

沈阳长城建设工程监理有限公司
跃进嘉园棚户区改造项目监理部

项目监理机构（盖章）

专业监理工程师（签字）

2011 年 7 月 21 日

填报说明：本表一式二份，项目监理机构、施工单位各一份。

## 表 B.0.7　3 号楼 5 层梁、板钢筋安装工程检验批报审 / 报验表

工程名称：跃进嘉园棚户区改造项目　　　　　　　　　　　　　　编号：JYP-035

| 致：沈阳长城建设工程监理有限公司跃进嘉园棚户区改造项目监理部（项目监理机构）<br>我方已完成 3 号楼 5 层梁、板钢筋安装工作，经自检合格，现将有关资料报上，请予以审查 / 验收。<br><br>附：□隐蔽工程质量检验资料<br>□检验批质量检验资料：钢筋安装工程检验批质量验收记录表<br>□分项工程质量检验资料<br>□施工试验室证明资料<br>□其他<br><br>江苏华东建筑工程公司 跃进嘉园棚户区改造项目部<br>施工项目经理部（盖章）<br>项目经理或项目技术负责人（签字）<br>2012 年 7 月 20 日 |
|---|
| 审查、验收意见：<br>经现场验收检查。钢筋安装质量符合设计和规范要求，同意进行下一道工序施工。<br><br>沈阳长城建设工程监理有限公司 跃进嘉园棚户区改造项目监理部<br>项目监理机构（盖章）<br>专业监理工程师（签字）<br>2012 年 7 月 21 日 |

填报说明：本表一式二份，项目监理机构、施工单位各一份。

## 表 B.0.8　分部工程报验表

工程名称：跃进嘉园棚户区改造项目　　　　编号：FB-002

<table>
<tr><td>致：沈阳长城建设工程监理有限公司跃进嘉园棚户区改造项目监理部（项目监理机构）<br>我方已完成主体结构工程施工（分部工程），经自检合格，现将有关资料报上，请予以审查、验收。<br>附件：分部工程质量控制资料<br>1. 主体结构分部（子分部）工程质量验收记录；<br>2. 单位（子单位）工程质量控制资料核查记录（主体结构分部）；<br>3. 单位（子单位）工程安全和功能检验资料核查主要功能抽查记录（主体结构分部）；<br>4. 单位（子单位）工程观感质量检查记录（主体结构分部）；<br>5. 主体混凝土结构子分部工程结构实体混凝土强度验收记录；<br>6. 主体结构分部工程质量验收证明书。<br>江苏华东建筑工程公司<br>跃进嘉园棚户区改造项目部<br>施工项目经理部（盖章）<br>项目技术负责人（签字）<br>2012 年 10 月 12 日</td></tr>
<tr><td>审查意见：<br>1. 主体结构工程施工已完成；<br>2. 各分项工程所含的检验批质量符合设计和规范要求；<br>3. 各分项工程所含的检验批质量验收记录完整；<br>4. 主体结构安全和功能检验资料核查及主要功能抽查符合设计和规范要求；<br>5. 主体结构混凝土外观质量符合设计和规范要求，未发现混凝质量通病；<br>6. 主体结构实体检测结果合格。<br>专业监理工程师（签字）<br>2012 年 10 月 13 日</td></tr>
<tr><td>验收意见：<br>同意验收。<br>沈阳长城建设工程监理有限公司<br>跃进嘉园棚户区改造项目监理部<br>项目监理机构（盖章）<br>总监理工程师（签字）<br>2012 年 10 月 12 日</td></tr>
</table>

填报说明：本表一式三份，项目监理机构、建设单位、施工单位各一份。

## 表 B.0.9　监理通知回复单

工程名称：跃进嘉园棚户区改造项目　　　　编号：TZH-021

致：沈阳长城建设工程监理有限公司跃进嘉园棚户区改造项目监理部（项目监理机构）

我方接到编号为 TZ-021 的监理通知后，已按要求完成相关工作，请予以复查。

附：需要说明的情况

根据项目监理机构所提出的要求，我司在接到通知后，立即对通知单中所提钢筋安装过程出现的问题进行整改：

1. 对于⑤轴 - ⑥轴处梁板上层钢筋保护层过薄的问题，已通过调整钢筋支架、降低楼板上层钢筋标高的措施进行整改。

2. 已按设计要求长度调整楼板留洞（④轴 - ⑤轴 /Ⓓ 轴 -Ⓔ轴）补强钢筋、八字筋。

以上几项内容均以按要求整改，自检符合设计要求，请项目监理机构复查。

附件：整改后图片 8 张。

江苏华东建筑工程公司
跃进嘉园棚户区改造项目部

施工项目经理部（盖章）

项目经理（签字）

2012 年 8 月 12 日

复查意见：

经复查验收，已对通知单中所提问起进行了整改，并符合设计和规范要求。要求在今后的施工过程中引起重视，避免此类问题的再次发生。

沈阳长城建设工程监理有限公司
跃进嘉园棚户区改造项目监理部

项目监理机构（盖章）

总 / 专业监理工程师（签字）

2012 年 8 月 13 日

填报说明：本表一式三份，项目监理机构、建设单位、施工单位各一份。

## 表 B.0.10 单位工程竣工验收报审表

工程名称：跃进嘉园棚户区改造项目　　　　　　　　　　　　编号：001

<table>
<tr><td>
致：沈阳长城建设工程监理有限公司跃进嘉园棚户区改造项目监理部（项目监理机构）<br>
我方已按施工合同要求完成跃进嘉园棚户区改造项目工程，经自检合格，现将有关资料报上，请予以验收。<br><br>
附件：1. 工程质量验收报告：工程竣工报告。<br>
2. 工程功能检验资料：<br>
1）单位（子单位）工程质量竣工验收记录；<br>
2）单位（子单位）工程质量资料核查记录；<br>
3）单位（子单位）工程安全和功能检验资料核查及主要功能抽查记录；<br>
4）单位（子单位）工程观感质量检查记录。<br><br>
江苏华东建筑工程公司<br>
跃进嘉园棚户区改造项目部<br>
施工单位（盖章）<br>
项目经理（签字）<br>
2013 年 8 月 5 日
</td></tr>
<tr><td>
预验收意见：<br>
经预验收，该工程合格，可以组织正式验收。<br><br>
沈阳长城建设工程监理有限公司<br>
跃进嘉园棚户区改造项目监理部<br>
项目监理机构（盖章）<br>
总监理工程师（签字、加盖执业印章）<br>
2013 年 8 月 9 日
</td></tr>
</table>

填报说明：本表一式三份，项目监理机构、建设单位、施工单位各一份。

## 表 B.0.11 工程款支付申请表

工程名称：跃进嘉园棚户区改造项目　　　　　　　　　　　　　　　　　编号：ZF-003

<table>
<tr><td>
致：沈阳长城建设工程监理有限公司跃进嘉园棚户区改造项目监理部（项目监理机构）<br>
我方已完成地基基础工程验收工作，按施工合同约定，建设单位应在2012年6月30日前支付该项工程款共（大写）贰仟叁佰贰拾伍万肆仟柒佰贰拾陆元整（小写：￥23 254 726.00），现将有关资料报上，请予以审核。<br>
附件：<br>
☑已完成工程量报表：见附件<br>
□工程竣工结算证明材料<br>
☑相应的支持性证明文件：见附件<br>
江苏华东建筑工程公司跃进嘉园棚户区改造项目部<br>
施工项目经理部（盖章）<br>
项目经理（签字）<br>
2012年6月16日
</td></tr>
<tr><td>
审核意见：<br>
1. 施工单位应得款为：22 636 547.00 元；<br>
2. 本期应扣款为：618 179.00 元；<br>
3. 本期应付款为：21 341 785.00 元。<br>
附件：相应支持性文件<br>
专业监理工程师（签字）<br>
2012年6月19日
</td></tr>
<tr><td>
审核意见：<br>
经审核，专业监理工程师审查结果正确，请建设单位审批。<br>
沈阳长城建设工程监理有限公司跃进嘉园棚户区改造项目监理部<br>
孟凡礼 注册号 ********<br>
项目监理机构（盖章）<br>
总监理工程师（签字、加盖执业印章）<br>
2012年6月22日
</td></tr>
<tr><td>
审批意见：<br>
同意监理意见，支付本次工程款共计人民币贰仟壹佰叁拾肆万壹仟柒佰捌拾伍元整。<br>
建设单位（盖章）<br>
建设单位代表（签字）<br>
2012年6月　日
</td></tr>
</table>

填报说明：本表一式三份，项目监理机构、建设单位、施工单位各一份；工程结算报审时本表一式四份，项目监理机构、建设单位各一份、施工单位二份。

## 表 B.0.12 施工进度计划报审表

工程名称：跃进嘉园棚户区改造项目　　　　　　　　　　编号：JH-001

<table>
<tr><td>致：沈阳长城建设工程监理有限公司跃进嘉园棚户区改造项目监理部（项目监理机构）<br>我方根据施工合同的有关规定，已完成跃进嘉园棚户区改造项目工程施工进度计划的编制，请予以审查。<br><br>附：☑施工总进度计划：工程总进度计划<br>□阶段性进度计划<br><br>江苏华东建筑工程公司<br>跃进嘉园棚户区改造项目部<br>施工项目经理部（盖章）<br>项目经理（签字）<br>2011 年 5 月 10 日</td></tr>
<tr><td>审查意见：<br>经审查，本工程总进度计划施工内容完整，总工期满足合同要求，符合国家相关工期管理规定，同意按此计划组织施工。<br><br>专业监理工程师（签字）<br>2011 年 5 月 13 日</td></tr>
<tr><td>审核意见：<br>同意按此施工进度计划组织施工。<br><br>沈阳长城建设工程监理有限公司<br>跃进嘉园棚户区改造项目监理部<br>项目监理机构（盖章）<br>总监理工程师（签字）<br>2011 年 5 月 14 日</td></tr>
</table>

填报说明：本表一式三份，项目监理机构、建设单位、施工单位各一份。

## 表 B.0.13 费用索赔报审表

工程名称：跃进嘉园棚户区改造项目　　　　　　　　　　编号：SP-001

致：黑龙江康大置业有限公司（建设单位）

沈阳长城建设工程监理有限公司跃进嘉园棚户区改造项目监理部（项目监理机构）

根据施工合同专业合同条款第 16.1.2 第（4）（5）条款，由于甲方设备未及时进场，致使工程工期延误，且造成我公司及分包公司现场施工人员停工的原因，我方申请索赔金额（大写）五万肆仟元人民币，请予批准。

索赔理由：因甲供进口电梯设备，未按时到货，造成我公司及分包公司施工现场人员窝工，及其他后续工序无法进行。

附件：☑索赔金额的计算

☑证明材料

江苏华东建筑工程公司
跃进嘉园棚户区改造项目部

施工项目经理部（盖章）

项目经理（签字）

2013 年 5 月 20 日

审核意见：

□不同意此项索赔

☑同意此项索赔，索赔金额为（大写）人民币贰万壹仟伍佰元整。

同意 / 不同意索赔的理由：停工 20 天中有 4 天应由施工单位应该承担责任；10 天应该由开发商承担责任，应进行人员窝工等损失赔付。其余 6 天虽为开发商责任，但不影响施工人员进行其他工种的工作，仅应赔付人工降效费用。

附件：☑索赔金额的计算

沈阳长城建设工程监理有限公司
跃进嘉园棚户区改造项目监理部

中华人民共和国注册监理工程师
孟凡礼
注册号 ********
有效期 2015.05.28
沈阳长城建设工程监理有限公司

项目监理机构（盖章）

总监理工程师（签字、加盖执业印章）

2013 年 5 月 23 日

审批意见：

同意监理意见。

黑龙江康大置业有限公司

建设单位（盖章）

建设单位代表（签字）

2013 年 5 月 24 日

填报说明：本表一式三份，项目监理机构、建设单位、施工单位各一份。

## 表 B.0.14　工程临时 / 最终延期报审表

工程名称：跃进嘉园棚户区改造项目　　　　　　　　　　　　　　　编号：YQ-001

致：沈阳长城建设工程监理有限公司跃进嘉园棚户区改造项目监理部（项目监理机构）

根据施工合同第 2.4 条、第 7.5 条（条款），非我方原因停水停电的原因，我方申请工程临时 / 最终延期 3 天（日历天），请予批准

附件：

1. 工程延期依据及工期计算：非我方原因停水、停电 3 天；

2. 证明材料：（1）停水通知 / 公告；停电通知 / 公告。

江苏华东建筑工程公司
跃进嘉园棚户区改造项目部

施工项目经理部（盖章）

项目经理（签字）

2012 年 9 月 5 日

审核意见：

☑同意临时 / 最终延长工期 3（日历天）。工程竣工日期从施工合同约定的 2013 年 8 月 18 日延迟到 2013 年 8 月 21 日。

□不同意延长工期，请按约定竣工日期组织施工。

沈阳长城建设工程监理有限公司
跃进嘉园棚户区改造项目监理部

中华人民共和国注册监理工程师
孟凡礼
有效期 2015.05.28
沈阳长城建设工程监理有限公司

项目监理机构（盖章）

总监理工程师（签字、加盖执业印章）

2012 年 9 月 6 日

审批意见：

同意临时延长工程工期 3 天。

黑龙江赫大置业有限公司

建设单位（盖章）

建设单位代表（签字）

2012 年 9 月 7 日

填报说明：本表一式三份，项目监理机构、建设单位、施工单位各一份。

## 表 C.0.1 工作联系单

工程名称：跃进嘉园棚户区改造项目　　　　　　　　　　　　编号：YZ-L001

致：沈阳长城建设工程监理有限公司跃进嘉园棚户区改造项目监理部

江苏华东建筑工程公司跃进嘉园棚户区改造项目部

我方已与设计单位商定于 2011 年 5 月 11 日上午 9 时在进行本工程设计交底和图纸会审工作，请贵方做好相关准备工作。

发出单位（盖章）

负责人（签字）

2011 年 5 月 7 日

## 表 C.0.2 工程变更单

工程名称：跃进嘉园棚户区改造项目　　　　编号：BG-013

致：黑龙江康大置业有限公司、天津千年工程建设咨询有限公司、沈阳长城建设工程监理有限公司跃进嘉园棚户区改造项目监理部

由于HRB365钢筋断货原因，兹提出5、6号楼10-12层楼板钢筋采用HRB400同直径钢筋替代，钢筋间距作相应调整工程变更，请予以审批。

附件：

☐变更内容

☐变更设计图

☐相关会议纪要

☐其他

江苏华东建筑工程公司
跃进嘉园棚户区改造项目部

变更提出单位（盖章）：

负责人（签字）：

2012年7月10日

| 工程数量增/减 | 无 |
| --- | --- |
| 费用增/减 | 无 |
| 工期变化 | 无 |

江苏华东建筑工程公司
跃进嘉园棚户区改造项目部

施工项目经理部（盖章）

项目经理（签字）

天津千年工程建设咨询有限公司

设计单位（盖章）

设计负责人（签字）

沈阳长城建设工程监理有限公司
跃进嘉园棚户区改造项目监理部

项目监理机构（盖章）

总监理工程师（签字）

黑龙江康大置业有限公司

建设单位（盖章）

负责人（签字）

填报说明：本表一式四份，建设单位、项目监理机构、设计单位、施工单位各一份。

表 C.0.3 索赔意向通知书

工程名称：跃进嘉园棚户区改造项目　　　　　　　　　　　　　　　　　　编号：SPTZ-001

致：黑龙江康大置业有限公司

沈阳长城建设工程监理有限公司跃进嘉园棚户区改造项目监理部

根据《建设工程施工合同》专业合同条款第 16.1.2 第（4）（5）（条款）的约定，由于发生了甲方设备未及时进场，致使工程工期延误，且造成我公司及分包公司现场施工人员停工事件，且该事件的发生非我方原因所致。为此，我方向黑龙江康大置业有限公司（单位）提出索赔要求。

附件：索赔事件资料

江苏华东建筑工程公司
跃进嘉园棚户区改造项目部

提出单位（盖章）

负责人（签字）

2013 年 4 月 28 日

# 附录B　建设工程合同示例

## 建设工程监理合同

### 第一部分　协议书

委托人（全称）：黑龙江康大置业有限公司

监理人（全称）：沈阳长城建设监理有限公司

根据《中华人民共和国合同法》《中华人民共和国建筑法》及其他有关法律、法规，遵循平等、自愿、公平和诚信的原则，双方就下述工程委托监理与相关服务事项协商一致，订立本合同。

**一、工程概况**

1. 工程名称：跃进嘉园棚户区改造项目；
2. 工程地点：黑龙江省鸡西市鸡冠区永跃路；
3. 工程规模：44 265.3 $m^2$；
4. 工程概算投资额或建筑安装工程费：103 742 780.00 元。

**二、词语限定**

协议书中相关词语的含义与通用条件中的定义与解释相同。

**三、组成本合同的文件**

1. 协议书；
2. 中标通知书（适用于招标工程）或委托书（适用于非招标工程）；
3. 投标文件（适用于招标工程）或监理与相关服务建议书（适用于非招标工程）；
4. 专用条件；
5. 通用条件；
6. 附录，即：

附录A　相关服务的范围和内容

附录B　委托人派遣的人员和提供的房屋、资料、设备

本合同签订后，双方依法签订的补充协议也是本合同文件的组成部分。

**四、总监理工程师**

总监理工程师姓名：孟凡礼，身份证号码：******************，注册号：********。

**五、签约酬金**

签约酬金（大写）：__________（￥______）。

包括：

1. 监理酬金：___________。
2. 相关服务酬金：_________。

其中：

（1）勘察阶段服务酬金：_______。

（2）设计阶段服务酬金：_______。

（3）保修阶段服务酬金：_______。

（4）其他相关服务酬金：______。

**六、期限**

1. 监理期限：

自 2011 年 1 月 3 日始，至 2013 年 9 月 30 日止。

2. 相关服务期限：

（1）勘察阶段服务期限自__年 _月_日始，至__年_月 _日止。

（2）设计阶段服务期限自__年 _月 _日始，至__年_月_日止。

（3）保修阶段服务期限自__年 _月 _日始，至__年_月_日止。

（4）其他相关服务期限自__年_月_日始，至__年_月_日止。

**七、双方承诺**

1. 监理人向委托人承诺，按照本合同约定提供监理与相关服务。

2. 委托人向监理人承诺，按照本合同约定派遣相应的人员，提供房屋、资料、设备，并按本合同约定支付酬金。

**八、合同订立**

1. 订立时间：2011 年 1 月 3 日。

2. 订立地点：黑龙江省鸡西市。

3. 本合同一式三份，具有同等法律效力，双方各执一份。

委托人：（盖章）

住所：鸡西市鸡冠区 ** 路 ** 号

邮政编码：158100

法定代表人或其授权的代理人：（签字）

开户银行：中国建设银行鸡西分行

账号：*******************

电话：0467-*******

传真：0467-********

电子邮箱：*******@163.com

监理人：（盖章）

住所：沈阳市沈河区 ** 路 ** 号

邮政编码：110000

法定代表人或其授权的代理人：（签字）

开户银行：中国建设银行沈阳分行

账号：*******************

电话：024-********

传真：024-********

电子邮箱：*******@163.com

第二部分　通用条件（略）

第三部分　专用条件（略）

# 建设工程施工合同

## 第一部分　合同协议书

发包人（全称）：黑龙江康大置业有限公司

承包人（全称）：江苏华东建筑工程公司

根据《中华人民共和国合同法》《中华人民共和国建筑法》及有关法律规定，遵循平等、自愿、公平和诚实信用的原则，双方就跃进嘉园棚户区改造项目工程施工及有关事项协商一致，共同达成如下协议：

**一、工程概况**

1. 工程名称：跃进嘉园棚户区改造项目。

2. 工程地点：黑龙江省鸡西市鸡冠区永跃路。

3. 工程立项批准文号：*************。

4. 资金来源：自筹。

5. 工程内容：跃进嘉园棚户区改造项目1-6号楼工程施工。

群体工程应附《承包人承揽工程项目一览表》（附件1）。

6. 工程承包范围：跃进嘉园棚户区改造项目1-6号楼工程施工。

**二、合同工期**

计划开工日期：2011年5月18日。

计划竣工日期：2013年8月18日。

工期总日历天数：516天。工期总日历天数与根据前述计划开竣工日期计算的工期天数不一致的，以工期总日历天数为准。

**三、质量标准**

工程质量符合＿＿＿合格＿＿＿标准。

**四、签约合同价与合同价格形式**

1. 签约合同价为：

人民币（大写）壹亿零叁佰柒拾肆万贰仟柒佰捌拾元整（￥103，742，780.00元）；

其中：

（1）安全文明施工费：

人民币（大写）＿＿＿＿＿（￥＿＿＿＿＿元）；

（2）材料和工程设备暂估价金额：

人民币（大写）＿＿＿＿＿（￥＿＿＿＿＿元）；

（3）专业工程暂估价金额：

人民币（大写）＿＿＿＿＿（￥＿＿＿＿＿元）；

（4）暂列金额：

人民币（大写）＿＿＿＿＿（￥＿＿＿＿＿元）。

2. 合同价格形式：＿＿＿＿＿＿＿＿。

**五、项目经理**

承包人项目经理：关海山。

**六、合同文件构成**

本协议书与下列文件一起构成合同文件：

（1）中标通知书（如果有）；

（2）投标函及其附录（如果有）；

（3）专用合同条款及其附件；

（4）通用合同条款；

（5）技术标准和要求；

（6）图纸；

（7）已标价工程量清单或预算书；

（8）其他合同文件。

在合同订立及履行过程中形成的与合同有关的文件均构成合同文件组成部分。

上述各项合同文件包括合同当事人就该项合同文件所作出的补充和修改，属于同一类内容的文件，应以最新签署的为准。专用合同条款及其附件须经合同当事人签字或盖章。

**七、承诺**

1. 发包人承诺按照法律规定履行项目审批手续、筹集工程建设资金并按照合同约定的期限和方式支付合同价款。

2. 承包人承诺按照法律规定及合同约定组织完成工程施工，确保工程质量和安全，不进行转包及违法分包，并在缺陷责任期及保修期内承担相应的工程维修责任。

3. 发包人和承包人通过招投标形式签订合同的，双方理解并承诺不再就同一工程另行签订与合同实质性内容相背离的协议。

**八、词语含义**

本协议书中词语含义与第二部分通用合同条款中赋予的含义相同。

**九、签订时间**

本合同于 2011 年 4 月 20 日签订。

**十、签订地点**

本合同在黑龙江哈尔滨签订。

**十一、补充协议**

合同未尽事宜，合同当事人另行签订补充协议，补充协议是合同的组成部分。

**十二、合同生效**

本合同自签订之日起生效。

**十三、合同份数**

本合同一式三份，均具有同等法律效力，发包人执一份，承包人执一份。

发包人：（公章）

法定代表人或其委托代理人：

（签字）

组织机构代码：

地　址：鸡西市鸡冠区 ** 路 ** 号

邮政编码：158100

法定代表人：汪汉良

承包人：（公章）

法定代表人或其委托代理人：

（签字）

组织机构代码：

地　址：江苏省南京市 ** 路 ** 号

邮政编码：210000

法定代表人：张鹤鸣

委托代理人：

电话：0467-********

传真：0467-********

电子信箱：*******@163.com

开户银行：中国建设银行鸡西分行

账号：*******************

委托代理人：

电话：025-********

传真：025-********

电子信箱：*******@163.com

开户银行：中国建设银行南京分行

账号：*******************

第二部分　通用合同条款（略）

第三部分　专用合同条款（略）

# 参考文献

[1] 中华人民共和国住房和城乡建设部 . GB/T 50319—2013 建设工程监理规范 [S]. 北京：中国建筑工业出版社，2013.

[2] 中国建设监理协会 . 建设工程监理规范（GB/T 50319—2013）应用指南 [M]. 北京：中国建筑工业出版社，2013.

[3] 中华人民共和国住房和城乡建设部 . 建设工程施工合同（示范文本）GF—2013—0201[M]. 北京：中国建筑工业出版社，2013.

[4] 中华人民共和国住房和城乡建设部 . 建设工程监理合同（示范文本）GF—2012—0202[M]. 北京：中国建筑工业出版社，2013.

[5] 中华人民共和国住房和城乡建设部 .GB 50500—2013 建设工程工程量清单计价规范 [S]. 北京：中国建筑出版社，2013.

[6] 中国建设监理协会 . 建设工程监理概论 [M]. 北京：知识产权出版社，2013.

[7] 中国建设监理协会 . 建设工程监理相关法规文件汇编 [M]. 北京：知识产权出版社，2009.

[8] 中国建设监理协会 . 建设工程投资控制 [M]. 北京：知识产权出版社，2009.

[9] 中国建设监理协会 . 建设工程合同管理 [M]. 北京：中国建筑工业出版社，2009.

[10] 中国建设监理协会 . 建设工程进度控制 [M]. 北京：中国建筑工业出版社，2003.

[11] 中国建设监理协会 . 建设工程质量控制 [M]. 北京：中国建筑工业出版社，2013.

[12] 中国建设监理协会 . 建设工程信息管理 [M]. 北京：中国建筑工业出版社，2013.

[13] 中国建设监理协会 . 全国监理工程师执业资格考试辅导材料（上）[M]. 北京：知识产权出版社，2013.

[14] 中国建设监理协会 . 全国监理工程师执业资格考试辅导材料（下）[M]. 北京：知识产权出版社，2013.

[15] 陈锦平 . 建设工程监理概论 [M]. 西安：西安交通大学出版社，2011.

[16] 李中原，牛志鹏 . 建设工程监理概论 [M]. 西安：西北工业大学出版社，2012.